暂堵压裂力学机理分析及应用

孔祥伟　孙腾飞　许洪星　黄　浩　等著

石油工业出版社

内 容 提 要

本书通过介绍暂堵压裂的发展历程和相关概念，系统阐述了暂堵压裂井筒力学及暂堵剂运移规律、暂堵近井筒岩石力学、水力裂缝暂堵压裂机理、暂堵剂选型及暂堵优选数据库建立、暂堵升压设计、动态多级暂堵压裂方案及应用等内容，对暂堵前后炮眼进液优化、储层地应力变化等方面做了详尽的分析。

本书可作为石油高等院校石油工程及相关专业压裂教学参考书，也可供从事压裂的科研人员和现场工程师参考。

图书在版编目（CIP）数据

暂堵压裂力学机理分析及应用/孔祥伟等著．—北京：石油工业出版社，2023．4

ISBN 978-7-5183-5943-1

Ⅰ．①暂… Ⅱ．①孔… Ⅲ．①石油开采-水力压裂-暂堵剂-裂缝延伸 Ⅳ．①TE357．1

中国国家版本馆 CIP 数据核字（2023）第 046858 号

出版发行：石油工业出版社
（北京市朝阳区安华里 2 区 1 号楼 100011）
网 址：www. petropub. com
编辑部：（010）64523733
图书营销中心：（010）64523633

经 销：全国新华书店
排 版：三河市聚拓图文制作有限公司
印 刷：北京中石油彩色印刷有限责任公司

2023 年 4 月第 1 版 2023 年 4 月第 1 次印刷
787 毫米×1092 毫米 开本：1/16 印张：12．5
字数：273 千字

定价：78．00 元

前言

PREFACE

近年来，致密气、页岩气及低渗储层的暂堵压裂作业，逐渐暴露出过度依赖经验的弊端，出现暂堵压裂压力高、加砂困难甚至砂堵、暂堵材料封堵效率不稳定、暂堵后效果不显著等问题。因此，有必要开展基于基础实验的暂堵转向参数优化设计研究，实现从现有的经验性、盲目性向定量化、科学化转变，进一步提高暂堵压裂效果。国内外针对暂堵球运移规律、封堵效率及暂堵材料在致密气、页岩气等储层的直井、水平井中的应用开展了相关研究，但主要集中在暂堵材料的室内评价上，暂堵球水平运移规律研究较少，更缺乏复合暂堵材料施工参数设计及优化方面的相关研究。笔者考虑浮力、重力、虚拟质量力等因素，建立了暂堵球沿井筒运移数学模型，并采用龙格库塔方法进行求解，优化了动态多级暂堵压裂方案，并应用于多口多级暂堵压裂井，取得了较好的压裂效果。

全书共 7 章，具体编写分工如下：第 1 章由陈青编写，第 2 章由叶佳杰、万雄、郭照越编写，剩余部分由孔祥伟、孙腾飞、许洪星、黄浩、王星宇编写。全书由孔祥伟统稿。

本书在出版过程中，得到了中国石油集团川庆钻探工程公司项目“压裂靶向暂堵关键施工参数优化设计技术及现场试验”“多靶向暂堵压裂优化设计与评价技术”，中国石化集团公司项目“川西中浅层致密砂岩气藏体积压裂关键技术”，国家自然科学基金“高温高压气井环空压力动态预测及安全评价研究”（项目编号：52074018）等给予的资助，在此一并表示感谢。

由于笔者水平有限，书中不足之处在所难免，恳请广大读者批评指正。

孔祥伟

2022 年 12 月

目 录

CONTENTS

第1章

绪论

1.1 暂堵压裂工艺概述

1.1.1 暂堵压裂工艺简介

我国低渗透油田通常存在着储层孔隙度、渗透率和天然能量都低的情况，油井开采过程中产量递减较快，现阶段主要采用水平井+体积压裂改造技术来提高储层的沟通程度，从而提高产量。为了在压裂施工中产生更加复杂的缝网，需要对裂缝进行暂堵压裂。

暂堵压裂工艺是针对储层炮眼、或缝口、或缝内、或趾端等目标靶点，开展有目的、有方向性的暂堵，达到暂堵剂加量、井口升压、暂堵剂沿井筒运移更科学更准确的目的，从而实现簇间射孔的靶向高效封堵和裂缝均衡有效扩展的工艺技术。暂堵压裂工艺是当前油田开采过程中的重要工艺，能够实现低渗透油田的有效开采。目前暂堵压裂工艺采用新型复合暂堵剂，比传统的工艺封堵更加合理。复合暂堵剂主要由不同粒径的暂堵材料组成，将炮眼封堵之后，形成了上端压力，通过压力的施加，实现了对炮眼裂缝的转向，从而使裂缝转向资源丰富区，进而提升石油开采效果，也在一定程度上提升了单井产量。暂堵压裂工艺具有简单方便、实施有效的特点。

复合暂堵剂是实施封堵和压裂的主要材料，对后续的应用起到了关键的作用，同时也能最大程度提升暂堵压裂工艺的应用效果。在实际的压裂工艺应用中，融合使用刚性暂堵剂与可膨胀暂堵剂，能够最大程度地提升封堵效果，确保工艺更加有效。另外，在实际的应用中，要求应用大、中、小等多级别颗粒物，通过不同粒径的组合应用，提升封堵效果。

暂堵压裂工艺在低渗透油田有非常重要的作用，能够最大程度地提升油田单井产量。在实际的油田压裂工艺中，需要对压裂工艺进行综合优化控制，以提升压裂工艺应用效果。为了提高暂堵压裂的应用效果，针对暂堵剂对炮眼和裂缝的封堵强度进行测试，根据封堵强度的分析，对其应用性能进行评价，确保其工艺应用更加合理。

1.1.2 暂堵压裂工艺国内外研究情况

常规的分压过程主要采用封堵球对炮眼口进行封堵，达到分压的目的。此过程中井筒内压力的变化会导致封堵球脱落，造成无效封堵；常规的封堵球在封堵结束后需要将封堵球返排到地面，给施工操作增加了难度。因此，国内对暂堵球投入了人力、物力攻关研究。

2006 年，高学生针对胜利油田开发后期油井冲砂作业漏失普遍严重的问题，以特种树脂、催化剂及防老剂混合后，通过注塑机注塑，研制开发了水溶性冲砂暂堵球。通过室内试验，确定了水溶性暂堵球的直径、水溶性、暂堵强度等性能指标：暂堵球直径为 13mm 和 19mm，分别应用于不同直径的炮眼，暂堵球的耐压强度可达到 20MPa 以上，50℃时暂堵球溶解时间为 8h，可以满足冲砂暂堵的需要。通过室内模拟试验确定了该暂堵球的现场应用工艺和冲砂施工工艺。现场试验 2 口井，结果表明，2 口井冲砂由严重漏失到基本不漏失。第一次应用于现场试验，取得了较好的试验效果。水溶性暂堵球不仅可用于暂堵冲砂工艺，还可用于暂堵酸化工艺、暂堵压裂工艺、暂堵防砂工艺等，显示出广阔的应用前景。

2008 年，王华在研究特低渗地层投球分压技术时给出了封堵球坐牢在射孔孔眼上时所需的排量，以及压裂后封堵球从孔眼处脱落时所需的排量，并给出了封堵球坐封力和脱落力计算的模拟软件。

2009 年，蒋廷学等人使用前置投球分压的技术，设计了排量、投球时机、投球数量，以及投球期间的前置液量。

2012 年，倪小明等人使用合成投球水力压裂原理对投球数量进行确定，系统分析了其影响因素，并建立了投球数量的数学模型。

2013 年，才博等人对油气藏的纵向动用进行了投球分压技术的研究，并且形成投球分压的应力判别新图版，以及快速分析投球效果的现场判别图版和优化方案。

2017 年，郑志兵从投暂堵球后暂堵球运行过程、受力情况、影响暂堵球坐封的关键性因素等方面进行了研究，编制了相应的模拟计算软件，结合现场实际数据，得出了排量、密度差、封堵孔眼数、压裂液黏度等参数对暂堵球封堵效率的影响。经过对比分析知，暂堵球对排量和需封堵孔眼数较敏感，高排量、较少孔眼数和较低密度差有利于提高封堵效果。该结论能够直接应用于现场投暂堵球选层酸压施工，对提高封堵效果和单井动用程度具有指导性意义。

2020 年，吕瑞华等人采用数值模拟的方法，利用统计学规律，考虑暂堵球密度、液体黏度及泵送排量等参数，得到暂堵球在水平段内的运移轨迹，以及不同位置孔眼的封堵效率。该研究结论可为优化暂堵球转向压裂施工参数提供参考。

2022 年，郑臣等人构建了长度相等的阶梯粗糙裂缝物理模型和 CT 扫描真实粗糙裂缝模型，分析颗粒直径、颗粒体积分数、颗粒速度和暂堵剂携带液黏度等因素对暂堵剂在粗糙裂缝内运移过程的影响，研究了影响暂堵剂运移规律的参数敏感性。秦浩等人通过欧拉—拉格朗日描述体系，建立了模拟暂堵剂颗粒在干热岩人工裂缝内运移过程的 CFD-DEM 双向耦合计算模型。该耦合算法可精准捕捉暂堵剂在裂隙内运移过程中的位置、运动速度、接触力及其他相互作用力等信息，分析暂堵剂携带液黏度、颗粒间摩擦系数、暂堵剂质量浓度以及携带液流动状态对暂堵剂缝内运移过程的影响。该研究成果对指导干热岩暂堵压裂的暂堵剂用量优化具有重要理论及指导意义。

目前，关于暂堵压裂施工工艺及压裂效果相关研究较多，但对暂堵压裂缝口封堵效果的研究较少，且对投暂堵剂后暂堵剂的运行过程、受力情况、影响暂堵剂坐封的关键性因素等方面的研究更为少见。

国外对暂堵剂在压裂液中的运移规律研究较早，早在 1962 年，J. R. George 等人利用 Poettmann & Carpenter 模型的相关性考虑摩擦因数和质量流率对于暂堵剂在井筒中流动的影响，给出了摩擦因数的校正公式。

1963 年，R. W. Brown 等人研究了暂堵剂在井下的运移情况，分析了暂堵剂在井下受到三个力的作用，包括惯性力、拖拽力和保持力，给出三者之间的关系方程。并且根据暂堵剂的受力情况，给出了暂堵剂封堵炮眼的条件：暂堵剂封堵炮眼受到的力一定大于暂堵剂未坐封炮眼时受到的惯性力与暂堵剂向下运移的惯性力之和，在这种情况下暂堵剂才能封堵炮眼。

1965 年，K. R. Webster 等人研究了暂堵剂对于射孔的入口处毛刺程度的影响，并研究了不同地层射孔数量的确定问题。

1984 年，G. E. Bale 等人在实验中对比了有浮力的暂堵剂与没有浮力的暂堵剂对于炮眼的密封情况，指出携带液和注射速率越高暂堵剂越容易密封在炮眼上，并给出了暂堵剂在射孔上受到的流体之间的压差。

1999 年，P. Baylocq 等人研究了多级压裂时暂堵剂的运移情况，明确了最优的射孔数和每个阶段暂堵剂所需的数量，以及暂堵剂、凝胶和支撑剂在每个阶段的泵送速率，最后给出了一个详细的操作顺序，并且分析了主要裂缝在压开后的生产数据。

2003 年，R. P. Chhabra 等人发现在静止的液体中暂堵剂的沉降速度显著降低是由于封闭边界的存在。墙壁影响主要取决于几何参数和运动参数。考虑暂堵剂在一个轴向的长圆柱管中沉降，墙因子的功能依赖于暂堵剂和管子的直径比及暂堵剂的雷诺数，墙因子的功能只取决于暂堵剂的雷诺数，给出了在低雷诺数范围以及过渡阶段的最优墙因子的预测。DiFelice 的经验公式总体误差小于 12.5%，极端条件下必须使用任何条件都关联的条件。

2005 年，X. Li 等人研究了暂堵剂运移过程中与基座之间的关系，以及与井筒偏差、壁效应、射孔密度和大小、流体性质、泵送率和暂堵剂属性之间的关系。封堵球到达终端的沉降和上升速度时间很短。建立了一个暂堵剂的模拟器，该模拟器的几个主要特性是牛顿和非牛顿流体、单个和多个暂堵剂、墙因子对暂堵剂的影响、井的几何形态(垂直、倾斜和水平)、流体和暂堵剂性能的影响、射孔数据的影响（穿孔区长度、穿孔数字、射孔密度、射孔尺寸和分阶段等)、泵效的影响。最终用拉格朗日方法与流体动力学的单向耦合效应在模拟器上进行模拟，结果表明阻力系数、表面平滑度和井眼倾角在暂堵剂转移过程中发挥重要作用。

2011 年，M. Nozaki 等人给出了单个暂堵剂和多个暂堵剂的运移模型，以及基座倾向对于坐封效率的影响，还通过射孔的压降确定坐封效率；通过与实验数据相结合，给出了暂堵剂封堵射孔效率的经验公式。

2015 年，Cortez-Montalvo 等人提出了一种可以动态探测影响近井眼附近暂堵剂运移导流机理的实验测试设备，通过该装置可独立评估运移相关的关键参数，包括暂堵剂浓度、压力等，并在对暂堵剂的动态研究中提供了有助于优化暂堵转向的处理数据。

2016 年，Gomaa 等人在桥接实验、渗透率实验及静态和动态条件下的溶解实验测试基础上对影响暂堵剂颗粒运移的颗粒大小、颗粒形状、粒度分布、载液黏度和颗粒数量等因素进行了分析研究和优化。

2018 年，Pan 等人利用可视化页岩储层体积压裂复杂裂缝支撑剂运移大型实验系统，测试了流体排量、支撑剂浓度、支撑剂粒径、压裂液黏度等因素对支撑剂沉积分布的影响，观察到在不同因素条件下支撑剂在裂缝内的分布情况。支撑剂作为保障水力压裂后裂缝保持开启状态、防止裂缝因应力释放而闭合的重要材料，在生产作用、材料组成和性能方面与暂堵剂存在明显的差异。为了实现观察裂缝中的纤维和颗粒等暂堵剂的动态运移过程，2019 年，有学者开发了配有高速摄像机的暂堵实验系统，但该系统无法实现高压阻力，难以获得真实工况的暂堵剂流动状态。

2020 年，Gong 等人建立了模拟考虑裂缝表面粗糙度的复杂裂缝网络内颗粒的运移模型，研究发现，裂缝表面粗糙度能够明显减缓颗粒在裂缝内的运移速度，同时，裂缝的非平面性对颗粒在裂缝中的运移也具有重要的影响。

前人主要从暂堵剂在井筒中受力和炮眼附近受力情况进行分析，给出暂堵剂运移的公式和封堵效率的计算公式。在实际应用过程中发现，公式中含有大量通过经验公式计算的数值，不能很好地模拟井下暂堵剂的运移情况及暂堵剂的速度。因此经验公式求取暂堵剂运移速度及暂堵剂受力分析具有较大的误差。本书为了适合压裂现场的实际作业情况，采用了运动方程及龙格库塔的方法求解暂堵剂运动情况，更符合暂堵剂运移受力现实规律。

1.1.3 暂堵剂暂堵技术现状分析

目前常用的工艺技术是水平井分段多簇压裂技术，一段内射出多个孔眼，同时压开多条裂缝。该工艺目前在世界范围内的低渗透储层开发最为常用，可以达到油气增产的目的。国内外对多级多簇暂堵压裂模型及缝间干扰的研究较多，但针对海上非均衡起裂的诱导应力的研究较少。多簇射孔模型中，裂缝的起裂位置位于端部射孔处，由于射孔簇间距诱导应力的干扰，射孔簇间的应力干扰对裂缝起裂影响较大，需进一步模拟分析诱导应力对簇间距的影响。

暂堵剂封堵性能是影响转向压裂效果的关键因素之一，直接决定了封堵的有效性及封堵后暂堵剂滤饼的承压能力。为了提高暂堵剂的封堵性能，国内外学者及单位开发了一些新型暂堵剂：Willgerg 开发出一种降解速率可调的新型暂堵剂；中国石油勘探开发研究院开发出具有耐盐、耐碱和耐酸特性的暂堵剂 ZFJ；蒋卫东研制出了以有机聚合物为原料的新型纤维材料暂堵剂；大庆油田低渗透勘探开发工程实验室以醇类化合物融合强氧化物合成了破胶后黏度低、返排更彻底以及微量污染的转向压裂暂堵剂。表 1.1.1 对比了前人开展暂堵剂封堵性能的室内实验的测试条件与成果。

表 1.1.1 前人开展暂堵剂封堵性能的室内实验的测试结果对比

作者	实验内容	实验结果
吴宝成等	开展新型绳结式暂堵剂封孔实验	验证绳结式暂堵剂的可靠性
王荣等	开展 140~180℃ 高温条件下暂堵剂对裂缝和炮眼的封堵实验	优选了在 180℃ 下承压能力达 30MPa 的暂堵材料
李延生等	开展对 DR-ZN 暂堵剂的油溶性和水溶性方面的评价实验	DR-ZN 暂堵剂的油溶性、耐酸性及水溶性指标均较好
赵子轩	开展连续油管压裂暂堵剂优选评价实验	优选符合老井连续油管压裂的暂堵剂
张雄	开展高温稠化联结暂堵剂的流变性能、破胶性能、暂堵性能和配伍性能的定量分析实验	研究高温稠化联结暂堵剂适用情况
侯冰等	开展页岩压裂暂堵水力裂缝扩展物模实验	明确页岩储层暂堵条件下的裂缝起裂扩展规律
李春月等	开展缝内压裂暂堵实验	明确碳酸盐岩储层暂堵条件下的裂缝起裂扩展规律
何仲等	开展超高温屏蔽暂堵剂 SMHHP 的室内实验	开发一种满足超高温储层暂堵要求的屏蔽暂堵剂 SMHHP

1.2 暂堵压裂工艺相关概念

1.2.1 暂堵压裂基本概念

1. 暂堵裂缝净压力

暂堵裂缝净压力，即在暂堵压裂过程中，泵注压裂液的压力克服沿程摩阻、炮眼摩阻、近井地带摩阻及裂缝闭合压力，最终剩余的直接作用在岩石上使岩石产生裂缝的那部分暂堵有效压力。

2. 裂缝闭合压力

裂缝闭合压力是指泵注停止后，作用在裂缝壁面上使裂缝似闭未闭的力。在不考虑裂缝内净压力的情况下，可用下式近似计算：裂缝闭合压力=瞬时关井（井口）压力+井筒液柱压力。裂缝闭合压力的大小与最小水平应力有关，它是影响裂缝导流能力的重要因素。

确定裂缝闭合压力的平衡测试法是一种注入测试法，类似于常规的注入/关井/压力降测试法；还可以不关井而以低排量连续注入流体，开始处理时压力下降。相较于主压裂作业其泵排量小得多，因此注入率小于压裂液滤失率。当压裂液滤失率大于注入率时，裂缝体积和压力随时间降低。当裂缝体积下降到一定程度时裂缝趋于闭合，裂缝长度也随之缩减。压裂液滤失率将随时间减少，直到最后压裂液的滤失率等于注入率。这时裂缝体积达到稳定，井眼压力达到平衡并开始逐步上升，因为从这时起压裂液滤失率随时间下降而注入率保持不变。压裂液注入率与滤失率达到平衡时的最小压力即为平衡压力。在压力达到平衡后立即关井，测试结束。

3. 平衡压力

平衡压力是裂缝闭合压力的上限。通过减去最后关井时的瞬时压力变化，可以消除摩擦和扭曲成分。校正后的平衡压力与裂缝的闭合压力只相差裂缝中的净压力。由于注入率较小，净压力相对较小，因此校正后的平衡压力近似等于裂缝闭合压力。如果把校正后的平衡压力再减去净压力，则得到更准确的裂缝闭合压力。

4. 降滤失剂

控制液体滤失是有效压裂作业的关键。降滤失剂用于减少压裂液从裂缝中向地层滤失，从而减少压裂液对地层的污染并使压裂时压力迅速提高。压裂作业的主要目的是形成一条由产层到井筒的高导流通道。理想情况下，降滤失剂不应当伤害地层、裂缝面或支撑剂填充层。但实际上，许多这类液体和添加剂都具有长期耐久性，难以从裂缝中清除。对中渗储层而言，限制长期产能的主要因素是支撑裂缝的导流能力，而不是地层渗透率。因此，降滤失剂对地层面的伤害通常属次要问题。

在正式压裂处理之前进行小型压裂以确定压裂参数，如压裂液效率和滤失系数，这些参数用于标定和优化压裂处理设计方案。只有正确地推算出裂缝闭合压力，才能可靠地估算压裂液的滤失性。

5. 砂堵（砂卡）

砂堵是指支撑剂停留在井筒内无法顺利进入地层的情况。发生砂堵后可能严重影响施工质量，造成严重的经济损失，所以，如果不是特殊需要，尽量避免砂堵的发生。

6. 酸化

酸化是使油气井增产和注水井增注的又一有效措施。它是通过向地层注入一种或几种酸液及添加剂，利用酸与地层中某些矿物的化学反应，溶蚀储层中的连通孔隙、天然裂缝及人造裂缝壁面岩石，增加流体在孔隙、裂缝中的流动空间，并与井底附近孔隙中的堵塞物质起反应，解除污物堵塞，达到增加油气井产量和注水井注入量的目的。

7. 油管脱落或破裂

一般是在前置液初期，在通过压力判断已经有坐封显示以后，在排量提升过程中，油管压力在不断升高的时候，或者在施工某个阶段油管压力上升时，突然出现油压骤然下降，然后马上出现油套压力平衡（压力值相同），那么可以判断是油管脱落或破裂。此时，一般伴随有井口短时间剧烈的上下振动。一旦判断是油管脱落，必须立即停止施工。

8. 封隔器不坐封

在前置液初期，排量提升过程中，油管压力不断升高，此时，如果套管压力随着油管压力增加而增加，当压力到达十几兆帕甚至更高（一般最高不超过 40MPa）后，如果油套压力仍然保持一致那么可以断定封隔器不坐封，此时，和甲方协商，经同意可以停止施工。之后的工作就是作业队起管柱更换封隔器。一般封隔器不坐封是因为封隔器工作受损（如反复坐封解封、油套压差过大），或者是封隔器质量不合格。

9. 顶替（替挤）

加砂完成后，就立即泵入顶替液，以便把井筒中的携砂液全部顶替到裂缝中去，防止余砂沉积井底形成砂卡。但如果顶替液过量，井筒附近裂缝会闭合，堵塞油气向井筒的流通通道，也叫“包饺子”。

顶替过程中，随携砂液进入地层，井筒液体密度下降，井筒内的液柱产生的静液柱压力降低，地层压力会降低，而泵压会相对上升。为使裂缝不闭合，可以适当增加排量，补充因泵压上升而使排量下降的影响。也有一种说法是在顶替的时候降低排量，使井底井筒附近在高砂比时闭合，防止过量顶替。

10. 破胶剂

破胶剂和交联剂的作用恰好相反，它的作用是使交联的液体解除交联的状态。用黏度相对较高的压裂液把支撑剂输送到裂缝中，把高黏度压裂液留在裂缝中将降低支撑剂充填层对油和气的渗透性，从而影响压裂作业的效果。使用凝胶破胶剂可降低与支撑剂混合在一起的压裂液黏度。破胶剂是通过把聚合物分解成小分子量的碎片来降低液体黏度的。

11. 树脂包层支撑剂（树脂砂）

树脂包层支撑剂是中等强度、低密度或高密度、能承受 56~70MPa 的闭合压力、适用于低强度天然砂和高强度陶粒之间强度要求的支撑剂。其密度小，便于携砂。它的制作方法是用树脂把砂粒包裹起来，树脂薄膜的厚度约为0.0254mm，约占总质量的5%以下。树脂包层支撑剂可分为固化砂与预固化砂。固化砂在地层的温度和压力下固结，这对于防止地层出砂和压裂后裂缝的吐砂有一定的效果；预固化砂则在地面上已形成完好的树脂薄膜包裹砂粒，像普通砂一样随携砂液进入裂缝。

12. 合层压裂

合层压裂指大井段多层同时压裂，只适用于各储层岩性与特性（特别是渗透率）相近、差异不大的油气井。如果各层差异大，采用合层压裂，一般只能压开岩性强度低、渗透率好的地层，起不到改造中、低渗透层的目的，甚至扩大层间矛盾，导致某些小层过早见水和水淹。

13. 油管压裂

油管压裂指压裂液从油管泵入待压裂的目的层。其优点是：施工工艺简单，对自喷井更为方便；油管内截面积小，高压压裂液流速大，携砂能力强。其缺点是：液流阻力大，增加设备负荷，降低了有效功率。深井作业时，应在油层以上卡封隔器，必要时，需带水力锚及套管加压平衡。

14. 套管压裂

套管压裂指井内不下油管，坐好井口后从套管阀门泵入压裂液进行压裂。其优点是：施工简单，可以最大限度地降低管道摩阻，相应提高了泵的排量和降低了泵的工作压力。其缺点是：携砂能力低，一旦造成砂堵无法利用循环法解堵，并且在套管损坏或腐蚀的井中使用受到了限制。

15. 油套环空压裂

油套环空压裂指压裂液在油套环空，在高压下泵入目的层。其优点是：与油管压裂相比较，在同样的排量条件下其摩阻损失小。其缺点是：流速低，携砂能力相应减弱，只适用于抽油井的压裂。

16. 填砂选压

填砂选压指用填砂方法将井内非选压层封隔开，以免压裂时压开非选压层。此法一般适用于封隔下层、选压上层的压裂井。

1.2.2 暂堵压裂工艺基本概念

1. 暂堵压裂工艺

暂堵压裂工艺是针对储层炮眼、或缝口、或缝内、或趾端等目标靶点，开展有目的、有方向性的暂堵，达到暂堵剂加量、井口升压、暂堵剂沿井筒运移更科学更准确的目的，从而实现簇间射孔的靶向高效封堵和裂缝均衡有效扩展。

2. 暂堵剂分层压裂工艺

施工时，将封隔器卡在欲压裂层顶部，泵入压裂液。当压开第一条裂缝后就往压裂液内加入暂堵剂，封堵住压开的裂缝后使泵压升高。当泵压升至高于第一层的破裂压力后，便压裂第二层。

3. 暂堵剂选择性压裂工艺

在施工时，当地面循环、试压两道工序完成后，在试挤时将暂堵剂随同压裂液一起泵入井内。由于高渗透层（非压裂层）吸水能力强，暂堵剂便跟随压裂液进入高渗透部位，将射孔炮眼堵塞，迫使压裂液进入另外油层（选择压裂层位）。

4. 多级滑套喷砂器压裂工艺

此种压裂管柱主要由封隔器、多级喷砂器组成。工作过程是按照施工设计要求将封隔器下入待压裂层段的夹层位置。坐好施工井口，连接好管线，在向井内泵注压裂液时，因油管底部有丝堵堵塞油管通道，各级封隔器开始工作，将各层分隔开。又由于其余各级喷砂器均有滑套堵住，迫使压裂液从最下一级喷砂器进入压裂层，对该层进行压裂。当最下层压裂完后，从井口投相应尺寸的钢球至上一级喷砂器滑套上，将油管通道堵塞。当压力达到一定程度后，便将滑套打入最下一级喷砂器内，将此喷砂器通道打开并堵住最下一级喷砂器通道。继续打入压裂液，便可以对第二层进行压裂。依次类推，直至压完该井所有压裂层位。

5. 多级滑套封隔器压裂工艺

此种压裂管柱主要由多级滑套封隔器和喷砂器组成，下入级数依据所要压裂的层段数目确定，下入顺序从下至上滑套尺寸逐渐增大，并配备相应尺寸的钢球。每压裂一层后，投入相应尺寸的钢球将上一级滑套打入下一级滑套座上，起到相当于底部丝堵的作用。由于上一层封隔器及喷砂器进入工作状态，便可以对第二层进行压裂了，其他则未进入工作状态。第二层压裂之后，再投入与第三层封隔器滑套相适应的钢球，对第三层进行压裂。依次类推，便可以分别压裂完所有层段。

6. 封隔器桥塞分层压裂工艺

最初使用可钻式桥塞，自下而上封隔一层压裂一层，全部层段压完之后钻掉可钻式桥塞。因钻桥塞增加了工作量，目前均采用活动式桥塞与封隔器配合。压裂时，事先将桥塞坐封在射孔井段下部，然后上提把封隔器坐封在射孔井段上部进行压裂。封隔器与桥塞之间连接一个控制阀。控制阀的作用是在进行压裂时，使压裂液由控制阀进入压裂层。当压完一层上提压裂管柱移动桥塞和封隔器时，控制阀关闭，封隔住油管通道。油套环空由井口放喷器密封，不必压井即可进行起下压裂管柱作业。

7. 缝高控制工艺

这是以控制裂缝高度为目的的水力压裂，可以控制裂缝高度，节约施工成本，提高目的层段的有效支撑，解决目的层附近存在水层、裂缝垂向延伸过大等问题。

8. 重复暂堵压裂工艺

低渗油藏必须进行压裂改造，才能获得较好的效果。随着开采程度的深入，老裂缝控制的原油已近全部采出，可以实施重复暂堵压裂，纵向和平面上开启新层开采出老裂缝控制区以外的原油，有效地稳油控水、提高原油产量和油田采收率，实现油田的可持续发展，研究意义重大。

第 2 章

暂堵压裂力学模型

暂堵压裂施工过程中，一次或多次向井段内投送高强度暂堵剂。遵循压裂液向阻力最小方向流动的原则，暂堵剂在井筒中的运动，可以看作是低浓度固液两相流中的暂堵剂运动。作用于暂堵剂的外力可分成三部分，分别为：与两相相对运动无关的作用力，包括重力和压力梯度力等；与相对运动有关、方向与相对运动方向一致的广义阻力，包括阻力、附加质量力和 Basset 力；与相对运动有关、方向与相对运动方向垂直的侧向力。本章分别对以上各力进行介绍，建立了暂堵剂受力模型，研究暂堵剂入座并保持在孔眼上的受力条件，进而得到暂堵剂排量控制方程，形成暂堵剂最小排量控制技术。

2.1 井筒流体力学模型

2.1.1 模型假设

结合储层地应力分布特征等，对模型做出如下假设：

(1) 厚油层地应力线性分布，地层岩石为理想的连续线弹性材料；

(2) 压裂液为不可压缩幂律型流体，忽略地层流体进入压裂液；

(3) 裂缝关于井筒中心对称；

(4) 只考虑压裂液在裂缝中沿缝长方向流动的压降；

(5) 注入携砂液形成人工隔层后，后续注入压裂液过程中人工隔层各点沿裂缝长度方向的厚度不发生变化。

2.1.2 能量平衡方程

对于压裂液流动系统，可根据能量守恒定律写出两个流动断面间的能量平衡关系：｜进入断面 1 的压裂液能量｜+｜在断面 1 和 2 之间对压裂液额外所做的功｜-｜在断面 1 和 2 之间耗失的能量｜=｜从断面 2 流出的压裂液的能量｜。

根据压裂液力学及热力学，对质量为 m 的任何流动的压裂液，在某一状态参数（p、T）下和某一位置上所具有的能量包括：内能 U；位能 mgh；动能 $\frac{mv^2}{2}$；压缩或膨胀能 pV。据此，就可以写出多相管流通过断面 1 和断面 2 的压裂液的能量平衡关系式。为了得到各种管流能量平衡的普遍关系，选用倾斜管流。

$$U_1+mgZ_1\sin\theta+\frac{mv_1^2}{2}+p_1V_1-q=U_2+mgZ_2\sin\theta+\frac{mv_2^2}{2}+p_2V_2 \tag{2.1.1}$$

其中

$$Z\sin\theta=h$$

式中 m——压裂液质量，g；

V_1、V_2——断面 1、断面 2 的压裂液体积，m^3；

p_1、p_2——断面 1、断面 2 的压力，Pa；

g——重力加速度，m/s^2；

θ——管子中心线与参考水平面之间的夹角，(°)；

Z_1、Z_2——断面 1、断面 2 的沿管子中心线到参考水平面的距离，m；

U_1、U_2——断面 1、断面 2 的压裂液内能，包括分子运动所具有的内部动能及分子间引力引起的内部位能及化学能、电能等，J；

v_1、v_2——压裂液通过断面 1、断面 2 的平均流速，m/s。

除了内能外，其他参数可用测量的办法求得。内能虽然不能直接测量和计算其绝对值，但可求得两种状态下的相对变化。根据热力学第一定律，对可逆过程：

$$\mathrm{d}q=\mathrm{d}U+p\mathrm{d}V \tag{2.1.2}$$

式中 $\mathrm{d}q$——系统与外界交换的热量。

$\mathrm{d}U$、$p\mathrm{d}V$——系统进行热交换时，在系统内所引起的压裂液内能的变化和由于压裂压裂液积改变 $\mathrm{d}V$ 后克服外部压力所做的功。

对于这种不可逆过程来讲：

$$\mathrm{d}q+\mathrm{d}q_r=\mathrm{d}U+p\mathrm{d}V \tag{2.1.3}$$

式中 $\mathrm{d}q_r$——摩擦产生的热量。

若以 $\mathrm{d}I_w$ 表示摩擦消耗的功，$\mathrm{d}q_r=\mathrm{d}I_w$，则由式（2.1.3）可得：

$$\mathrm{d}q=\mathrm{d}U+p\mathrm{d}V-\mathrm{d}I_w \tag{2.1.4}$$

可得到两个流动断面之间的能量平衡方程：

$$\Delta U+\Delta(mgZ\sin\theta)+\Delta\left(\frac{mv^2}{2}\right)+\Delta(pV)-q=0 \tag{2.1.5}$$

将上式写成微分形式：

$$dU+mvdv+mg\sin\theta dZ+\Delta(pV)-dq=0 \tag{2.1.6}$$

简化后得：

$$Vdp+mvdv+mg\sin\theta dZ+dI_w=0 \tag{2.1.7}$$

对上式积分就可得到压力为 p_1 和 p_2 两个流动断面的能量平衡方程：

$$\int_{p_1}^{p_2} Vdp + \Delta\left(\frac{mv^2}{2}\right) + \Delta(mgZ\sin\theta) + I_w = 0 \tag{2.1.8}$$

2.1.3　管流压力梯度方程

取单位质量的压裂液 $m=1$，将 $V=\dfrac{1}{\rho}$代入式（2.1.8）后得：

$$\frac{1}{\rho}dp+vdv+g\sin\theta dZ+dl_w=0 \tag{2.1.9}$$

式中　ρ——压裂液密度，kg/m^3。

用压力梯度表示，则可写为：

$$\frac{dp}{dZ}+\rho v\frac{dv}{dZ}+\rho g\sin\theta+\frac{dI'_w}{dZ}=0 \tag{2.1.10}$$

由此可得：

$$\frac{dp}{dZ}=-\left[\rho v\frac{dv}{dZ}+\rho g\sin\theta+\frac{dI'_w}{dZ}\right] \tag{2.1.11}$$

式中　$\dfrac{dp}{dZ}$——单位管长上的总压力损失（总压力降）；

$\rho v\dfrac{dv}{dZ}$——由于动能变化而损失的压力（或称为加速度引起的压力损失）；

$\rho g\sin\theta$——克服压裂液重力所消耗的压力；

$\dfrac{dI'_w}{dZ}$——克服各种摩擦阻力而消耗的压力。

令$\left(\dfrac{dp}{dZ}\right)_{垂深}=\rho g\sin\theta$，$\left(\dfrac{dp}{dZ}\right)_{加速度}=\rho v\dfrac{dv}{dZ}$，$\left(\dfrac{dp}{dZ}\right)_{摩擦}=\dfrac{dI'_w}{dZ}$，则：

$$\frac{dp}{dZ}=\left(\frac{dp}{dZ}\right)_{摩擦}=\left(\frac{dp}{dZ}\right)_{垂深}+\left(\frac{dp}{dZ}\right)_{加速度} \tag{2.1.12}$$

根据压裂液力学管流计算公式

$$\left(\frac{dp}{dZ}\right)_{摩擦}=f\frac{\rho}{d}\frac{v^2}{2} \tag{2.1.13}$$

式中 f——摩擦阻力系数；

d——管径，m。

在 Z 方向为由下而上的坐标系中$\frac{\mathrm{d}p}{\mathrm{d}Z}$为负值，如果取$\frac{\mathrm{d}p}{\mathrm{d}Z}$为正值，则：

$$\frac{\mathrm{d}p}{\mathrm{d}Z}=\rho g\sin\theta+\rho v\frac{\mathrm{d}v}{\mathrm{d}Z}+f\frac{\rho}{d}\frac{v^2}{2} \tag{2. 1. 14}$$

式（2. 1. 14）适合于各种管流的通用压力梯度方程。

对于水平管流，因 $\theta=0°$，$\left(\frac{\mathrm{d}p}{\mathrm{d}Z}\right)_{垂深}=0$。若用 x 表示水平流动方向的坐标，则：

$$\frac{\mathrm{d}p}{\mathrm{d}x}=\rho v\frac{\mathrm{d}v}{\mathrm{d}x}+f\frac{\rho}{d}\frac{v^2}{2} \tag{2. 1. 15}$$

对于垂直管流，$\theta=90°$，$\sin\theta=1$，若以 h 表示高度，则：

$$\frac{\mathrm{d}p}{\mathrm{d}h}=\rho g+\rho v\frac{\mathrm{d}v}{\mathrm{d}h}+f\frac{\rho}{d}\frac{v^2}{2} \tag{2. 1. 16}$$

为了强调压裂液流动，将方程中的各项流动参数加下角标“m”，则：

$$\frac{\mathrm{d}p_{\mathrm{m}}}{\mathrm{d}Z_{\mathrm{m}}}=\rho_{\mathrm{m}}g\sin\theta+\rho_{\mathrm{m}}v_{\mathrm{m}}\frac{\mathrm{d}v_{\mathrm{m}}}{\mathrm{d}Z_{\mathrm{m}}}+f\frac{\rho_{\mathrm{m}}}{d}\frac{v_{\mathrm{m}}^2}{2} \tag{2. 1. 17}$$

单相垂直管液流的$\left(\frac{\mathrm{d}p}{\mathrm{d}Z}\right)_{加速度}$、单相水平管液流的$\left(\frac{\mathrm{d}p}{\mathrm{d}Z}\right)_{垂深}$及$\left(\frac{\mathrm{d}p}{\mathrm{d}Z}\right)_{加速度}$均为 0，只要求得 ρ、v 及 f，就可计算出压力梯度。按气液两相管流的压力梯度公式计算沿程压力分布时，影响压裂液流动规律的各相物理参数（密度、黏度等）及混合物的密度、流速都随压力和温度而变，而沿程压力梯度并不是常数，因此气液两相管流要分段计算，以提高计算精度。同时计算压力分布时要先给出相应管段的压裂液物性参数，而这些参数又是压力和温度的函数，但是压力又是计算中要求的未知数。因此，通常每一管段的压力梯度均需采用迭代法进行。有两种迭代方法：用压差分段、按长度增量迭代；用长度分段、按压力增量迭代。

2. 2 暂堵剂封堵力学模型

2. 2. 1 暂堵剂在井筒中受力模型

表 2. 2. 1 为国外暂堵剂运移封堵力学模型研究技术对比表。

表 2.2.1 国外暂堵剂运移封堵力学模型研究技术对比表

序号	研究人员	技术特点
1	Robert W. Brown	用经验公式描述了暂堵剂受力方法，但没有详细描述暂堵剂的运动状态，也没有考虑多孔眼暂堵剂的受力状态
2	Peden 和 Luo	没有针对球体开展暂堵剂雷诺数的分析，只是针对小颗粒模拟了小颗粒运动过程中的雷诺数，这与实际暂堵剂在压裂液中的实际封堵状态有较大的差别
3	Steven R. Erbstoesser	验证了低密度暂堵剂对排量要求相对较小，尤其是暂堵剂密度与压裂液密度相差较小或相等，对排量的要求较低，如果射孔孔眼数较多，除了提高排量来提高封堵效果外，还可以考虑利用低密度暂堵剂的方式
4	Sascha Trummer	申报了关于暂堵剂沿井筒运移的模拟方法的发明专利，专利中说明了暂堵剂运移的两个阶段。暂堵剂经过初期短暂加速运动后，由于推动力和阻力将逐渐达到平衡而后作匀速沉降，所以其运动分为加速运动和匀速运动两个阶段
5	Stokes	认为在暂堵剂雷诺数较低的情况下，可以忽略压差阻力，并推导出了暂堵剂体在压裂液中运动的黏性阻力公式。提出了低雷诺数下（层流）暂堵剂的阻力系数计算公式，只适用于暂堵剂雷诺数 $Re<0.1$ 的情况，随着雷诺数的增加，该公式的计算误差不断增大。为了提高该公式的应用范围，Oseen 对公式进行了修正
6	Allen、Perry&Chilton	Allen 公式和 Perry&Chilton 公式误差针对小段实验管道中暂堵剂运移规律得到，但与实际数千米井深中暂堵剂运移受力的实际规律存在一定的差异，因此经验公式求取暂堵剂运移速度及暂堵剂受力分析具有较大的差异

考虑炮眼、压裂裂缝形状、尺度、壁面粗糙度等暂堵剂与封堵空间的匹配问题，建立暂堵压裂暂堵剂坐封前后力学模型，评价暂堵剂惯性力、转向力、冲击力、暂堵剂持球力及解封力等封堵前后力学特征，分析储层特性（渗透率、壁面粗糙度等）、压裂液参数（压裂液流态、压裂液黏度、压裂液密度等）、工艺参数（压裂液排量、井筒流道尺寸、炮眼数等）、暂堵剂物理特性（粒径分布、密度等）等参数对暂堵剂运移特性的影响。具体技术路线图如图 2.2.1 所示。

2.2.1.1 暂堵剂在直井段受力模型

要建立暂堵剂在管柱中的受力运移模型，必须详细了解暂堵剂在管柱中的运动。暂堵剂在从井口运动到缝口过程当中，经历了直井段、造斜段和水平段（以水平井为例）。由于在这三个阶段的暂堵剂受力及运动状态都大不相同，所以需要分别建立暂堵剂在这三个阶段的运动模型。暂堵剂在直井段首先由于各力的作用将会加速运动，当速度增加到一定程度，各力开始达到平衡，暂堵剂便进入直井段的匀速沉降运动；之后分别进入造斜段的圆周运动和水平段运动。接下来分别对这三个阶段进行模型建立，这需要首先分析暂堵剂在管柱中所受到的力。

图 2.2.2 为暂堵剂在管柱中的运动简图。暂堵剂在井筒中的运动，可以看作是固液

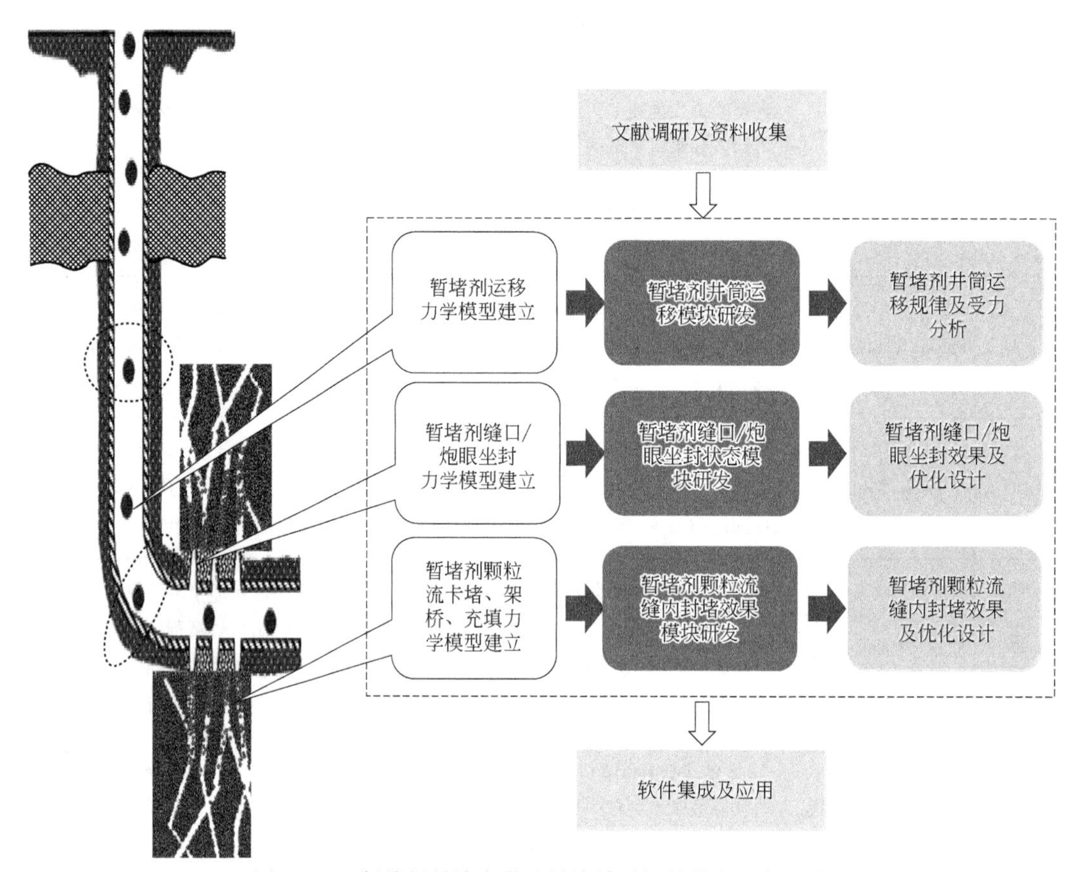

图 2.2.1　暂堵剂封堵力学及封堵效果评价技术研究思路

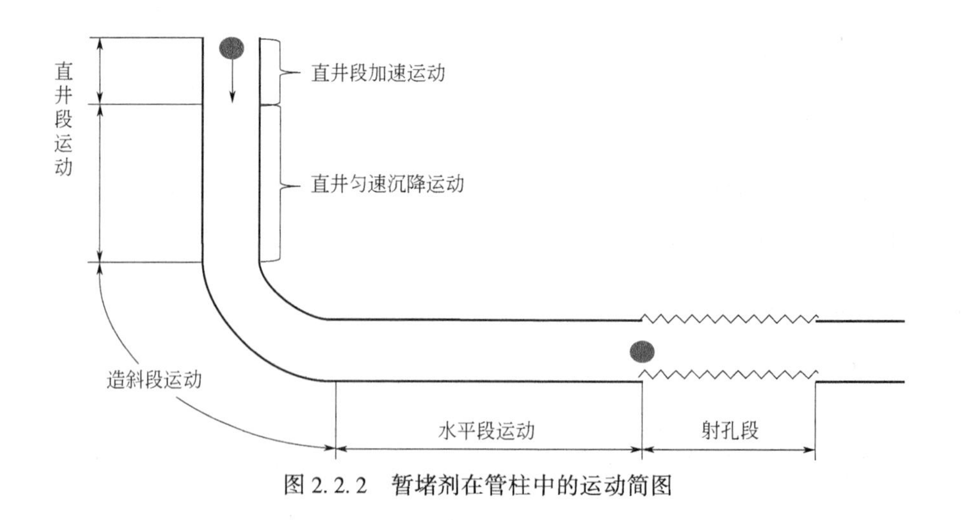

图 2.2.2　暂堵剂在管柱中的运动简图

两相流中的暂堵剂体运动。作用于暂堵剂的外力可分成三部分，依次为与两相相对运动无关的作用力，包括重力和压力梯度力等；与相对运动有关、方向与相对运动方向一致的广义阻力，包括阻力、附加质量力和 Basset 力；与相对运动有关、方向与相对运动方向垂直的侧向力。Magnus 力以发现者马格努斯命名，是一个在流体中转动的物体（如圆柱体）受到的力；Saffman 力为萨夫曼浮力，是低速指向高速的浮力。这两种力均在小颗粒中考虑，故暂堵剂力学分析中没有考虑 Magnus 力及 Saffman 力。下面分别对以上各力进行介绍，给出相应的计算表达式，并对比分析各个力在暂堵剂运动过程中的重要性。

1. 重力

暂堵剂在压裂液中运动时，重力在所有受力中为一个较大的力，一般不可忽略。重力数值具体表达式为：

$$F_G = \frac{\pi}{6} D_b^3 \rho_b g_x \tag{2.2.1}$$

式中 ρ_b——暂堵剂密度，kg/m^3；

D_b——暂堵剂直径，m；

g_x——重力加速度沿压裂液流动方向的分量，取值为 $9.81m/s^2$。

2. 压力梯度力

暂堵剂在有压力梯度的流场中运动时，除了受压裂液绕流引起的阻力外，还受到一个由于压力梯度引起的作用力。有些学者也将其称作“压差力”。在这里为了与 Stokes 阻力中的“压差阻力”相区别，采用“压力梯度力”以免混淆。

一直径为 D_b 的暂堵剂在压力梯度为 dp/dx 的流场中受到的压力梯度力 F_P，压力梯度力的方向与压力梯度的方向相反，其表达式如下：

$$F_P = -\frac{\pi}{6} D_b^3 \frac{dp}{dx} \tag{2.2.2}$$

式中 p——压力，MPa；

x——长度，m。

暂堵剂在直井段运动过程中，压力梯度 dp/dx 主要是由压裂液的重力作用引起的，可以表示为：

$$\frac{dp}{dx} = \rho_f g \tag{2.2.3}$$

式中 ρ_f——压裂液密度，kg/m^3；

g——重力加速度，m/s^2。

此时的压力梯度力也就是浮力，也可称作广义浮力。这时，压力梯度力数值表达为：

$$F_P = \frac{\pi}{6} D_b^3 \rho_f g \tag{2.2.4}$$

暂堵剂在直井段中运动时，由于压裂液密度和暂堵剂密度相差较小，受到的压力梯度力与重力相比差异不大，计算时不应忽略。这些广义阻力依赖于两相间的相对运动而存在，主要有阻力（主要是 Stokes 阻力）、Basset 力和附加质量力等，其方向则与相对运动的方向相同。

3. 阻力

阻力也就是暂堵剂体与压裂液的相间阻力，是暂堵剂体与压裂液间相互作用的最基本形式，研究暂堵剂体与压裂液的相间阻力作用往往从单暂堵剂体绕流（或沉降）问题入手。阻力在暂堵剂体受到的所有力当中具有举足轻重的地位，其他力在一定条件下可以忽略，但阻力却不能忽略。

对于阻力的研究较多，其中 Stokes 对阻力的研究较早，他最早用解析法研究暂堵剂体绕流问题。他假设压裂液绕暂堵剂流动的速度极缓慢，以至于其惯性可以忽略不计，其适用范围为暂堵剂体雷诺数 $Re \leqslant 0.4$，此条件下得出的阻力称为 Stokes 阻力。分析得知 Stokes 阻力中有 1/3 是由压差引起的，有 2/3 是由压裂液黏性所引起的。之后 Oseen 等人对 Stokes 运动方程进行了改进，但其也仅适用于低 Re 范围。

阻力的表达式为：

$$F_{\mathrm{D}}=\frac{1}{8}\pi C_{\mathrm{D}}D_{\mathrm{b}}^{2}\rho_{\mathrm{f}}\left|v_{\mathrm{f}}-v_{\mathrm{b}}\right|\left(v_{\mathrm{f}}-v_{\mathrm{b}}\right) \tag{2.2.5}$$

式中 v_{f}——压裂液速度，m/s；

v_{b}——暂堵剂速度，m/s；

C_{D}——阻力系数，在不同压裂液和不同暂堵剂体雷诺数下有不同的表达式。

（1）对于牛顿压裂液：

$$\begin{cases} C_{\mathrm{D}}=24/Re, Re\leqslant 3 \\ C_{\mathrm{D}}=24/Re+4/Re^{1/3}, 3<Re\leqslant 500 \\ C_{\mathrm{D}}=0.44, Re>500 \end{cases} \tag{2.2.6}$$

在牛顿压裂液中有：

$$Re=\frac{\rho_{\mathrm{f}}D_{\mathrm{b}}\left|v_{\mathrm{f}}-v_{\mathrm{b}}\right|}{\mu} \tag{2.2.7}$$

式中 μ——压裂液黏度，mPa · s。

（2）对于非牛顿压裂液（主要针对幂律压裂液）：

$$\begin{cases} C_{\mathrm{D}}=24(1+0.15Re^{0.687})Re, Re\leqslant 989 \\ C_{\mathrm{D}}=0.44, Re>989 \end{cases} \tag{2.2.8}$$

如果注入线性胶，流体类型被认为是幂律流体，幂律压裂液中暂堵剂体雷诺数 Re 的表达式为：

$$Re=\frac{\rho_{\mathrm{f}}D_{\mathrm{b}}^{n}\left|v_{\mathrm{f}}-v_{\mathrm{b}}\right|^{2-n}}{K} \tag{2.2.9}$$

式中 K——压裂液稠度系数，Pa · s^{n}；

n——压裂液流态指数。

暂堵剂体在黏性压裂液中运动时受到的阻力为所有作用力中最重要的力之一，不能忽略。在该公式中，阻力系数 C_{D} 是准确求解上述公式的关键参数。目前关于阻力系数的求解有多种方法，主要包括理论分析法、图表法、经验及半经验公式法。Stokes 提出了低雷诺数下（层流）暂堵剂的阻力系数计算公式：

$$C_D = \frac{24}{Re} \tag{2.2.10}$$

$$Re = \frac{\rho_f v_f D_b}{\mu} \tag{2.2.11}$$

上述公式根据 Navier-Stokes 公式求得，只适用于暂堵剂雷诺数 $Re<0.1$ 的情况，随着雷诺数的增加，该公式的计算误差不断增大。为了提高该公式的应用范围，Oseen 对公式进行了修正，公式如下：

$$C_D = \frac{24}{Re}\left(1+\frac{3}{16}Re\right) \tag{2.2.12}$$

该公式在 $Re<2$ 的情况具有较高的精度。由于在高雷诺数下，很难得到阻力系数的解析解，为了方便求解，Lapple 和 Shepherd 建立了著名的暂堵剂阻力系数 C_D 与雷诺数 Re 的关系图。为计算过渡区（$0.1<Re<10^3$）暂堵剂的阻力系数，Allen 提出了目前应用较为广泛的关联式：

$$C_D = \frac{10}{\sqrt{Re}} \tag{2.2.13}$$

该公式在雷诺数 Re 介于 3.1～500 之间时具有较高的精度。Perry 和 Chilton 提出了新的关联式，该关联式在 Re 介于 0.3～1000 之间时具有较高的精度。关联式如下：

$$C_D = \frac{18.5}{Re^{0.6}} \tag{2.2.14}$$

Allen 公式和 Perry & Chilton 公式计算简单，但是计算误差较大，Allen 公式的计算平均误差为 21%，最大为 45%；Perry & Chilton 公式的计算平均误差为 17%，最大误差为 46%。Schiller 和 Naumann 提出了适用于雷诺数 Re 在 0.3～1000 之间的关联式，其形式如下：

$$C_D = \frac{24}{\sqrt{Re}}(1+0.15Re^{0.687}) \tag{2.2.15}$$

该关联式具有较高的计算精度，其平均误差为 2.2%，最大误差为 7%。对于湍流区（$10^3<Re<3\times10^5$）暂堵剂阻力系数的计算，目前也有较多模型计算，其中以 Braure 关联式和 Clift&Gauvin 关联式计算精度较高。Braure 关联式如下：

$$C_D = 0.4+4Re^{0.5}+\frac{24}{Re} \tag{2.2.16}$$

Clift & Gauvin 关联式如下：

$$C_D = \frac{24}{Re}+3.6Re^{0.313}+\frac{0.42}{1+62500Re^{1.16}} \tag{2.2.17}$$

上述两关联式，Braure 关联式的计算平均误差为 8.83%，Clift & Gauvin 关联式的平均误差为 2.89%。Allen 公式和 Perry & Chilton 公式的误差是针对小段实验管道中暂堵剂运移规律得到的，但与实际数千米井深中暂堵剂运移受力的实际规律存在一定的差异，因此经验公式求取暂堵剂运移速度及暂堵剂受力分析具有较大的差异。为了适合压裂现场的实际作业情况，采用了运动方程及龙格库塔的方法求解暂堵剂运动情况，更符合暂堵剂运移受力现实规律。另外 Waddell、Klyachko、Rumpf 等很多国内外学者也提出针对不同暂堵剂雷诺数的阻力系数关联式，具体见表 2.2.2。

表 2.2.2　阻力系数关联式

作者	阻力系数关联式	适用范围
Stokes	$C_D=\frac{24}{Re}$	$Re<0.2$
Allon	$C_D=\frac{10}{Re}$	$2<Re<500$
	$C_D=\frac{30}{Re^{0.625}}$	$1<Re<1000$
Oseen	$C_D=\frac{24}{Re}\left(1+\frac{3}{16}Re\right)$	$Re<2$
Schiller&Naumann	$C_D=\frac{24}{Re}(1+0.15Re^{0.687})$	$0.2<Re<500\sim1000$
Waddell	$C_D=\left(0.63+\frac{4.8}{Re^{0.5}}\right)^2$	$10^{-2}<Re<10^5$
Klyachko	$C_D=\frac{24}{Re}+\frac{4.0}{Re^{\frac{1}{8}}}$	$0.1<Re<10^4$
	$C_D=\frac{24}{Re}+\frac{2.8}{Re^{\frac{1}{4}}}$	$0.1\leqslant Re\leqslant4000$
Dallavalle	$C_D=\frac{24}{Re}$	$10^{-4}<Re<10^4$
	$C_D=0.4+\frac{24}{Re}$	$2<Re<500$
	$C_D=0.44$	$500<Re<10^5$
牛顿流体	$C_D=24/Re$	$Re\leqslant3$
	$C_D=24/Re+4/Re^{1/3}$	$3<Re\leqslant500$
	$C_D=0.44$	$Re>500$
非牛顿流体	$24\ (1+0.15Re^{0.687})Re$	$Re\leqslant989$
	$C_D=0.44$	$Re>989$

4. 附加质量力

一些文献中也将此力称作“虚质量力”。当暂堵剂在压裂液中作加速运动时，将会带动暂堵剂周围的压裂液加速，即存在一个同时推动暂堵剂和其周围压裂液加速的力，这个力就叫“附加质量力”，这个力的效应相当于使暂堵剂的质量增加。运用理想压裂液力学理论可以得到暂堵剂在理想压裂液中运动的附加质量力表达式：

$$F_{vm}=-\frac{1}{12}\pi D_b^3\rho_f\left(\frac{dv_b}{dt}-\frac{dv_f}{dt}\right) \tag{2.2.18}$$

暂堵剂在黏性压裂液中所受到的附加质量力与其在理想压裂液中所受附加质量力具有相同的形式。附加质量力在数值上等于与暂堵剂同体积的压裂液质量与暂堵剂作同样的加速运动时的惯性力的一半，这个增加的质量等于暂堵剂所排开的压裂液质量的一半。压裂液密度与暂堵剂密度相差不大，而且暂堵剂在压裂液中运动初期，暂堵剂加速度较大，使得暂堵剂受到的附加质量力与暂堵剂体惯性力相比不会太小，计算时不能忽略。

5. Basset 力

由于压裂液中黏性的存在，当暂堵剂速度变化时，即暂堵剂有相对加速度时，暂堵剂周围的流场不能马上达到稳定。因此，压裂液对暂堵剂的作用力不仅依赖于当时暂堵剂的相对加速度（阻力部分）、当时的相对加速度（附加质量力），还依赖于暂堵剂加速历程，这个力就叫 Basset 力。也就是说 Basset 力是相对速度随时间的变化而导致暂堵剂表面附面层发展滞后所产生的力，这个力的大小与暂堵剂加速历程直接相关，此力常被称为“历史力”。Basset 力表达式如下：

$$F_B=\frac{3}{2}D_b^2\sqrt{\pi\mu\rho_f}\int_0^t d\zeta\left(\frac{dv_f-dv_b}{d\zeta}\right)/\sqrt{t-\zeta} \tag{2.2.19}$$

式中 ζ——形式参数。

根据一些研究结果，对于暂堵剂不算太大，且压裂液密度与暂堵剂密度之比远大于 0.002 的情况，应当考虑暂堵剂受到的 Basset 力。Basset 力的表达式较为复杂而且含有未知数。当研究暂堵剂受力考虑 Basset 力时，由于其表达式的复杂性将会给计算带来较大难度。

对以上各个力的分析可以看出：当 $v_f<v_b$ 时，作用于暂堵剂上的阻力、附加质量力和 Basset 力都将与暂堵剂运动方向相反，是阻止暂堵剂加速的力；当 $v_f>v_b$ 时，这些力将会推动暂堵剂加速。

2.2.1.2 暂堵剂在造斜段力学模型

经过直井段的加速，暂堵剂速度和压裂液速度相差越来越小，从而 Basset 力越来越小，最终可忽略不计。如此，暂堵剂在造斜段将受重力、压力梯度力、阻力、附加质量力和浮力等 5 个力作用，重力和压力梯度力（浮力）在竖直方向上方向相反，阻力和附加质量力沿套管轴线的切线上方向相反，如图 2.2.3 所示。

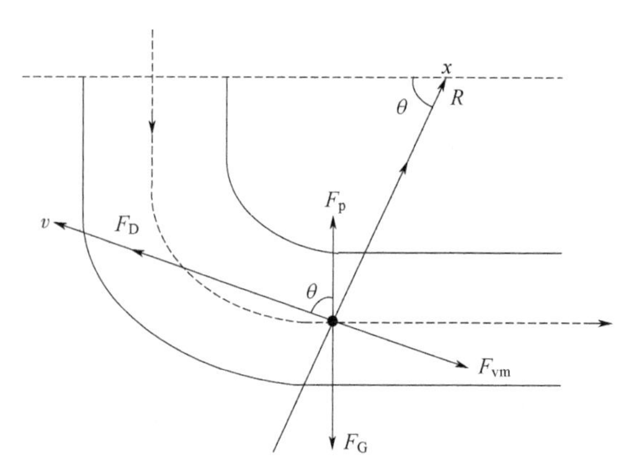

图 2.2.3 暂堵剂造斜段受力示意图

在图 2.2.3 中将各力沿切线（y）和法线（x）方向上做受力分析，切向合力为：

$$F_\tau = F_D + F_G\cos\theta - (F_{vm} + F_p\cos\theta) \tag{2.2.20}$$

法向合力为：

$$F_N = F_p\sin\theta - F_G\sin\theta \tag{2.2.21}$$

根据前面假设，暂堵剂在造斜段沿套管轴线作圆周运动，所以分析暂堵剂的运动方程可以从圆周运动的性质入手，即根据圆周运动切向和法向加速度列方程。

法向加速度为：

$$a_N = R\omega^2 = F_N / m_b \tag{2.2.22}$$

式中 a_N——暂堵剂法向加速度，m/s^2；

R——造斜段曲率半径，m；

ω——圆周运动角速度，rad/s；

m_b——暂堵剂质量，kg。

代入式（2.2.21）中，得：

$$R\omega^2 = (F_p\sin\theta - F_G\sin\theta) / m_b \tag{2.2.23}$$

将重力、压力梯度力和浮力的表达式代入上式，从而得到：

$$\omega = \left[\frac{8D_b(\rho_f - \rho_b)g\sin\theta + 3\rho_f(v_f - v_b)^2}{8R\rho_b D_b}\right]^{\frac{1}{2}} \tag{2.2.24}$$

2.2.2 暂堵剂坐封前后受力模型建立

2.2.2.1 暂堵剂坐封水平段受力模型

暂堵剂水平段从减速到匀速运动，暂堵剂在减速段受到重力、浮力及阻力作用，水平方向上暂堵剂作减速运动，直至暂堵剂运动速度降低到压裂液流动速度，暂堵剂作匀速运动。具体受力如图 2.2.4 所示。

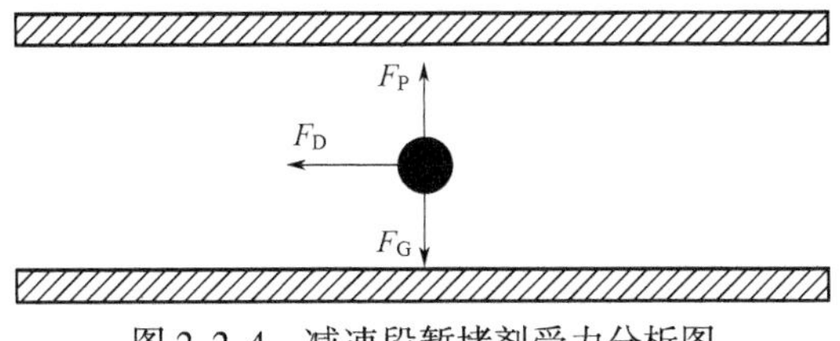

图 2. 2. 4 减速段暂堵剂受力分析图

暂堵剂沿着水平井筒作减速运动受力模型如下：

$$m_b \frac{dv_b}{dt} = F_D \tag{2.2.25}$$

暂堵剂作匀速运动时，其运动速度与压裂液速度相同，此时合外力为 0，受到浮力及重力作用，具体受力如图 2. 2. 5 所示。

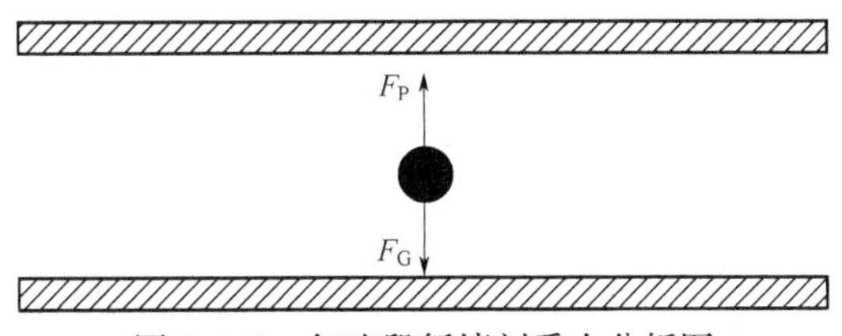

图 2. 2. 5 匀速段暂堵剂受力分析图

暂堵剂沿着水平井筒作匀速运动受力模型如下：

$$m_b \frac{dv_b}{dt} = 0 \tag{2.2.26}$$

2. 2. 2. 2 暂堵剂坐封前后分力模型

暂堵转向压裂要求能够实现对已压裂井段的封堵，且在压裂施工结束后暂堵剂能够解除封堵，即暂堵剂可以溶解、溶化或脱落，能够随着返排液排出井筒，实现所有压裂井段都对产能有贡献。由此，可以确定缝口暂堵转向压裂成败的关键为暂堵剂能否实现暂堵压裂及暂堵剂的溶解性能如何。图 2. 2. 6 为缝口转向压裂暂堵剂坐封力受力分解物理图，不仅页岩壁面黏附力、封堵类型、压裂裂缝形状对暂堵效果影响，而且惯性力、拖拽力和持球力等（通过考虑暂堵剂的最初坐封和坐封后的脱落）力学特性也对暂堵效果有影响。

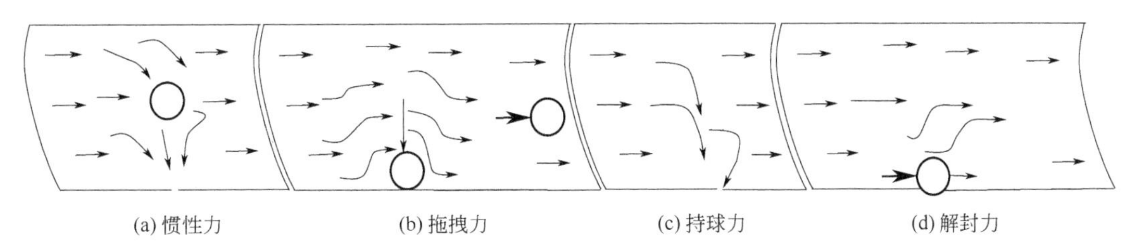

图 2. 2. 6 缝口转向压裂暂堵剂坐封力受力分解物理图

1. 惯性力

要改变暂堵剂的方向，需克服惯性力的影响：

$$F_i = 0.2618\pi\left(\frac{\rho_B d^3}{d_c}\right)\left\{\frac{2.12\times10^{-2}Q}{d_c^2}+\frac{1}{1+D/D_b}\times3.615\left[\frac{(\rho_b-\rho_f)\times D}{\rho_f f_d}\right]^{0.5}\right\}^2 \quad (2.2.27)$$

式中 f_d——阻力系数；

ρ_f——压裂液密度，kg/m^3；

ρ_b——暂堵剂密度，kg/m^3；

d_c——套管内径，m；

D——管径，m；

Q——压裂液排量，m^3/s。

2. 拖拽力

假设面对孔眼管壁处的液体垂直流动分速度为零，在孔眼内的垂直流动分速度达到最大值为 v_p，同时假定在孔眼处液体与暂堵剂的流动都在一个平面上，则使暂堵剂离开水平流线，转向于流向孔眼的拖拽力为：

$$F_d = 4.41\times10^{-5}\left(\frac{f_d\rho_f D^2 Q^2}{n^2 D_p^2 C_d^2}\right) \quad (2.2.28)$$

式中 D_p——孔眼直径，m；

C_d——阻力系数。

3. 持球力

压裂液对暂堵剂的持球力为：

$$F_h = 1.76\times10^{-4}\frac{\rho D_p^3}{(D^2-D_p^2)^{0.5}}\left(\frac{1}{n^2}\frac{0.6Q^2}{D_p^4 C_d^2}-\frac{Q^2}{d_c^4}\right) \quad (2.2.29)$$

式中 n——孔眼数。

4. 解封力

暂堵剂坐在孔眼口后，受到一种使封堵暂堵剂脱离孔眼的力，即解封力。假设暂堵剂未变形，由于部分暂堵剂隐藏在套管壁内及其外面，则暂堵剂解封力为：

$$F_u = 3.927\times10^{-1}(f_u\rho_f v_f^2 D^2) \quad (2.2.30)$$

式中 f_u——阻力系数。

2.2.3 暂堵剂运移规律影响分析

2.2.3.1 阻力系数对雷诺数的影响

在压裂液中暂堵剂的沉降速度与阻力系数有关，而阻力系数与雷诺数有关，随着雷诺数的增大，暂堵剂阻力系数呈现先减小后增大的趋势。图 2.2.7 为阻力系数与雷诺数的关系图版。按照雷诺数的大小将图版分为低雷诺图版、中低雷诺图版、中雷诺图版、中高雷诺图版、高雷诺图版及极高雷诺图版 6 种情况。

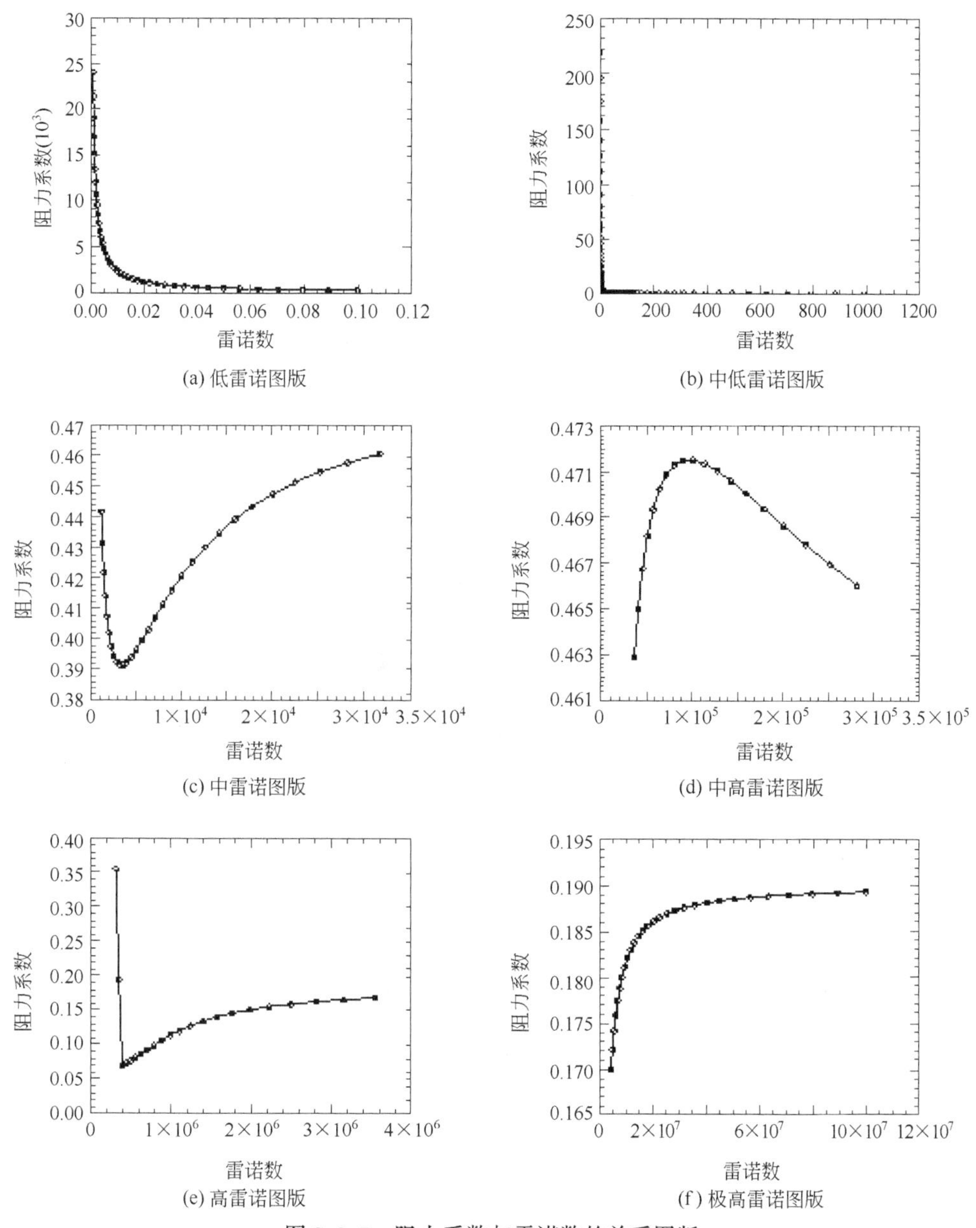

(a) 低雷诺图版 (b) 中低雷诺图版 (c) 中雷诺图版 (d) 中高雷诺图版 (e) 高雷诺图版 (f) 极高雷诺图版

图 2.2.7 阻力系数与雷诺数的关系图版

2.2.3.2 暂堵剂直径对雷诺数的影响

图 2.2.8 为雷诺数与暂堵剂直径（$D_b=7$mm，$D_b=9$mm，$D_b=11$mm 及 $D_b=13$mm）的关系（H 为井深）。随着暂堵剂直径增大，暂堵剂加速度 $a_b \geqslant 0$ 的阶段，暂堵剂雷诺

数增大，暂堵剂直径 13mm 同直径 7mm 相比，雷诺数峰值从 214. 18 增大到 397. 76。把滑溜水视为牛顿流体，暂堵剂雷诺数不仅受压裂液黏度、压裂液密度及压裂液流速的影响，暂堵剂直径及暂堵剂速度对其影响也较大。暂堵剂加速度 $a_b<0$ 的阶段，随着暂堵剂直径增大，暂堵剂雷诺数呈现减小的趋势，这是暂堵剂运动速度大于压裂液流速的缘故。详细数据见附表 1. 1。

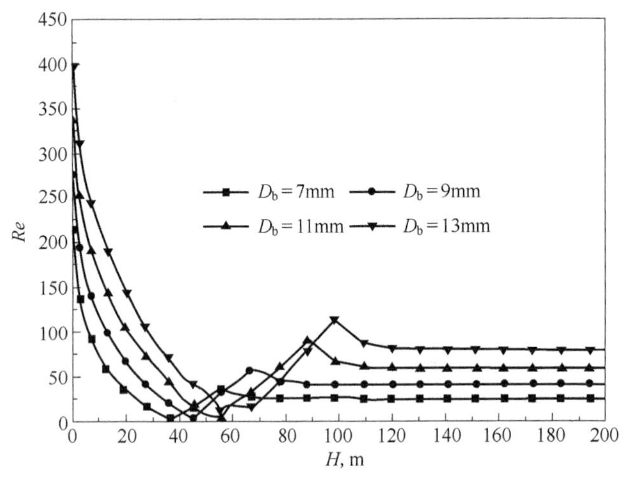

图 2. 2. 8 暂堵剂直径对雷诺数影响

2. 2. 3. 3 暂堵剂直径对运移速度的影响

图 2. 2. 9 为暂堵剂直径（$D_b=7$mm，$D_b=9$mm，$D_b=11$mm 及 $D_b=13$mm）对暂堵剂运移速度影响关系图示。暂堵剂加速度 $a_b>0$ 的阶段，随着暂堵剂直径增大，运移速度减小；暂堵剂加速度 $a_b<0$ 的阶段，暂堵剂运移速度达到最大峰值，暂堵剂直径 7mm 同直径 13mm 相比，运移速度峰值从 14. 675m/s 升高至 16. 938m/s；暂堵剂加速度 $a_b=0$ 阶段，暂堵剂沿直井段匀速运移。详细数据见附表 1. 2。

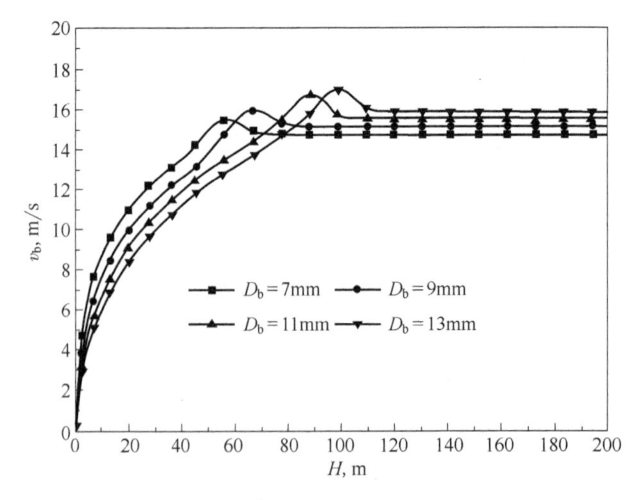

图 2. 2. 9 暂堵剂直径对运移速度的影响

2.2.3.4 暂堵剂直径对运移时间的影响

图 2.2.10 为暂堵剂直径（$D_b = 7mm$，$D_b = 9mm$，$D_b = 11mm$ 及 $D_b = 13mm$）对暂堵剂运移时间（T）的影响图示。详细数据见附表 1.3。

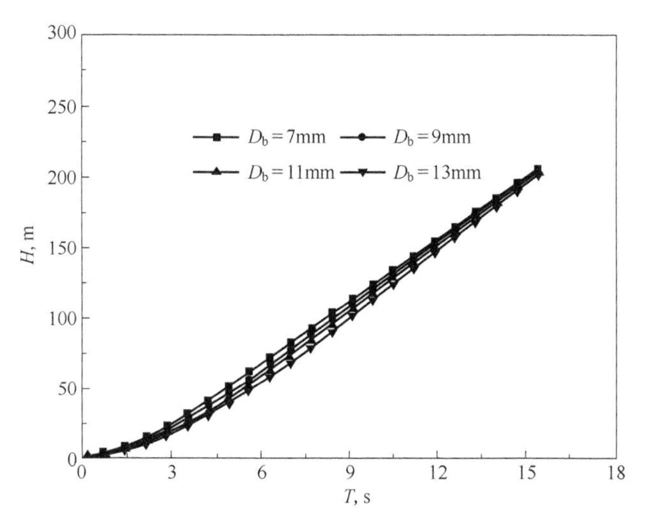

图 2.2.10 暂堵剂直径对运移时间的影响

2.2.3.5 暂堵剂直径对运移加速度的影响

图 2.2.11 为暂堵剂直径（$D_b = 7mm$，$D_b = 9mm$，$D_b = 11mm$ 及 $D_b = 13mm$）对暂堵剂运移加速度的影响图示。详细数据见附表 1.4。

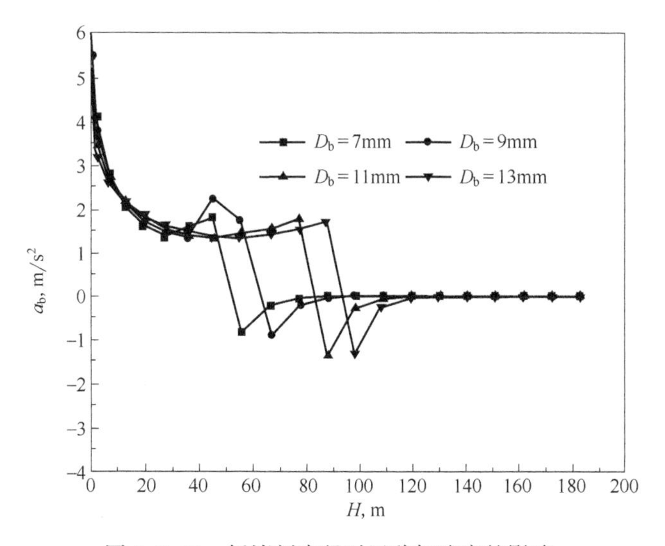

图 2.2.11 暂堵剂直径对运移加速度的影响

2.2.3.6 暂堵剂密度对雷诺数的影响

图2.2.12为暂堵剂密度（$\rho_b=1.13g/cm^3$，$\rho_b=1.18g/cm^3$，$\rho_b=1.23g/cm^3$ 及 $\rho_b=1.38g/cm^3$）与暂堵剂雷诺数的关系图示。随着暂堵剂密度的增大，暂堵剂加速度 $a_b>0$，暂堵剂雷诺数减小；相反，随着加速度 $a_b\leqslant 0$，暂堵剂雷诺数呈现增大趋势。详细数据见附表1.5。

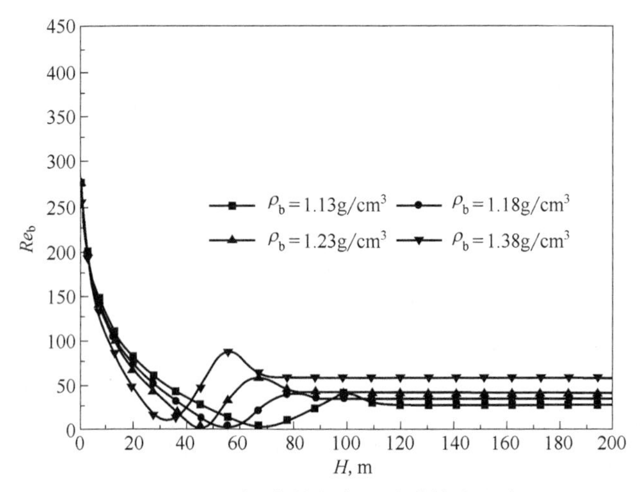

图2.2.12 暂堵剂密度对雷诺数的影响

2.2.3.7 暂堵剂密度对运移速度的影响

图2.2.13暂堵剂密度（$\rho_b=1.13g/cm^3$，$\rho_b=1.18g/cm^3$，$\rho_b=1.23g/cm^3$ 及 $\rho_b=1.38g/cm^3$）对运移速度的影响图示。暂堵剂在直井段先经过加速阶段，然后是减速阶段，最后是匀速阶段，匀速运移的时间远高于加速时间。直井段暂堵剂下降的速度是压裂

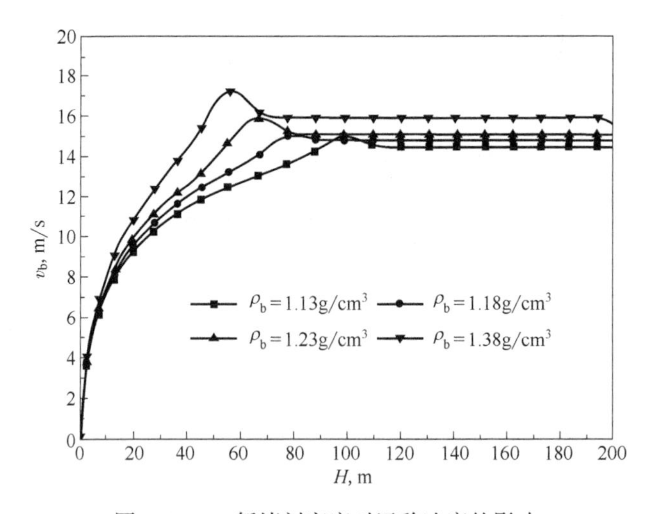

图2.2.13 暂堵剂密度对运移速度的影响

液流速与暂堵剂的沉降速度之和。暂堵剂密度从 $\rho_b = 1.13g/cm^3$ 增大到 $\rho_b = 1.38g/cm^3$，暂堵剂运移速度峰值从 13.057m/s 增大到 16.19m/s。暂堵剂密度越大，其相对运动速度越大，到达一定速度时，由于阻力逐渐增大，暂堵剂加速度逐渐减小，最后暂堵剂速度为 0，暂堵剂做匀速运动。暂堵剂在初期运移中，很快就进入匀速运移阶段，并且密度越大，进入匀速运动时间越早。详细数据见附表 1.6。

2.2.3.8 暂堵剂密度对运移加速度的影响

图 2.2.14 为暂堵剂密度（$\rho_b = 1.13g/cm^3$，$\rho_b = 1.18g/cm^3$，$\rho_b = 1.23g/cm^3$ 及 $\rho_b = 1.38g/cm^3$）对运移加速度的影响图示。随着密度的增大，暂堵剂加速度在初期呈现增大的趋势，这是由于加速度主要受到合外力的影响，暂堵剂密度增大，合外力增大，从而加速度增大。暂堵剂加速到一定速度时，由于随着速度的增大，阻力增大，从而合外力逐渐减小，直至合外力为 0，暂堵剂保持匀速运动。详细数据见附表 1.7。

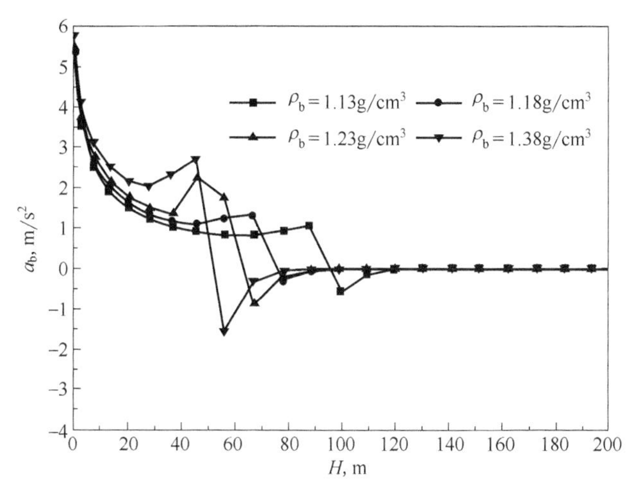

图 2.2.14 暂堵剂密度对运移加速度的影响

2.2.3.9 暂堵剂密度对运移时间的影响

图 2.2.15 为暂堵剂密度（$\rho_b = 1.13g/cm^3$，$\rho_b = 1.18g/cm^3$，$\rho_b = 1.23g/cm^3$ 及 $\rho_b = 1.38g/cm^3$）对运移时间的影响图示。随着密度的增大，暂堵剂初期阶段运行速度增大，从而初期阶段，相同的井深，暂堵剂运移时间呈现减小趋势。详细数据见附表 1.8。

2.2.3.10 压裂液排量对雷诺数的影响

图 2.2.16 为压裂液排量（$Q = 8m^3/min$，$Q = 10m^3/min$，$Q = 12m^3/min$ 及 $Q = 14m^3/min$）对雷诺数的影响图示。压裂液排量增大，初期阶段 $a_b > 0$，暂堵剂雷诺数呈现增大趋势，排量 $8m^3/min$ 同 $14m^3/min$ 相比，雷诺数峰值从 220.3005 升高到 385.52；中期

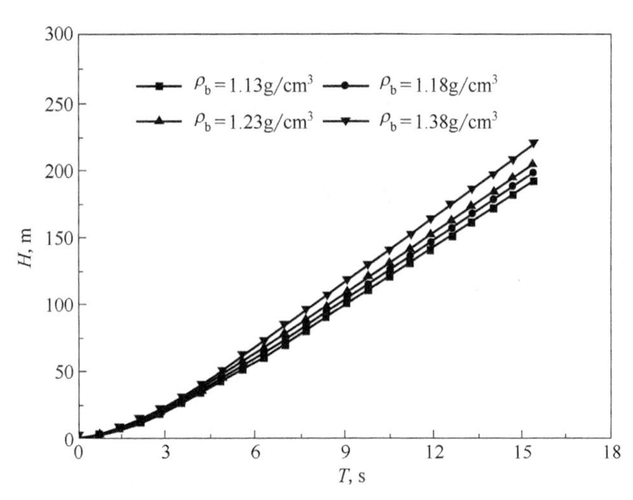

图 2.2.15　暂堵剂密度对运行时间的影响

阶段 $a_b<0$，暂堵剂雷诺数随着排量的增大呈现减小趋势；末期阶段 $a_b=0$ 呈现相等趋势。这是由于暂堵剂运移速度是影响暂堵剂雷诺数的主要因素。详细数据见附表 1.9。

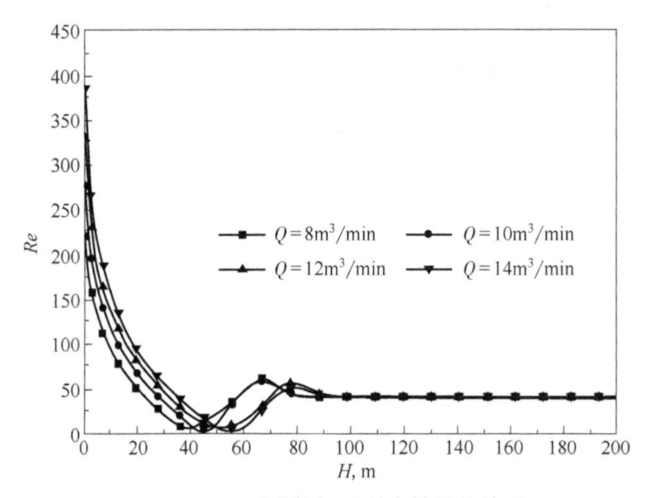

图 2.2.16　雷诺数与压裂液排量的关系

2.2.3.11　压裂液排量对运移速度的影响

图 2.2.17 为压裂液排量（$Q=8\text{m}^3/\text{min}$，$Q=10\text{m}^3/\text{min}$，$Q=12\text{m}^3/\text{min}$ 及 $Q=14\text{m}^3/\text{min}$）对暂堵剂运移速度的影响图示。随着排量的增大，暂堵剂运移速度呈现增大的趋势，这是由于直井段下降的速度是压裂液流速与暂堵剂的沉降速度之和，排量增大，增大了压裂液流速，从而使得暂堵剂运行速度呈现增大趋势。当排量为 $Q=10\text{m}^3/\text{min}$ 时，暂堵剂到达直井段末端 2536m，运移速度为 14.42m/s，运行总时间为 2.835min。详细数据见附表 1.10。

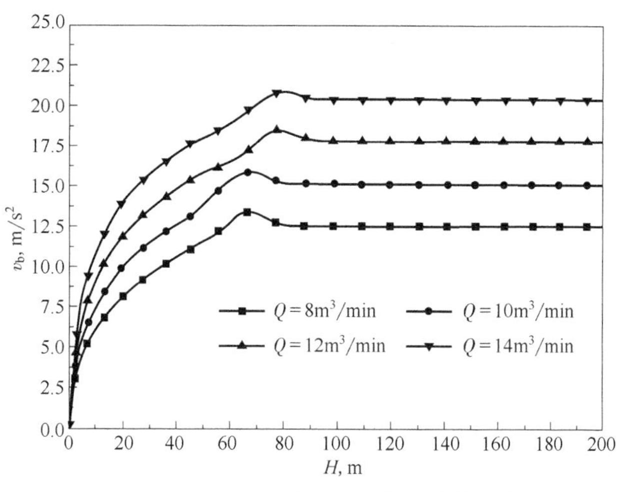

图 2. 2. 17 压裂液排量对运移速度的影响

2. 2. 3. 12 压裂液排量对运移加速度的影响

图 2. 2. 18 为压裂液排量（$Q=8m^3/min$，$Q=10m^3/min$，$Q=12m^3/min$ 及 $Q=14m^3/min$）对运移加速度的影响关系图示。随着排量的增大，暂堵剂运移初期阶段，加速度呈现增大趋势，这是由于排量的增大使得暂堵剂受合外力增大。详细数据见附表 1. 11。

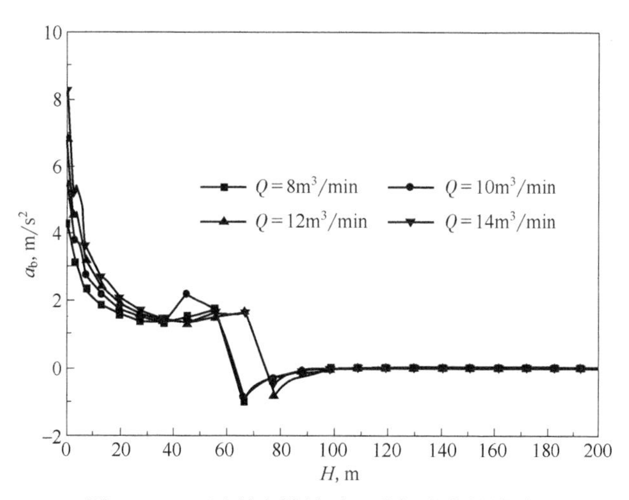

图 2. 2. 18 压裂液排量对运移加速度的影响

2. 2. 3. 13 压裂液排量对运移时间的影响

图 2. 2. 19 为压裂液排量（$Q=8m^3/min$，$Q=10m^3/min$，$Q=12m^3/min$ 及 $Q=14m^3/min$）对暂堵剂运移时间的影响关系图示。随着排量的增大，暂堵剂运移初期暂堵剂受合外力增大，运移速度增大，相同的井深，暂堵剂运移时间呈现减小的趋势。详细数据见附表 1. 12。

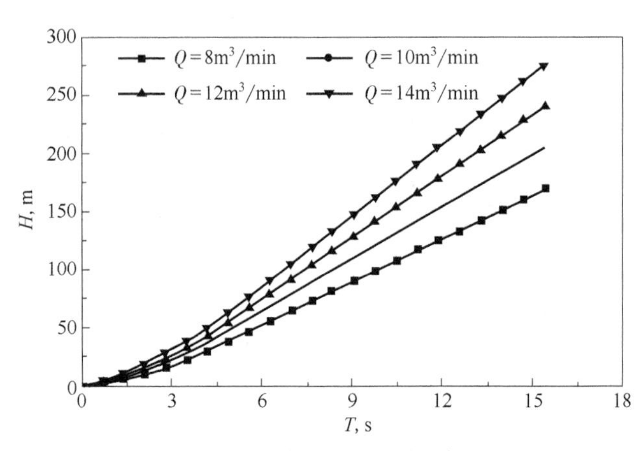

图 2.2.19 压裂液排量对运移时间的影响

2.2.3.14 造斜段及水平段暂堵剂运移特性数据（附表 1.13）

图 2.2.20 为造斜段井深（2536～3222.863m）对暂堵剂速度的影响图示。随着井深增大，暂堵剂从造斜段到水平段呈现减小趋势，在 3096.105m 开始，暂堵剂保持 13.15684m/s 匀速运动。

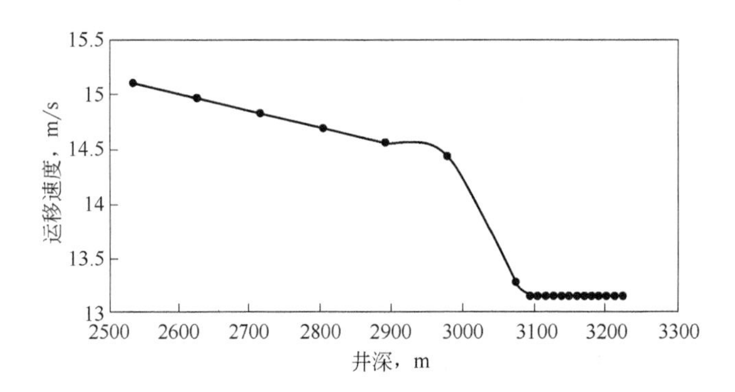

图 2.2.20 造斜段井深对暂堵剂速度的影响

图 2.2.21 为造斜段井深（2536～3222.863m）对暂堵剂加速度的影响图示。随着造斜段深度增加，造斜段初期，加速度开始为-0.02227m/s^2，暂堵剂运行到末端加速度为-1.63827m/s^2。

图 2.2.22 为造斜段井深（2536～3222.863m）对暂堵剂阻力的影响图示。暂堵剂阻力主要受到暂堵剂速度的影响，造斜段初期线性减小，造斜段后期，暂堵剂做匀速运动，加速度为 0，暂堵剂阻力为 0。

图 2.2.23 为造斜段井深（2536～3222.863m）对暂堵剂雷诺数的影响图示。随着井深增大，雷诺数从 40.46533 降低到 23.68689，呈现减小趋势。

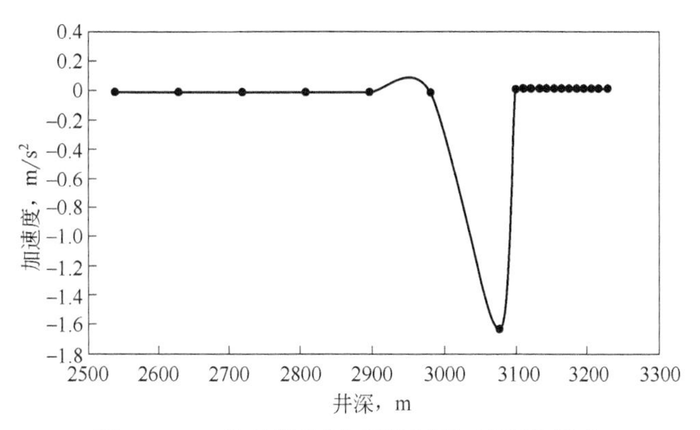

图 2. 2. 21 造斜段井深对暂堵剂加速度的影响

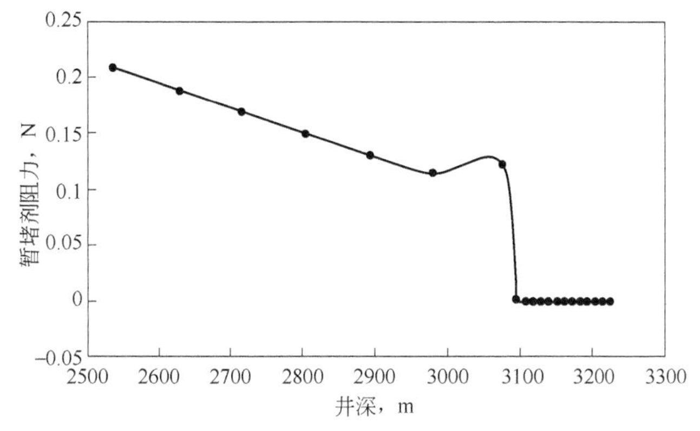

图 2. 2. 22 造斜段井深对暂堵剂阻力的影响

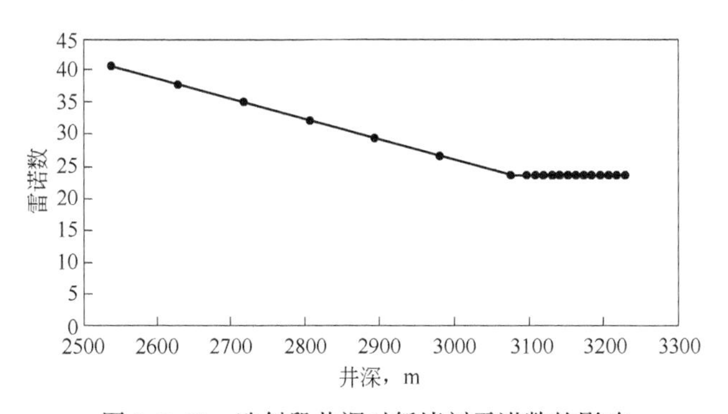

图 2. 2. 23 造斜段井深对暂堵剂雷诺数的影响

图 2. 2. 24 为水平段井深（3074. 979~3222. 863m）对暂堵剂速度的影响图示。暂堵剂在水平段运移，速度从 13. 27536m/s 降到 13. 15684m/s，呈现匀速运动。

图 2. 2. 25 为水平段井深（3074. 979~5123m）对暂堵剂加速度的影响图示。暂堵剂在水平段运移，加速度从 $-1.63827 \mathrm{m/s^2}$ 急剧增大到 0，最后呈现 0 加速度、暂堵剂运行速度急剧下降，最后匀速运动趋势。

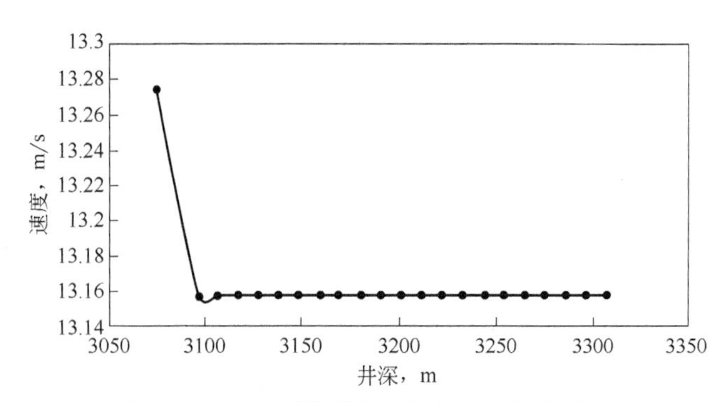

图 2. 2. 24　水平段井深对暂堵剂速度的影响

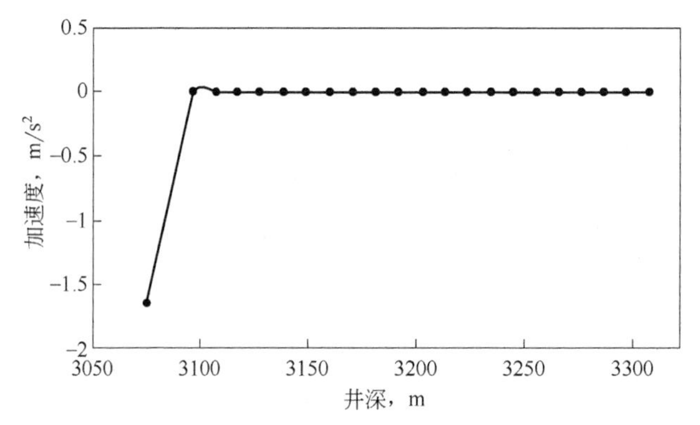

图 2. 2. 25　水平段井深对暂堵剂加速度的影响

图 2. 2. 26 为水平段井深（3074. 979~5123m）对暂堵剂阻力的影响图示。暂堵剂在水平段运移，受到的阻力从 0. 12247N 急剧下降到 0，最后阻力恒定为 0。

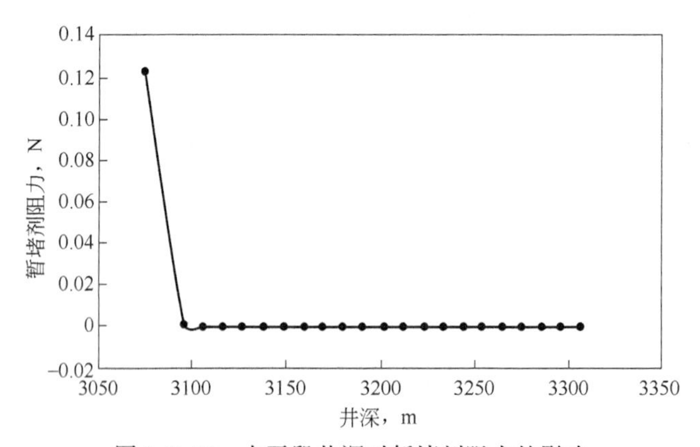

图 2. 2. 26　水平段井深对暂堵剂阻力的影响

第3章

暂堵近井筒岩石力学分析

3.1 基于测井数据的暂堵储层岩石力学分析

岩石的力学性质是岩石抵抗外力作用的性能，包括岩石的变形特征（弹性模量、体积模量、剪切模量和泊松比等）和强度特征（抗压强度、抗拉强度、抗剪强度等）。考虑页岩密度、横波时差、纵波时差等参数，建立了页岩动态弹性模量、泊松比、单轴抗压强度及内摩擦角岩石力学参数数学模型。

弹性模量计算公式为：

$$E_{\mathrm{d}}=\rho v_{\mathrm{s}}^{2}(3v_{\mathrm{p}}^{2}-4v_{\mathrm{s}}^{2})/(v_{\mathrm{p}}^{2}-v_{\mathrm{s}}^{2}) \tag{3.1.1}$$

泊松比计算公式为：

$$\nu_{\mathrm{d}}=(v_{\mathrm{p}}^{2}-2v_{\mathrm{s}}^{2})/2(v_{\mathrm{p}}^{2}-v_{\mathrm{s}}^{2}) \tag{3.1.2}$$

抗压强度计算公式为：

$$\sigma_{\mathrm{c}}=1.5\times3668\times\mathrm{e}^{-E_{\mathrm{d}}\times4.14\mathrm{e}^{-7}} \tag{3.1.3}$$

内摩擦系数计算公式为：

$$f_{\mathrm{i}}=1.2\times\tan(0.3234v_{\mathrm{p}}^{0.5148}) \tag{3.1.4}$$

式中 ρ——岩性密度；

v_{s}——横波时差；

v_{p}——纵波时差。

3.1.1 近井筒岩石力学参数分析软件研发

图3.1.1为页岩岩石力学参数分析模块流程图。结合测井参数密度、自然伽马、

深度等参数，根据力学反演公式，研发了页岩岩石力学参数分析模块，通过导入测井参数，计算地层纵向剖面弹性模量、泊松比、最大主应力、最小主应力、上覆岩层压力等10项岩石力学参数。借助岩石力学参数模型，可反演岩石力学参数及地应力纵向剖面。

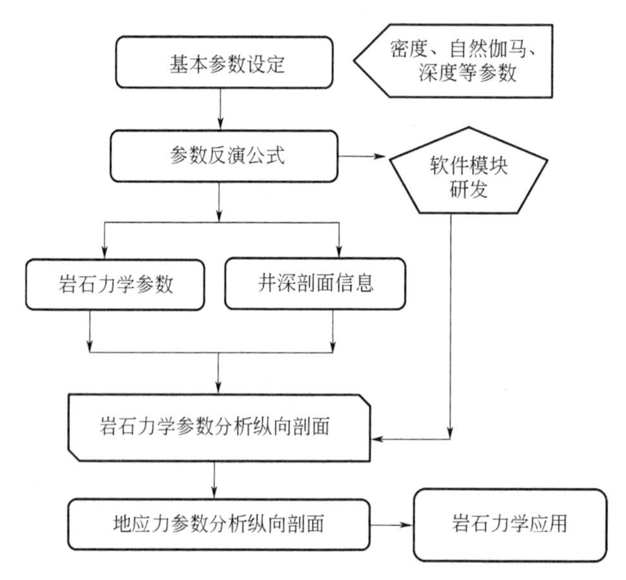

图3.1.1 页岩岩石力学参数分析模块流程图

岩石力学计算参数反演公式为：

$$V_{\mathrm{sh}}=\frac{2^{GCURI_{\mathrm{GR}}}-1}{2^{GCUR}-1} \tag{3.1.5}$$

$$I_{\mathrm{GR}}=\frac{GR-GR_{\min}}{GR_{\max}-GR_{\min}} \tag{3.1.6}$$

$$UCS=A(1-2\nu_{\mathrm{d}})\left(\frac{1+\nu_{\mathrm{d}}}{1-\nu_{\mathrm{d}}}\right)^2\rho^2V_{\mathrm{p}}^4(1+0.78V_{\mathrm{cl}}) \tag{3.1.7}$$

$$S_{\mathrm{t}}=[0.0045E_{\mathrm{d}}(1-V_{\mathrm{cl}})+0.008E_{\mathrm{d}}V_{\mathrm{cl}}]/12 \tag{3.1.8}$$

$$C=k(1-2\nu_{\mathrm{d}})\left(\frac{1+\nu_{\mathrm{d}}}{1-\nu_{\mathrm{d}}}\right)^2\rho^2V_{\mathrm{p}}^4(1+0.78V_{\mathrm{cl}}) \tag{3.1.9}$$

式中 V_{sh}——地层泥质含量；

$GCUR$——希尔奇指数；

I_{GR}——自然伽马相对值；

GR——自然伽马值；

ρ——岩性密度；

V_p——纵波波速；

V_{cl}——地层泥质含量；

S_t——抗拉强度；

C——内聚力；

UCS——岩石抗压强度；

A——岩石反演参数，对于泥岩一般取0.85，其他岩石取1.0；

k——区块应力系数，一般取0.5。

利用VB.NET，开发了页岩岩石力学参数计算分析模块。图3.1.2为测井参数输入界面。

图3.1.2　测井参数输入界面

3.1.2　近井筒岩石力学参数分析

如图3.1.3所示，以W-5井数据为基础，开展了近井筒岩石力学参数分析，平均杨氏模量为56.812GPa，平均泊松比为0.308，平均抗压强度为160.8MPa，平均抗拉强度为5.2MPa。

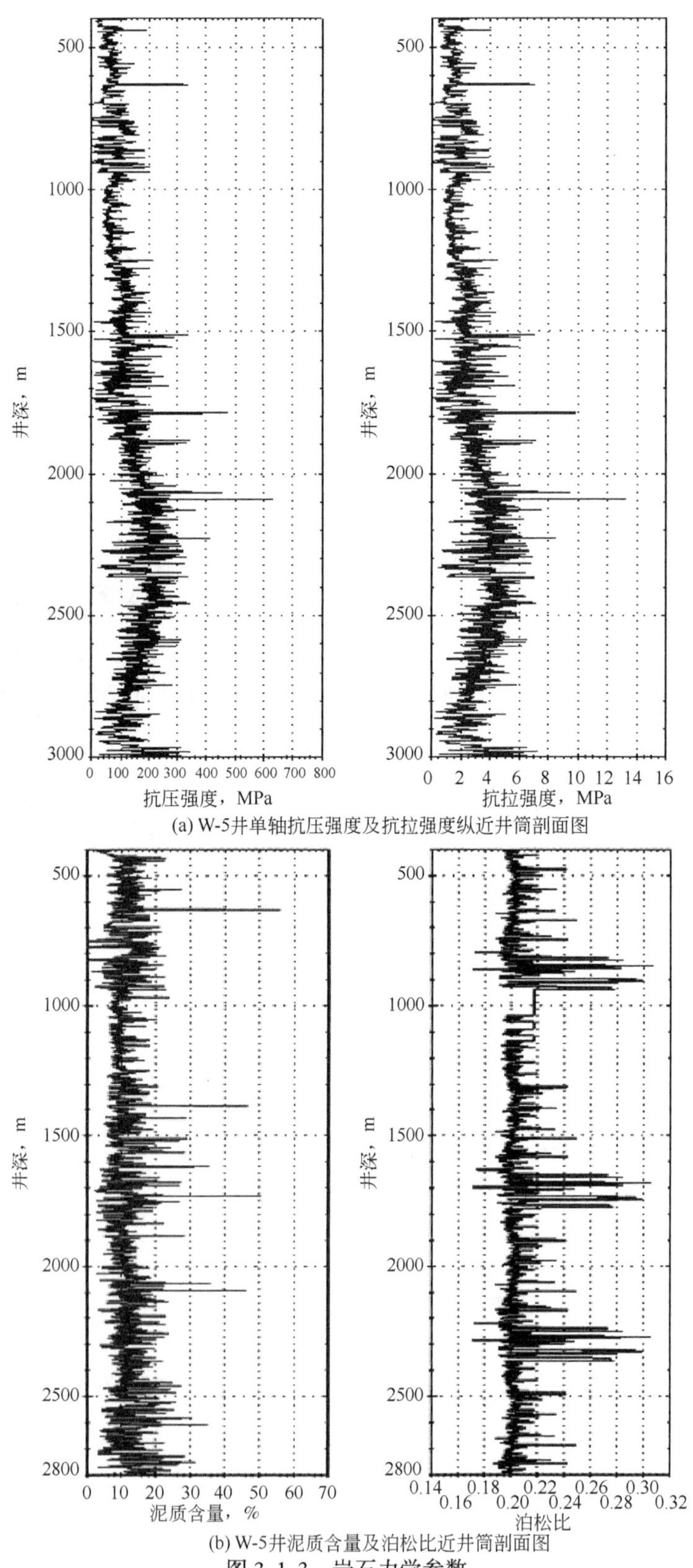

(a) W-5井单轴抗压强度及抗拉强度纵近井筒剖面图

(b) W-5井泥质含量及泊松比近井筒剖面图

图 3.1.3　岩石力学参数

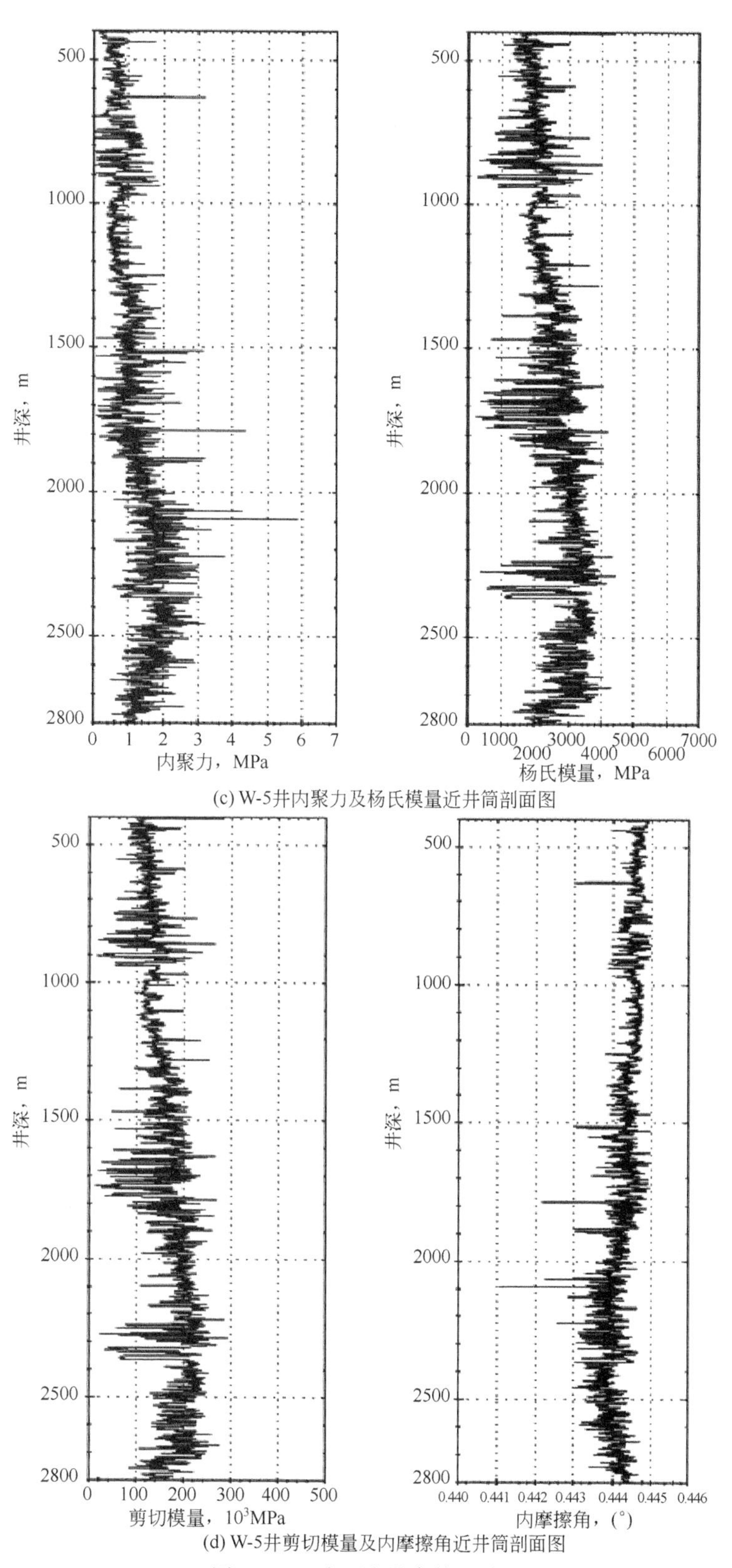

(c) W-5井内聚力及杨氏模量近井筒剖面图

(d) W-5井剪切模量及内摩擦角近井筒剖面图

图 3.1.3 岩石力学参数（续）

3.2 基于测井数据的暂堵储层地应力分析

为了准确地描述区块地应力的分布情况，需要以该地区测井资料为基础建立该地区的孔隙压力剖面；同时以岩石力学参数实验为基础，结合测井资料建立该地区连续地应力参数剖面。考虑泊松比、构造应力系数等，建立了三向地应力数学模型，结合测井数据密度、自然伽马等参数，借助岩石力学参数模型，可反演地应力纵向剖面。

$$\begin{cases}\sigma_h=\dfrac{\nu}{1-\nu}(\sigma_v-\alpha p_p)+\dfrac{E}{1-\nu^2}\varepsilon_h+\dfrac{E\nu}{1-\nu^2}\varepsilon_H+\alpha p_p\\ \sigma_H=\dfrac{\nu}{1-\nu}(\sigma_v-\alpha p_p)+\dfrac{E}{1-\nu^2}\varepsilon_H+\dfrac{E\nu}{1-\nu^2}\varepsilon_h+\alpha p_p\end{cases} \tag{3.2.1}$$

式中 σ_h——最小水平地应力，MPa；

σ_v——上覆地层压力，MPa；

σ_H——最大水平地应力，MPa；

E——弹性模量，MPa；

p_p——地层孔隙压力，MPa；

α——有效应力系数；

ν——泊松比；

ε_H——最大水平构造应变；

ε_h——最小水平构造应变；

水平地应力的最大构造应变和最小构造应变为：

$$\begin{cases}\varepsilon_H=\dfrac{1}{E}[(\sigma_H-\alpha p_p)-\nu(\sigma_v+\sigma_h-2\alpha p_p)]\\ \varepsilon_h=\dfrac{1}{E}[(\sigma_h-\alpha p_p)-\nu(\sigma_v+\sigma_H-2\alpha p_p)]\end{cases} \tag{3.2.2}$$

构造页岩岩石破裂压力为：

$$p_{fv}=\frac{3\sigma_h-\sigma_H-\alpha\dfrac{1-2\nu}{1-\nu}p_p+S_t}{1-\alpha\dfrac{1-2\nu}{1-\nu}} \tag{3.2.3}$$

$$p_{fh}=\frac{\sigma_v-\alpha p_p+S_t}{1-\alpha\dfrac{1-2\nu}{1-\nu}}+\alpha p_p \tag{3.2.4}$$

式中 p_{fv}——垂直破裂压力，MPa；

p_{fh}——水平破裂压力，MPa。

通过上述所建立的地应力求解数学模型，利用 VB. NET 进行编程求解，研发了地应力计算分析算法。结合页岩岩石力学参数分析模块进行测井数据反演，W-5 井的垂向主应力为 56MPa，最小水平主应力为 52MPa，最大水平主应力为 66MPa。图 3.2.1 为软件的纵向剖面计算结果。

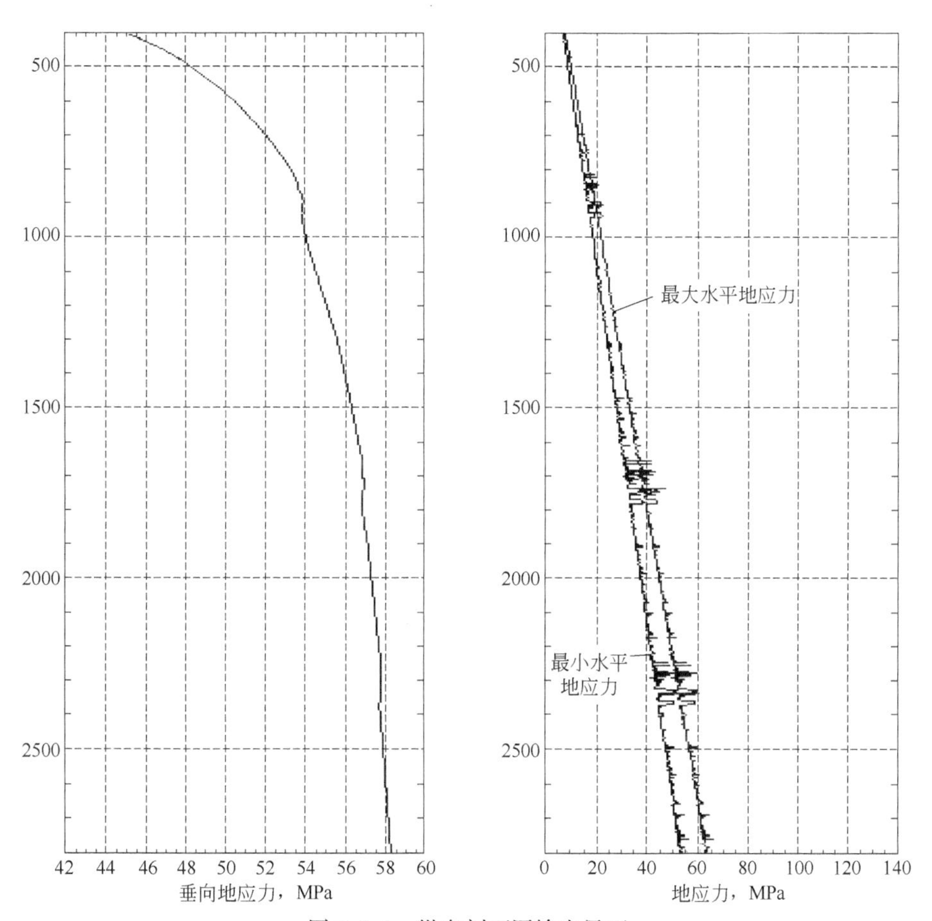

图 3.2.1 纵向剖面图输出界面

表 3.2.1 为垂向主应力、最小水平主应力、最大水平主应力误差分析。经过 W-5 井反演分析实测结果与压裂设计预测结果对比，最大误差为 3.45%。

表 3.2.1 垂向主应力、最小水平主应力、最大水平主应力误差分析

序号	参数	实测值，MPa	计算值，MPa	误差，%
1	垂向主应力	58	56	3.45
2	最小水平主应力	50.6	52	2.77
3	最大水平主应力	67	66	1.50

3.3 暂堵储层起裂压力

3.3.1 起裂力学基础模型

3.3.1.1 起裂断裂力学模型调研分析

低渗储层水力压裂工艺的关键点是岩石起裂压力的确定。依据起裂模型理论基础的不同，将弹性力学起裂模型和断裂力学起裂模型细分为6类：(1) 线弹性拉伸起裂模型；(2) 多孔线弹性拉伸起裂模型；(3) 特征距离模型；(4) 剪切破坏模型；(5) 能量释放率模型；(6) 应力强度因子模型。大量的工程施工实践发现：气、石油、煤层气等化石能源的开采与岩石内部微裂隙的存在及扩展息息相关，裂缝内部网络发育程度越高，越有益于石油天然气等化石资源的开发。因此，研究低渗储层岩石断裂阻力、裂缝起裂及扩展失稳过程等，对低渗储层油气井工程和岩体工程设计与施工具有重大的现实意义。

断裂力学作为一种方法或者一门学科，起源于20世纪20年代左右。Inglis 试图用椭圆孔平板受拉伸时的弹性解作为裂纹模型：当拉伸应力方向垂直于椭圆长轴时，长轴端点处的环向应力最大，并求出了应力集中系数 a；当椭圆长轴端点处的曲率半径接近于0时，应力集中系数 a 趋于无穷大。这显然不能用传统的连续介质力学的观点来解释。

Griffith 没有直接考虑裂纹尖端的应力，而是利用 Inglis 得到的裂纹周围的应变能密度作全场积分，在平面应力（图3.3.1为裂纹扩展演化图）的情况下，得到弹性势能，进一步得到裂纹扩展的条件和临界应力，得出了令人瞩目的结论：临界应力不仅与材料性质有关，还与裂纹的长度有关。Griffith 的工作在两点上突破了以往连续介质力学研究材料强度时的传统观念：

(1) Griffith 理论建立在普遍适用的能量概念的基础上；

(2) 以包含裂纹的脆性材料整体作为研究对象，突破了传统只关注裂纹局部的观念。

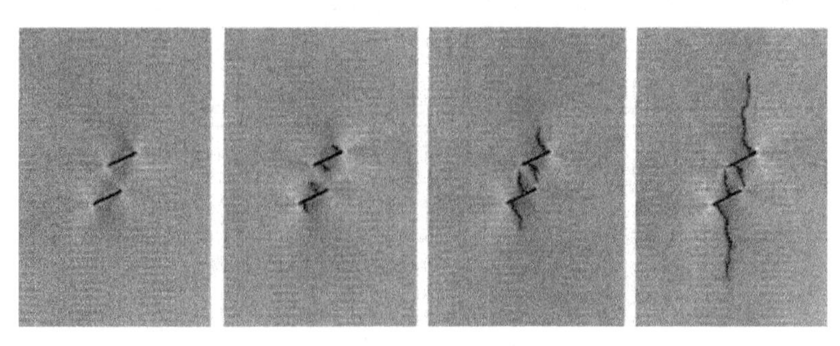

图3.3.1 裂纹扩展演化图

Griffith 被认为是断裂力学的开创者。Irwin 和 Orowan 研究了材料的塑性对裂纹扩展的影响，并且对 Griffith 公式进行了修正。

Sneddon 从数学力学出发，证明了裂纹前缘的应力分量具有奇异性，而后 Irwin 提出了应力强度因子的概念，这个概念在断裂力学中占据了重要地位。至此，断裂力学的发展已经被奠定了坚实的基础。断裂力学起初阶段主要用于玻璃、金属材料中，并取得了很好的成果。而后由于断裂解释了地震断层地应力降现象，在地学中得到了很大的发展，并应用到了很多的领域。

谢和平等基于含斜裂纹的岩石受远场应力的模型，提出了新的应力函数。该应力函数对于各种边界条件、各种岩体形状都适用，利用边界配位法分析了有效压力系数、侧压对裂纹尖端应力强度因子的影响。他认为无宏观裂纹的岩体，在内部最危险的裂纹就是非闭合裂纹。

杨慧等研究了压剪作用闭合裂纹断裂。图 3.3.2 为平面裂纹扩展演化图，基于以下假设：

（1）岩石中闭合裂纹沿着等线上双剪应力和的最小方向开始扩展；

（2）裂纹尖端的应力强度因子到达岩石的Ⅱ型断裂初度 $K_{Ⅱc}$，建立了有效剪应力准则，发现随着裂纹表面摩擦系数的增加，裂纹尖端应力强度因子会降低，随岩石的拉压强度比增加，开裂角增大。

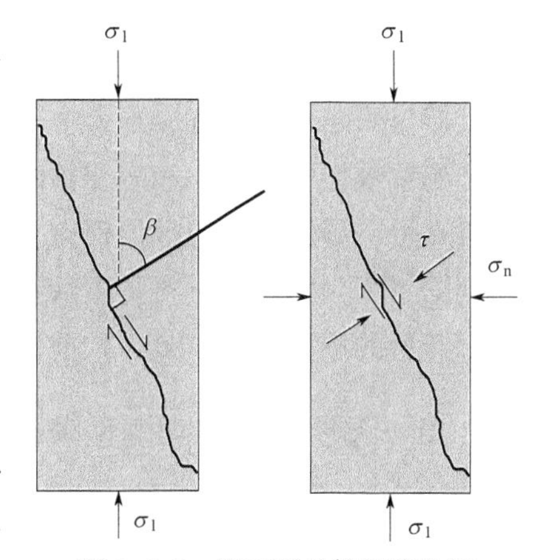

图 3.3.2 平面裂纹扩展演化图

李银平等针对传统裂纹研究中将裂纹抽象为无厚度的 Griffith 线裂纹导致的弊端，建立了新的裂纹模型，即一条狭槽，它有一定的厚度，裂纹尖端曲率半径不为 0，研究了裂纹的几何特征如厚度、裂纹尖端曲率半径、围压及裂纹倾角对裂纹起裂的影响，较好地描述了非 Griffith 压剪裂纹的复合型断裂问题。

黄润秋等推导了发生Ⅱ型断裂的水力压裂的临界水压，并在此基础上，探讨了高水头作用下裂纹张开度的变化，给出了裂纹起裂的临界水压计算判据和裂纹张开度变化的计算公式。

李夕兵等分析了渗透水压作用下的类岩石材料的张开型裂纹起裂，建立了考虑压剪应力场和渗流场的裂纹尖端应力强度因子演化方程，以应力强度因子作为裂纹尖端的起裂判据，得出了裂纹起裂应力与裂纹中水压、裂纹长度、裂纹尖端曲率半径成反比，而与围压成正比。

李宗利等根据裂纹表面的受力情况，运用断裂力学理论，分析了裂纹尖端可能发生拉剪复合型断裂和压剪复合型断裂两种断裂模式，分别推导出了各自临界水压的计算表达式，并且讨论了临界水压随裂纹倾角、侧压力、压剪系数的变化规律，得出了很多有意义的结论。

上述这些传统理论只考虑了 Williams 展开式中的奇异应力项，而忽视了非奇异应力项，这是由于这些传统理论在一定程度上解决了一些实际问题：断裂力学首先应用于金属、玻璃等材料的断裂，这些材料的临界裂纹区很小，非奇异应力项的影响可忽略。断裂力学在处理低渗储层岩石裂纹的起裂问题时，必须选定某一个或几个组合而成的断裂准则，作为裂纹起裂与否的依据。多年来，研究者们先后提出各种断裂准则，包括最大周向应力理论准则（σ_θ 准则）、应变能密度因子理论（S 准则）、最大能量释放率理论（G 准则）等。其中 σ_θ 准则由于形式简单，因而运用较为普遍，但该准则与材料的泊松比无关，与平面应力或平面应变条件无关。另外，σ_θ 准则忽略了最大拉应力的影响，这个拉应力仍然可能达到抗拉强度，从而产生拉伸破坏。因此，最大拉应变理论能弥补拉应力准则造成的不足，从而更好地判别裂纹尖端的起裂。

近年来的研究结果表明，裂纹尖端的奇异应力场函数更高阶项同样具有很大的影响作用，即 Williams 级数解展开式中平行于裂纹面的应力，该应力为一常数，它被认为是显著影响裂纹尖端的应力和应变场的参数。项目根据实际工程问题，从岩石断裂韧性理论分析入手，寻求最佳的数值模拟，优选岩石裂纹扩展角的预测数学模型。最大周向拉应变判据用于判断岩石材料的裂纹起裂是合理的。基于此，σ_θ 准则作为水力压裂条件下岩石开裂的判据，并以此为依据计算起裂角。

3.3.1.2 起裂钻井力学模型调研分析

许多学者提出，为了容易起裂，射孔应该沿择优裂缝面（PFP），即沿着最大主应力方向，裂缝面应垂直于最小主应力方向。定向射孔技术就是控制射孔孔眼的方位，使射孔弹沿着择优裂缝面方位发射，即沿着最大水平主应力的方向发射，以使压裂后的裂缝相互沟通形成单一大裂缝。定向射孔工艺的射孔弹在套管内起爆，穿透套管，进入地层 300~600mm，将井筒与地层连接。压裂时从井口注入高压流体，经射孔孔眼压裂地层，使地层远离井筒的流体与井筒进行连接，重新打开油气通道，改善流体渗流效果，扩大地层泻油面积，提高油气井的产量。目前在计算定向射孔起裂压力时，许多学者均考虑套管与水泥环之间或水泥环与地层之间存在微环隙，压裂液进入微环隙，裂纹首先在井眼周围最易起裂的地方起裂（起裂压裂最小的方位），而并不一定沿射孔孔眼的方向起裂。实际上，当射孔方向与水平最大主应力方向一致时，裂缝将沿射孔方向起裂，微环隙可能将不会产生。此时，射孔孔眼处的井周应力应为考虑套管时的井周应力，仍采用目前的裸眼井井周应力模型预测定向射孔时地层的起裂压力，这与实际并不符合。

在压裂施工作业时，井壁周围岩石的实际受力状态是非常复杂的，井眼内部作用有液柱压力，外部作用有原地应力，岩石内部存在孔隙压力，压裂液由于压差向地层渗滤引起附加应力，压裂井段由于封隔器作用引起应力集中，井壁岩石在复杂应力条件下有可能发生塑性变形，加上地层不均质和各向异性等因素使得数学分析十分困难。

为便于分析，假设岩体是均匀各向同性、处于线弹性状态的多孔材料，并认为井眼周围的岩石处于平面应变状态。令 σ_v 为上覆地应力，σ_H 和 σ_h 为水平方向的两个主地应力。选取坐标系（1，2，3）分别与主地应力 σ_v、σ_H 和 σ_h 的方向一致。为了方便起见，建立井眼处的直角坐标系（x，y，z）和柱坐标系（r，θ，z），其中 Oz 轴对应于井轴，Ox 轴和 Oy 轴位于与井轴垂直的平面之中。井壁上的总应力可由井筒压力、地应力分量和压裂液渗流效应引起的井周应力叠加得出。规定拉应力符号为正，压应力符号为负。则井周总应力分布的表达式为：

$$\sigma_r^o=\frac{R^2}{r^2}p+\frac{\sigma_{xx}+\sigma_{yy}}{2}\left(1-\frac{R^2}{r^2}\right)+\frac{\sigma_{xx}-\sigma_{yy}}{2}\left(1+\frac{3R^4}{r^4}-\frac{4R^2}{r^2}\right)\cos2\theta$$

$$+\sigma_{xy}\left(1+\frac{3R^4}{r^4}-\frac{4R^2}{r^2}\right)\sin2\theta+\delta\left[\frac{\zeta(1-2\nu)}{2(1-\nu)}\left(1-\frac{R^2}{r^2}\right)-\phi\right]P_n(r) \tag{3.3.1}$$

$$\sigma_\theta^o=-\frac{R^2}{r^2}p+\frac{\sigma_{xx}+\sigma_{yy}}{2}\left(1+\frac{R^2}{r^2}\right)-\frac{\sigma_{xx}-\sigma_{yy}}{2}\left(1+\frac{3R^4}{r^4}\right)\cos2\theta$$

$$-\sigma_{xy}\left(1+\frac{3R^4}{r^4}\right)\sin2\theta+\delta\left[\frac{\zeta(1-2\nu)}{2(1-\nu)}\left(1+\frac{R^2}{r^2}\right)-\phi\right]P_n(r) \tag{3.3.2}$$

$$\sigma_z^o=\sigma_{zz}-\nu\left[2(\sigma_{xx}-\sigma_{yy})\left(\frac{R}{r}\right)^2\cos2\theta+4\sigma_{xy}\left(\frac{R}{r}\right)^2\sin2\theta\right]+\delta\left[\frac{\zeta(1-2\nu)}{1-\nu}-\phi\right]P_n(r) \tag{3.3.3}$$

$$\begin{cases}\sigma_{r\theta}^o=\dfrac{\sigma_{yy}-\sigma_{xx}}{2}\left(1-\dfrac{3R^4}{r^4}+\dfrac{2R^2}{r^2}\right)\sin2\theta+\sigma_{xy}\left(1-\dfrac{3R^4}{r^4}+\dfrac{2R^2}{r^2}\right)\cos2\theta\\ \sigma_{\theta z}^o=\sigma_{yz}\left(1+\dfrac{R^2}{r^2}\right)\cos\theta-\sigma_{xz}\left(1+\dfrac{R^2}{r^2}\right)\sin\theta\\ \sigma_{rz}^o=\sigma_{xz}\left(1-\dfrac{R^2}{r^2}\right)\cos\theta+\sigma_{yz}\left(1-\dfrac{R^2}{r^2}\right)\sin\theta\end{cases} \tag{3.3.4}$$

式中 p——钻井液柱压力；

δ——当井壁为不可渗透时为0，井壁渗透时为1；

ϕ——孔隙度；

ν——泊松比；

ζ——有效应力系数；

R——外径；

r——内径；

θ——井斜角；

$P_n(r)$——正应力；

σ_{xx}、σ_{yy}、σ_{xy}、σ_{xz}、σ_{yz}、σ_{zz}——笛卡儿坐标中的应力分量；

σ_r^o、σ_θ^o、σ_z^o、$\sigma_{r\theta}^o$、$\sigma_{\theta z}^o$、σ_{rz}^o——柱坐标中的应力分量。

水泥环的弹性模量和地层岩石的弹性模量处于同一个数量级，套管的弹性模量的数量级要高于水泥环和地层岩石。为了简化问题，假设水泥环的弹性模量和地层岩石的弹性模量相同。同时假设地应力通过岩石的蠕变作用在套管上，且套管周围的岩石处于静力平衡状态。套管井周围的井周应力是由井筒内液柱压力 p 和笛卡儿坐标中的应力分量 σ_{xx}、σ_{yy}、σ_{xy}、σ_{xz}、σ_{yz}、σ_{zz} 共同引起的。

套管内部应力（$R_1<r<R_2$）：

$$(\sigma_r)_p=\frac{R_1^2R_2^2(p_i-p)}{R_2^2-R_1^2}\frac{1}{r^2}+\frac{pR_1^2-p_iR_2^2}{R_2^2-R_1^2} \tag{3.3.5}$$

$$(\sigma_\theta)_p=-\frac{R_1^2R_2^2(p_i-p)}{R_2^2-R_1^2}\frac{1}{r^2}+\frac{pR_1^2-p_iR_2^2}{R_2^2-R_1^2} \tag{3.3.6}$$

岩石内部应力（$R_2<r<\infty$）：

$$(\sigma_r)_p=-\frac{R_2^2}{r^2}p_i \tag{3.3.7}$$

$$(\sigma_\theta)_p=\frac{R_2^2}{r^2}p_i \tag{3.3.8}$$

式中 $(\sigma_r)_p$——周向应力；

$(\sigma_\theta)_p$——径向应力；

p_i——套管内应力；

R_1、R_2——套管的内径和外径。

在套管与水泥环的交界面 $r=R_2$ 处，由位移的连续条件可以得到：

$$p_i=\frac{\dfrac{1+\nu_1}{E_1}\dfrac{2(1-\nu_1)}{R_2^2-R_1^2}R_1^2}{\dfrac{1+\nu_2}{E_2}+\dfrac{1+\nu_1}{E_1}\left[\dfrac{R_1^2+(1-2\nu_1)R_2^2}{R_2^2-R_1^2}\right]}p \tag{3.3.9}$$

式中 E_1、E_2——套管和地层岩石的弹性模量；

ν_1、ν_2——套管和地层岩石的泊松比。

3.3.1.3 起裂力学基础模型优选

表3.3.1为弹性力学起裂模型和断裂力学起裂模型优选表。线弹性拉伸起裂模型、多孔线弹性拉伸起裂模型普遍应用于低渗储层压裂设计，但它们不能综合考虑增大泵压的地层升压速率、井眼尺寸等因素对起裂压力的影响；特征距离模型可综合考虑这些因素的影响，但其起裂物理过程假设有待进一步检验；剪切破坏模型基于岩石宏观破坏理论，较适合中低弹性模量的低渗储层；基于断裂力学理论提出的能量释放率和应力强度因子模型，其物理假设与水力致裂的实际物理过程较为接近，但在初始裂纹长度等基础参数提取方面存在局限。因此最终建立了最大周向应力及剪切破坏模型，模拟计算东海

低渗储层的压裂施工岩石力学起裂情况。

表 3.3.1 弹性力学起裂模型和断裂力学起裂模型优选表

序号	模型名称	优缺点	是否适合本课题储层
1	线弹性拉伸起裂模型	不能综合考虑增大泵压的地层升压速率、井眼尺寸等因素对起裂压力的影响	适合低渗储层压裂设计
2	多孔线弹性拉伸起裂模型		
3	特征距离模型	可以考虑增大泵压的地层升压速率、井眼尺寸等因素对起裂压力的影响，基于的起裂物理过程假设有待进一步检验	不适合低渗储层压裂设计
4	剪切破坏模型	剪切破坏模型基于岩石宏观破坏理论，考虑了较多因素，比较符合实际	适合中低弹性模量的低渗储层
5	能量释放率模型	物理假设与水力致裂的实际物理过程较为接近，但在初始裂纹长度等基础参数提取方面存在局限	不适合低渗储层压裂设计
6	应力强度因子模型		

图 3.3.3 为起裂压力计算模型的技术路线图。在断裂力学、钻井岩石力学的基础上，建立笛卡儿坐标应力模型、柱坐标应力模型、极坐标应力模型，考虑裂缝倾角、井斜角、方位角、泵压、排量、地层等参数，建立井周力学模型，通过判断闭合压力系数，选择拉伸破坏模型及剪切破坏模型，结合牛顿拉夫逊方法，求解起裂角及起裂压力。

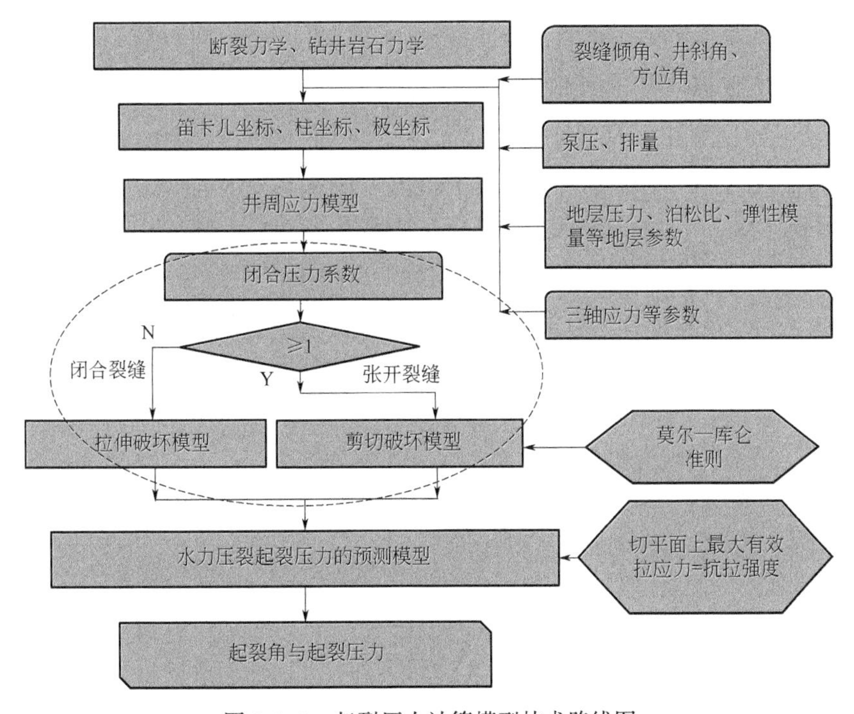

图 3.3.3 起裂压力计算模型技术路线图

3.3.2 低渗储层压裂起裂压力预测模型

表3.3.2为起裂预测模型优缺点对比分析表。

表3.3.2 起裂预测模型优缺点对比分析表

类型	实现方式	优缺点对比	精度对比
传统起裂压力预测模型	在钻井岩石力学的基础上，建立笛卡儿坐标应力模型、柱坐标应力模型，考虑井斜角、方位角地层等参数，建立井周力学模型，结合拉伸力学模型，求解起裂角及起裂压力	无法考虑裂缝倾角，不能很好地结合泵压、排量等参数得到起裂压力	经验公式求解误差相对大
本文建立的起裂压力预测模型	在断裂力学、钻井岩石力学的基础上，建立笛卡儿坐标应力模型、柱坐标应力模型、极坐标应力模型，考虑裂缝倾角、井斜角、方位角、泵压、排量、地层等参数，建立井周力学模型，通过判断闭合压力系数，选择拉伸破坏模型及剪切破坏模型，结合牛顿拉夫逊方法，求解起裂角及起裂压力	(1) 考虑了岩石闭合应力对起裂压力的影响； (2) 考虑了裂缝倾角对起裂压力的影响； (3) 可以将泵压、排量、井筒流道等参数结合起来，更满足现场施工设计的需求	隐函数求解，计算精度比较准确

3.3.2.1 闭合裂缝起裂模型

储层条件下，岩体中的裂缝不仅受到较高的围压，还可能受到储层孔隙流体压力的作用。在复杂的应力条件下，裂缝是处于开启还是闭合状态对于分析裂缝特征和选择相应的裂缝起裂模型具有重要影响。通常闭合裂缝的起裂主要是剪切破坏，而张开裂缝则可能发生拉伸起裂破坏和剪切起裂破坏，并且每种破坏模式所对应的裂缝起裂准则存在显著差异。因此，在分析高起裂行为之前，首先需要判定裂缝闭合状态。

令 λ_1 $(0<\lambda_1<1)$ 为侧压系数，两个主应力满足关系 $\sigma_1=\sigma$，$\sigma_3=\lambda\sigma_1$，单位为MPa。规定 σ_n、σ_T 分别为裂缝面上的法向应力和切向应力，MPa；τ_n 为主裂缝面上的剪应力，MPa；p 为缝内流体压力，MPa；β 为裂缝倾角，(°)；a、b 分别为椭圆的长轴和短轴，且 $b=2\lambda a$。裂缝面的椭圆方程可表示为：

$$\begin{cases} x=a\cos\vartheta \\ y=b\sin\vartheta \end{cases} \tag{3.3.10}$$

式中 ϑ——z 平面的位置参数。

根据断裂力学理论，可采用保角变换法根据如下关系式将椭圆裂缝面外部区域（z 平面区域）变为 ξ 平面的中心单位圆：

$$z=\omega(\xi)=R\left(m\xi+\frac{1}{\xi}\right) \tag{3.3.11}$$

其中

$$R=\frac{a+b}{2},\quad m=\frac{a-b}{a+b}$$

式中 ξ——复变量；

$\omega(\xi)$——保角变换函数。

根据断裂力学理论，裂缝面上任意一点的位移公式满足下式：

$$2G(u_x+iu_y)=\kappa\varphi(\xi)-\frac{\omega(\xi)}{\overline{\omega}'(\xi)}\overline{\omega}'(\xi)-\overline{\omega}(\xi) \tag{3.3.12}$$

其中

$$\kappa=\frac{3-\nu}{1+\nu}(\text{平面应力}) \quad \text{或} \quad \kappa=3-4\nu(\text{平面应变}) \tag{3.3.13}$$

式中 u_x、u_y——裂缝面上某点在 x 和 y 方向的位移；

i——虚数单位；

G——岩石的剪切模量；

$\varphi(\xi)$、$\phi(\xi)$——复势函数。

运用柯西积分可求得 ξ 平面上位移 u_x 和 u_y 的表达式：

$$\begin{cases} u_x=-d\cos\theta-e\sin\theta \\ u_y=e\cos\theta-f\sin\theta \end{cases} \tag{3.3.14}$$

将 ξ 平面的裂缝面位移方程变换到 z 平面的裂缝面构型方程可写为：

$$\begin{cases} x=[a-d(\sigma)]\cos\vartheta+e(\sigma)\sin\vartheta \\ y=e(\sigma)\cos\vartheta+[b+f(\sigma)]\sin\vartheta \end{cases} \tag{3.3.15}$$

式中，d、e、f 为裂缝面变形参数，是外加应力的函数，对于 λ_1 为定值的等比例加载过程，满足如下表达式：

$$\begin{cases} d(\sigma)=-(\kappa+1)\dfrac{-b(1+\lambda_1)-(1-\lambda_1)(a+b)\cos(2\beta)}{8G}\sigma \\ e(\sigma)=-(\kappa+1)\dfrac{(1-\lambda_1)(a+b)\sin(2\beta)}{8G}\sigma \\ f(\sigma)=-(\kappa+1)\dfrac{-a(1+\lambda_1)-(1-\lambda_1)(a+b)\cos(2\beta)}{8G}\sigma \end{cases} \tag{3.3.16}$$

xOy 平面内 y 轴方向为短轴方向，也即裂缝面闭合方向。假设点 A、B 为裂缝面上任意具有相同 x 坐标的两个点，y_A 和 y_B 分别为这两点的纵坐标，则这两个点的距离可以表示为：

$$\Delta y(x)=y_A-y_B \tag{3.3.17}$$

通常在研究围压条件下岩体中的裂缝闭合问题时，假设裂缝只有闭合和张开两种状态，没有中间过程。所以，$\Delta y(x)<0$ 表示已经相互嵌入，裂缝面已经闭合；$\Delta y(x)>0$ 表示裂缝面尚未闭合；$\Delta y(x)=0$ 表示裂缝面恰好闭合。此处取 $\Delta y(x)=0$ 表示裂缝闭合的临界状态，结合上述方程，可得裂纹面恰好闭合的条件为方程（3.3.18）成立：

$$[a-d(\sigma)][b+f(\sigma)]-[e(\sigma)]^2=0 \tag{3.3.18}$$

通常，椭圆裂缝的长轴远远大于短轴，即 $a\gg b$；并且裂缝通常沿短轴闭合，因而闭合前后裂缝缝长的变化相对于缝长本身是可以忽略的，可以认为 $a-d(\sigma)$ 近似等于

a。从而，方程可以进一步简化为：

$$b+f(\sigma)=\frac{[e(\sigma)]^2}{a} \tag{3.3.19}$$

整理可得：

$$b+f(\sigma)=\frac{a(\kappa+1)^2\sin(2\beta)}{64}\left[\frac{(1-\lambda_1)\sigma}{G}\right]^2 \tag{3.3.20}$$

显然，方程的右边是一个极小的正数，可以近似等于零。裂缝恰好闭合时外加应力应该满足的临界条件（$\sigma=\sigma_1$）：

$$\frac{4\lambda_2 G}{(\kappa+1)(\sin^2\beta+\lambda_1\cos^2\beta)\sigma_1}=1 \tag{3.3.21}$$

进一步可以得到裂缝闭合的判据如下：

$$\begin{cases} B_\mathrm{f}=\dfrac{4\lambda_2 G}{(\kappa+1)(\sin^2\beta+\lambda_1\cos^2\beta)\sigma_1}>1 & （裂缝尚未闭合） \\ B_\mathrm{f}=\dfrac{4\lambda_2 G}{(\kappa+1)(\sin^2\beta+\lambda_1\cos^2\beta)\sigma_1}=1 & （裂缝刚好闭合） \\ B_\mathrm{f}=\dfrac{4\lambda_2 G}{(\kappa+1)(\sin^2\beta+\lambda_1\cos^2\beta)\sigma_1}<1 & （裂缝已经闭合） \end{cases} \tag{3.3.22}$$

式中 λ_2——侧应力系数；

B_f——闭合压力系数。

岩石受远场垂直方向的主应力 σ_1 和水平方向的主应力 σ_3 作用，对于闭合裂缝，通常假设裂缝直线型或尖锐型裂缝，裂缝半长为 a。

此处规定拉应力为正应力，并且在后续所有研究裂缝起裂扩展的问题中均规定拉应力为正应力。令 λ_1（$0<\lambda_1<1$）为侧压系数，两个主应力满足关系 $\sigma_1=\sigma$，$\sigma_3=\lambda\sigma_1$，单位为 MPa。规定 σ_n、σ_T 分别为裂缝面上的法向应力和切向应力，MPa；τ_n 为主裂缝面上的剪应力，MPa；p 为缝内流体压力，MPa；β 为裂缝倾角，（°）。满足如下表达式：$\sigma_1=-73.5\mathrm{MPa}$，$\sigma_3=-69.2\mathrm{MPa}$。

$$\begin{cases} \sigma_\mathrm{n}=\sigma(\sin^2\beta+\lambda_1\cos^2\beta)+p \\ \sigma_\mathrm{T}=\sigma(\cos^2\beta+\lambda_1\sin^2\beta)+p \\ \tau_\mathrm{n}=\dfrac{1}{2}\sigma(1-\lambda_1)\sin2\beta \end{cases} \tag{3.3.23}$$

根据断裂力学理论，同时考虑裂缝尖端的非奇异应力项，以裂缝尖端为原点进行极坐标条件下的 Williams 展开：

$$\begin{Bmatrix}\sigma_r\\ \sigma_\theta\\ \tau_{r\theta}\end{Bmatrix}=\frac{K_{\mathrm{I}}}{\sqrt{2\pi r}}\begin{Bmatrix}\frac{5}{4}\cos\frac{\theta}{2}-\frac{1}{4}\cos\frac{3\theta}{2}\\ \frac{3}{4}\cos\frac{\theta}{2}+\frac{1}{4}\cos\frac{3\theta}{2}\\ \frac{1}{4}\sin\frac{\theta}{2}+\frac{1}{4}\sin\frac{3\theta}{2}\end{Bmatrix}+\frac{K_{\mathrm{II}}}{\sqrt{2\pi r}}\begin{Bmatrix}-\frac{5}{4}\sin\frac{\theta}{2}+\frac{3}{4}\sin\frac{3\theta}{2}\\ -\frac{3}{4}\sin\frac{\theta}{2}-\frac{3}{4}\sin\frac{3\theta}{2}\\ \frac{1}{4}\cos\frac{\theta}{2}+\frac{3}{4}\cos\frac{3\theta}{2}\end{Bmatrix}$$

$$+\begin{Bmatrix}T\cos^2\theta+N\sin^2\theta\\ T\sin^2\theta+N\cos^2\theta\\ (1/2)(N-T)\sin2\theta\end{Bmatrix}+O(r^{1/2}) \tag{3.3.24}$$

式中 σ_r、σ_θ、$\tau_{r\theta}$——裂缝尖端的径向、正向和切向应力，MPa；

K_{I}、K_{II}——裂缝尖端的Ⅰ型和Ⅱ型应力强度因子；

θ——裂缝起裂角，(°)；

T、N——非奇异应力项（T应力）在平行于裂缝面和垂直于裂缝面的分量，MPa。

通常对纯Ⅰ型开裂，T应力可以忽略，但裂缝为Ⅰ－Ⅱ型或纯Ⅱ型开裂时，忽略T应力的影响，可能对计算结果造成显著的误差。

当外加应力场在裂缝面产生的有效剪应力能够克服岩石的内聚力和裂缝面的摩擦力之和时，裂缝发生剪切开裂。需要说明的是，此处考虑了T应力的影响，如果不考虑该应力的作用，有效剪应力只需克服岩石的内聚力就行，但这与受压闭合裂缝的实际应力状态有明显出入。对于闭合裂缝，裂缝起裂通常为Ⅱ型开裂，即沿着裂缝方向发生剪切破坏，其起裂角为0°。针对剪切破坏，最为常用的就是莫尔—库仑准则（图3.3.4为莫尔—库仑屈服准则力学构造图）。

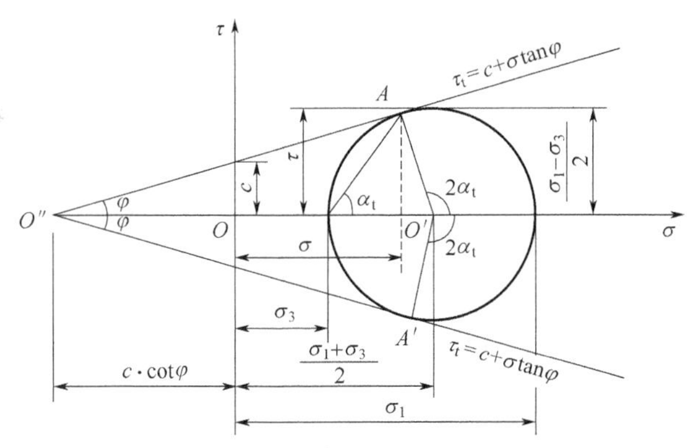

图3.3.4 莫尔—库仑屈服准则力学构造图

莫尔—库仑屈服准则简称C-M准则，是考虑了正应力或平均应力作用的最大剪应力或单一剪应力的屈服理论，即当剪切面上的剪应力与正应力之比达到最大时，材料发生屈服与破坏。

1773年，库仑首先提出岩土的强度理论，其表达式为：

$$\tau_\mathrm{n}=c-\sigma_\mathrm{n}\tan\varphi \tag{3.3.25}$$

其中

$$\begin{cases}\tau_n=\dfrac{1}{2}(\sigma_1-\sigma_3)\cos\varphi \\ \sigma_n=\dfrac{1}{2}(\sigma_1+\sigma_3)+\dfrac{1}{2}(\sigma_1-\sigma_3)\sin\varphi\end{cases} \tag{3.3.26}$$

变形得：

$$|\tau_n|=c+|\sigma_n|\tan\varphi \tag{3.3.27}$$

式中 c——岩石的黏聚力，MPa；

φ——岩石的内摩擦角，(°)。

图 3.3.5 为任意一点受力莫尔—库仑屈服准则示意图。为判别岩石是否被破坏，可将该点的莫尔圆与抗剪强度包线绘在同一坐标图上并作相对位置比较。它们之间的关系存在以下三种情况：

（1）莫尔圆整体位于抗剪强度包线的下方，莫尔圆与抗剪强度线相离，表明该点在任何平面上的剪应力均小于岩体所能发挥的抗剪强度，表明该点未被剪破。

（2）莫尔圆与抗剪强度包线相切，说明在切点所代表的平面上，剪应力恰好等于岩体的抗剪强度，该点就处于极限平衡状态，此时莫尔圆也称极限应力圆。由图中切点的位置还可确定 M 点破坏面的方向。连接切点与莫尔应力圆圆心，连线与横坐标之间的夹角为 α，根据莫尔圆原理，可知岩体中 M 点的破坏面与最大主应力作用面方向夹角为 2α。

（3）莫尔圆与抗剪强度包线相割，则 M 点早已破坏，应力已超出弹性范畴，圆所代表的应力状态是不可能存在的。

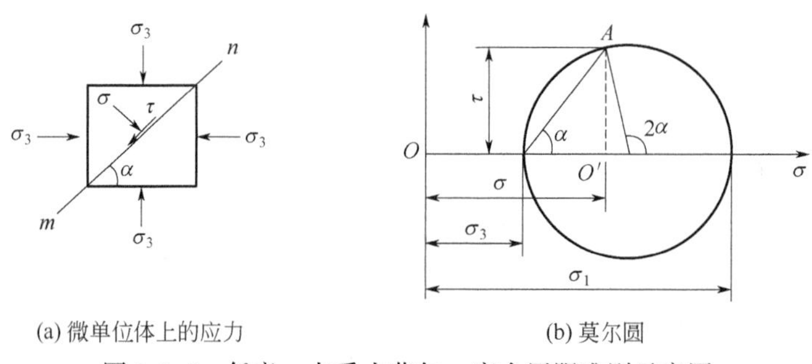

图 3.3.5 任意一点受力莫尔—库仑屈服准则示意图

考虑到闭合裂缝上、下表面接触势必产生摩擦力，抑制裂缝面的相对滑动。

需要将裂缝面上的剪应力修正为有效剪应力（τ_{eff}，MPa），即 τ_{eff} 和 τ_n 满足如下关系式：

$$\tau_{eff}=\begin{cases}0 & (|\tau_n|\leqslant|\mu\sigma_n|,\sigma_n<0) \\ \tau_n+\mu\sigma_n & (|\tau_n|>|\mu\sigma_n|,\sigma_n<0,\tau_n>0) \\ \tau_n-\mu\sigma_n & (|\tau_n|>|\mu\sigma_n|,\sigma_n<0,\tau_n<0) \\ \tau_n & (\sigma_n\geqslant 0)\end{cases} \tag{3.3.28}$$

式中 μ——裂缝面摩擦系数。

裂缝面上的Ⅱ型应力强度因子 $K_{\mathrm{II}}=\tau_{\mathrm{eff}}(\pi a)^{0.5}$。由于闭合裂缝的裂缝面法向总是处于受压状态，且裂缝面上对应的两点在 y 轴方向不存在相对运动，Ⅰ型应力强度因子 $K_{\mathrm{I}}=0$ 恒成立。

由于闭合裂缝发生Ⅱ型开裂时起裂角为0°，根据裂缝面上的法向应力和剪应力可以简化为：

$$\begin{cases}\sigma_{\theta}\big|_{\theta=0}=N\\ \tau_{r\theta}\big|_{\theta=0}=\dfrac{K_{\mathrm{II}}}{\sqrt{2\pi r}}\end{cases}\tag{3.3.29}$$

可得到闭合裂缝剪切开裂的起裂准则：

$$\left|\frac{K_{\mathrm{II}}}{\sqrt{2\pi r}}\right|=c+|N|\tan\varphi\tag{3.3.30}$$

式中 r——裂缝尖端的临界尺寸，m。

采用莫尔—库仑准则，同时假设：

(1) 剪应力的正负只代表了应力方向的不同，剪切裂纹将沿着有效剪切应力绝对值的最大值方向扩展，此时所对应的起裂角为 $\theta=\theta_2$。

(2) 当有效剪应力的绝对值满足莫尔—库仑准则，即方程裂缝发生剪切开裂，具体表述如下：

$$\left.\frac{\mathrm{d}|\tau_{\mathrm{eff}}|}{\mathrm{d}\theta}\right|_{\theta=\theta_2}=\left.\frac{\mathrm{d}\,\|\tau_{\mathrm{n}}|-\mu|\sigma_{\mathrm{n}}\|}{\mathrm{d}\theta}\right|_{\theta=\theta_2}=0,\left.\frac{\mathrm{d}^2|\tau_{\mathrm{eff}}|}{\mathrm{d}\theta^2}\right|_{\theta=\theta_2}<0\tag{3.3.31}$$

解方程可以求得 θ_2 的值，将其代入方程（3.3.28）即可求得有效剪应力绝对值的最大值，并根据莫尔—库仑准则判定裂缝是否会发生剪切起裂。

3.3.2.2 张开裂缝起裂模型

张开裂缝的起裂考虑到高起裂中裂缝的缝长都是远远大于缝宽的。在下面的分析中，仍假设裂缝为尖锐裂缝，裂缝尖端具有应力奇异性。对于张开裂缝，最常见的破坏类型即为拉伸破坏，相应的破坏准则主要是最大周向应力准则。然而，由于储层条件下裂缝所处的应力状态十分复杂，即使是张开裂缝，也可能发生剪切破坏，尤其是当缝内存在流体压力时，剪切破坏更容易发生。因此下面将研究张开裂缝的拉伸和剪切起裂准则。

平面二维条件下裂缝面应力分布模型为：

$$\begin{cases}\sigma_{\mathrm{c}}=\dfrac{\sigma_{\mathrm{v}}+\sigma_{\mathrm{h}}}{2}+\dfrac{\sigma_{\mathrm{v}}-\sigma_{\mathrm{h}}}{2}\cos2\theta\\ \sigma_{\mathrm{c}}=\dfrac{\sigma_{\mathrm{H}}+\sigma_{\mathrm{h}}}{2}-\dfrac{\sigma_{\mathrm{H}}-\sigma_{\mathrm{h}}}{2}\cos2\eta\end{cases}\tag{3.3.32}$$

式中 σ_c——闭合应力，MPa；

σ_h、σ_H、σ_v——水平最小主应力、水平最大主应力、垂向应力，MPa；

θ、η——倾角、走向夹角（走向与最大水平主应力的夹角），(°)。

1. 张开裂缝的拉伸开裂

拉伸破坏的最大周向应力准则假设：

（1）拉伸起裂破坏将在与最大周向应力垂直的方向开始；

（2）当最大周向应力达到材料的抗拉强度时裂缝才能开始起裂扩展，抗拉强度为材料的固有属性。

具体表述形式如下：

$$\left.\frac{\mathrm{d}\sigma_\theta}{\mathrm{d}\theta}\right|_{\theta=\theta_1}=0,\left.\frac{\mathrm{d}^2\sigma_\theta}{\mathrm{d}\theta^2}\right|_{\theta=\theta_1}<0 \tag{3.3.33}$$

$$(\sigma_\theta)_{\max}=\sigma_t \tag{3.3.34}$$

式中 σ_t——岩石的抗拉强度；

$(\sigma_\theta)_{\max}$——裂缝尖端周向应力的最大值，其所对应的起裂角为 $\theta=\theta_1$。

2. 张开裂缝的剪切开裂

仍采用莫尔—库仑准则，同时假设：

（1）剪应力的正负只代表了应力方向的不同，剪切裂纹将沿着有效剪切应力绝对值的最大值方向扩展，此时所对应的起裂角为 $\theta=\theta_2$。

（2）当有效剪应力的绝对值满足莫尔—库仑准则时，即方程裂缝发生剪切开裂，具体表述如下：

$$\left.\frac{\mathrm{d}|\tau_{\mathrm{eff}}|}{\mathrm{d}\theta}\right|_{\theta=\theta_2}=\left.\frac{\mathrm{d}\,\|\tau_n|-\mu|\sigma_n\|}{\mathrm{d}\theta}\right|_{\theta=\theta_2}=0,\left.\frac{\mathrm{d}^2|\tau_{\mathrm{eff}}|}{\mathrm{d}\theta^2}\right|_{\theta=\theta_2}<0 \tag{3.3.35}$$

解方程可以求得 θ_2 的值，将其代入方程（3.3.28）即可求得有效剪应力绝对值的最大值。

表 3.3.3 为起裂模型对比分析表。在实际中岩石开裂通过上述基础裂缝叠加而来，H-4H 水平井 H8b 压力系数 1.512，适合用最大周向理论的拉伸模型计算；PH-BB5S 井 P11 储层压力系数 1.24，适合用剪切模型模拟计算。

表 3.3.3 起裂模型对比分析表

理论基础	钻井岩石力学、断裂力学		
破裂模型	剪切破坏、拉伸破坏		
类型	张开型（Ⅰ型）	滑开型（Ⅱ型）	撕开型（Ⅲ型）
模型（裂缝面与最小主应力面关系）	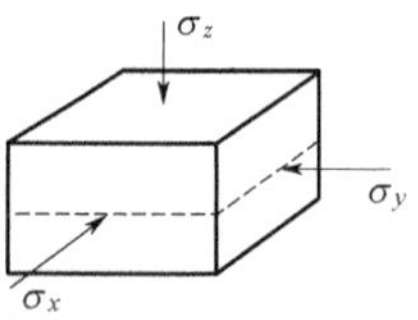 σ_z σ_y σ_x	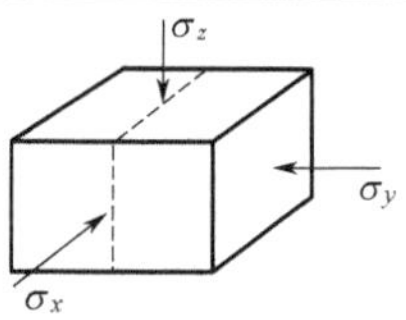 σ_z σ_y σ_x	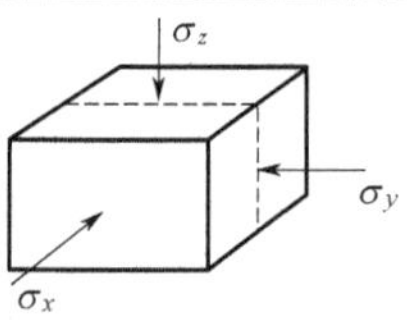 σ_z σ_y σ_x

续表

类型	张开型(Ⅰ型)	滑开型(Ⅱ型)	撕开型(Ⅲ型)
形成条件	当 $\sigma_H>\sigma_z$,σ_z 最小时,最大有效周向应力大于水平方向抗拉强度,产生水平裂缝。当 $\sigma_x=\sigma_y$ 时,产生均匀圆形,当 $\sigma_x\neq\sigma_y$ 时,产生类似椭圆或呈不规则分布	当 $\sigma_H<\sigma_z$ 时,最大有效周向应力大于垂直方向抗拉强度。当 $\sigma_x<\sigma_y$ 时,裂缝垂直于最小主应力 σ_x,平行于 σ_y 的方位,反之亦然	
岩石闭合系数	岩石闭合压力系数大于 1 或者等于 1,剪切破坏	岩石闭合压力系数小于 1,拉伸破坏	
现场井例	H-4H 水平井 H8b 岩石闭合压力系数 1.512,PH-BB5S 井 P11 岩石闭合压力系数 1.24,适合用剪切模型模拟计算		

3.3.3 暂堵起裂压力分析

图 3.3.6 为 H-4H 井 H8b 储层闭合压力变化规律。将 H-4H 水平井 H8b 储层的模拟参数输入软件参数录入界面，可得裂缝的闭合压力系数 B_f 随裂缝倾角变化，从软件模拟来看，裂缝闭合压力系数的值始终大于 1，根据闭合压力的判定准则，该裂缝始终处于开启状态。由于孔隙流体压力对裂缝开启具有支撑作用，如果不考虑计算中缝内流体压力（取值为 0）裂缝开启，那么考虑裂缝内流体压力裂缝一定也处于开启状态。H-4H 水平井裂缝的起裂状态为张开裂缝的起裂，随着裂缝倾角的增大，闭合压力呈现减小趋势。

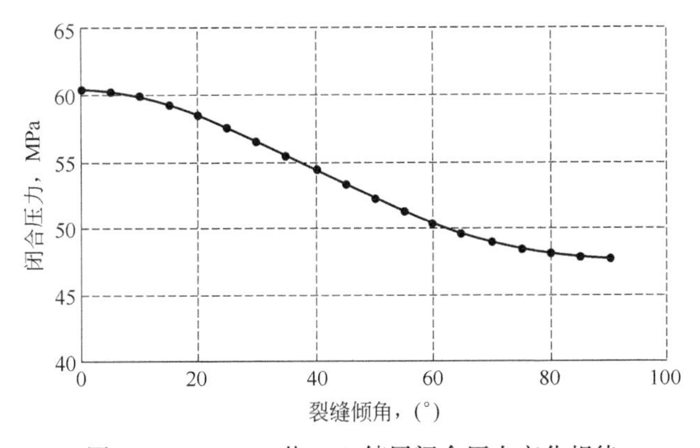

图 3.3.6 H-4H 井 H8b 储层闭合压力变化规律

表 3.3.4 为 H-4H 井 H8b 储层闭合压力系数及闭合压力变化数据。在水压裂缝逼近天然裂缝的过程中，天然裂缝的破坏既有剪切破坏又有张拉破坏。由于水压裂缝的扰动应力区范围大于渗透水压区范围，天然裂缝的剪切破坏在水压裂缝及渗透水压区扩展至天然裂缝之前就已发生。因此，天然裂缝发生剪切破坏的原因是水压裂缝的扰动应力导致作用在天然裂缝的剪应力增大，引起天然裂缝发生剪切破坏。

表 3.3.4 H-4H 井 H8b 储层闭合压力系数及闭合压力变化规律

序号	角度，(°)	裂缝闭合压力系数	裂缝闭合压力，MPa	闭合压力系数	侧压系数
0	0	4.75034	60.36553	2.28138	0.79008
1	5	4.68605	60.24406	2.28138	0.79008
2	10	4.50501	59.88621	2.28138	0.79008
3	15	4.23767	59.31092	2.28138	0.79008
4	20	3.9218	58.54758	2.28138	0.79008
5	25	3.59174	57.6331	2.28138	0.79008
6	30	3.27265	56.60874	2.28138	0.79008
7	35	2.97974	55.51693	2.28138	0.79008
8	40	2.72023	54.39863	2.28138	0.79008
9	45	2.49602	53.29139	2.28138	0.79008
10	50	2.30593	52.22818	2.28138	0.79008
11	55	2.14733	51.23685	2.28138	0.79008
12	60	2.01713	50.34013	2.28138	0.79008
13	65	1.9123	49.556	2.28138	0.79008
14	70	1.83016	48.89823	2.28138	0.79008
15	75	1.76851	48.37704	2.28138	0.79008
16	80	1.72563	47.99966	2.28138	0.79008
17	85	1.70031	47.77087	2.28138	0.79008
18	90	1.69186	47.69338	2.28138	0.79008

3.4 水力相似原理适用准则筛选

3.4.1 水力相似分类

经过调研，目前水力相似较多选用以下四种：

（1）几何相似。原型与模型的几何形状和几何尺寸相似；原型与模型的任何相应线性长度保持固定比例关系。

（2）运动相似。任何对应质点的迹线几何相似，流过相应线段所需时间又具有同一比例；速度场、加速度场几何相似。

（3）动力相似。任何对应点上作用同名力；各同名力互相平行且大小具有同一比值。

（4）量纲分析法（π 定理）。

由于目前井筒长径比太大，从而排除了几何相似准则。基于真三轴岩石模拟与现场一致，而室内井筒不等比例缩小，限制了运动相似及动力相似。利用量纲分析法，满足原型和模型的雷诺数相等，即雷诺准则，保证了模型实验与原型基本相似。本设计的原则是：几何相似为前提条件，动力相似为辅，量纲分析法为主要分析方法。

理论上讲，流动相似要求所有作用力都相似，即要求同时满足原型和模型的弗劳德数、雷诺数、欧拉数、韦伯数和柯西数相等。但是通过理论分析，一般情况下同时满足两个或两个以上作用力相似是很难实现的。实际运用中，常常要求对研究的流动问题作深入的分析，找出影响该流动问题的主要作用力，满足一个主要作用力的相似，而忽略其他次要作用力的相似。

π 定理是量纲分析法的一个重要定理：对于某个物理现象，如果存在 n 个变量互为函数，即 $F(x_1,x_2,\cdots,xn)=0$，而这些变量中含有 m 个基本量，则可排列这些变量成（$n-m$）个无量纲数的函数关系 $\varphi(\pi_1,\pi_2,\cdots,\pi_{n-m})=0$，即可合并 n 个物理量为（$n-m$）个无量纲 π 数（图 3.4.1）。

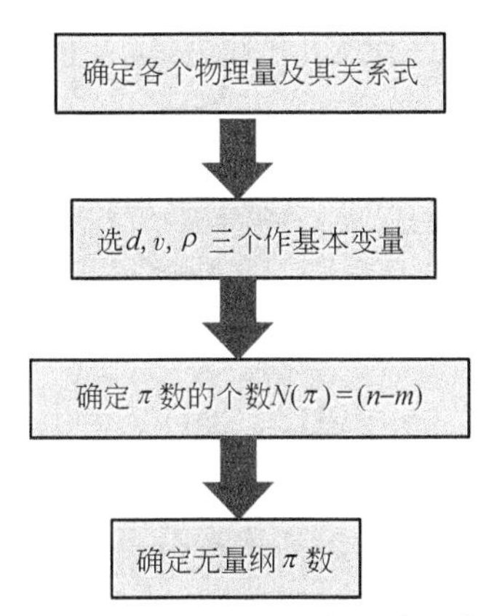

图 3.4.1 π 量纲理论设计思路

π 定理的解题步骤：

（1）确定关系式：根据对所研究的现象的认识，确定影响这个现象的各个物理量及其关系式。

（2）确定基本量：从 n 个物理量中选取所包含的 m 个基本物理量作为基本量纲的代表，一般取 $m=3$。在管流中，一般选 d，v，ρ 三个作基本变量；而在明渠流中，则常选用 H，v，ρ。

（3）确定 π 数的个数 $N(\pi)=(n-m)$，并写出其余物理量与基本物理量组成的 π 表达式。

（4）确定无量纲 π 数：由量纲和谐原理解联立指数方程，求出各 π 项的指数 x、y、z，从而定出各无量纲 π 数。π 数分子分母可以相互交换，也可以开方或乘方，而不改变其无量纲的性质。

（5）写出描述现象的关系式或显解一个 π 数，或求得一个因变量的表达式。

选择基本量时的注意事项如下：

（1）基本变量与基本量纲相对应。即若基本量纲（M，L，T）为 3 个，那么基本变量也选择 3 个；倘若基本量纲只出现 2 个，则基本变量同样只需选择 2 个。

（2）选择基本变量时，应选择重要的变量。换句话说，不要选择次要的变量作为基本变量，否则次要的变量在大多数项中出现，往往使问题复杂化，甚至要重新求解。

（3）不能有任何 2 个基本变量的量纲是完全一样的，换言之，基本变量应在每组量纲中只能选择 1 个。

用 π 定理进行井筒内压裂液流动的量纲分析，对现场井筒内压降 Δp、现场井深 l、现场套管内径 d、现场套管粗糙度 Δ、现场压裂液密度 ρ_n、现场压裂液黏度 μ_n、现场压

裂液速度 v_n，写出如下表达式：

$$f(\Delta p, l, d, \Delta, \rho_n, \mu_n, v_n) = 0 \tag{3.4.1}$$

取现场套管内径 d、现场压裂液密度 ρ_n、现场压裂液速度 v_n 三个物理量作为基本量，写出其余量关于这三个基本量的无量纲参数 $\pi_1 \sim \pi_7$，从而与室内真三轴大物模的模拟泵压、模拟井筒、模拟排量、模拟压裂液密度相似。

图 3.4.2 为 π 量纲理论设计理论。通过 π 定理，设计真三轴大物模模拟系统压裂参数，充分关联井筒内压降、管长、管径、粗糙度、压裂液密度等参数，实现真三轴大物模等多种作业模拟功能。

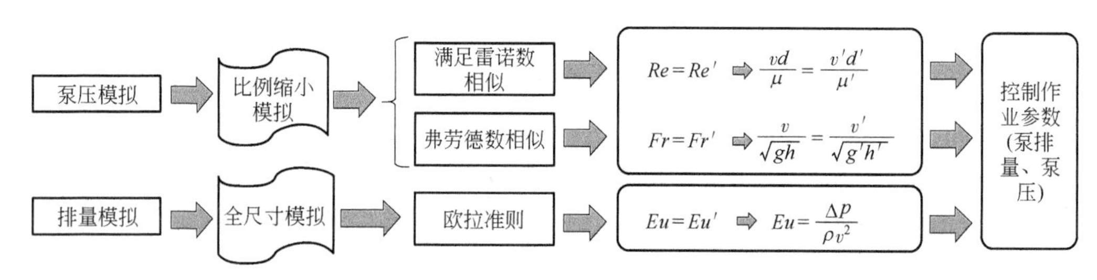

图 3.4.2 π 量纲理论设计理论

泵压模拟：设计了雷诺数及弗劳德数相似，并联立求解，实现压裂起裂与延伸控制过程按相似模拟。

排量模拟：利用欧拉准则，通过调节泵排量、泵压，实现全尺寸排量对起裂与延伸相似模拟，还原了现场作业工况。

3.4.2 压裂模拟井筒相似原理选择（满足雷诺数相似及弗劳德数）

3.4.2.1 簇数炮眼局部相似准则设计

在满足雷诺数相似（$Re=Re'$）及弗劳德数相似（$Fr=Fr'$）的基础上，要满足井筒直径比尺 n 和井筒深度 m 的任意改变。

1. 满足弗劳德数相似

井筒直径比尺为 n，高度比尺为 m，泵排量比尺为 $nm^{0.5}$，压裂液运动黏度比尺为 $nm^{0.5}$，压裂液密度比尺为 1。满足弗劳德数相似：

$$\frac{vd}{\mu}=\frac{v'd'}{\mu'} \tag{3.4.2}$$

式中 v、v'——实验室模拟流速与现场流速，m/s；

d、d'——实验室模拟孔眼直径与现场孔眼直径，m；

μ、μ'——实验室模拟压裂液黏度与现场压裂液黏度，mPa · s。

将式（3.4.2）变形为：

$$\frac{v}{\sqrt{gh}}=\frac{v'}{\sqrt{g'h'}} \tag{3.4.3}$$

则流速关系为 $v=\sqrt{m}v'$，黏度关系为 $\mu=n\sqrt{m}\mu'$，实验室模拟的泵排量与现场泵排量的关系为：

$$Q'=\frac{1}{n\sqrt{m}}Q \tag{3.4.4}$$

式中 Q——实验室模拟的泵排量，L/s；

Q'——现场泵排量，L/s。

2. 满足雷诺数相似

井筒直径比尺为 n，不考虑高度比尺，泵排量比尺为 n，压裂液运动黏度比尺为 1，压裂液密度比尺为 1。满足雷诺数相似：

$$\frac{Q}{\pi\left(\frac{nd'}{2}\right)^2}nd'=\frac{Q'}{\pi\left(\frac{d'}{2}\right)^2}d' \tag{3.4.5}$$

现场压裂泵排量为：

$$Q=nQ' \tag{3.4.6}$$

3.4.2.2 压裂施工与室内模拟实验相似准则设计

设计了室内模拟系统，标定了实验设备尺寸、钢级、承压能力及实验功能。开展了炮眼模拟实例论证，结论为：通过调整泵压、泵排量实现全尺寸炮眼模拟是可行的。

炮眼模拟：现场射孔孔眼直径与模型孔眼直径比值为 x，模型压裂液密度与现场压裂液密度比值为 y，模型排量与现场排量比值为 z，模拟孔眼与现场射孔孔眼数比值为 k，有：

$$Eu=\frac{\Delta p}{\rho v^2}=\frac{\Delta p'}{\rho' v'^2} \tag{3.4.7}$$

式中 ρ、ρ'——压裂液密度与现场压裂液密度，g/cm^3。

将式（3.4.7）变形为：

$$\frac{\Delta p}{\rho\frac{Q}{\pi\left(\frac{d}{2}\right)^2}}=\frac{\Delta p'}{\rho'\frac{Q'}{\pi\left(\frac{d'}{2}\right)^2}} \tag{3.4.8}$$

$$\frac{\Delta p}{\rho\frac{Q}{\pi\left(\frac{d}{2}\right)^2}}=\frac{\Delta p'}{y\rho\frac{zQ}{k\pi\left(\frac{xd}{2}\right)^2}} \tag{3.4.9}$$

式中 k——模拟孔眼与现场射孔孔眼数比值。

将式（3.4.9）变形为：

$$\frac{\Delta p}{\Delta p'}=\frac{\rho\dfrac{Q}{\pi\left(\dfrac{d}{2}\right)^2}}{y\rho\dfrac{zQ}{k\pi\left(\dfrac{xd}{2}\right)^2}}=\frac{kx^2}{zy} \tag{3.4.10}$$

整理得到：

$$\frac{vd}{\mu}=\frac{v'd'}{\mu'} \tag{3.4.11}$$

图3.4.3为三轴应力及水力压裂控制示意图，该模拟台架与现场压裂工艺的施工的压裂液黏度、排量、泵压等参数进行相似。图3.4.4为现场井身结构设计。

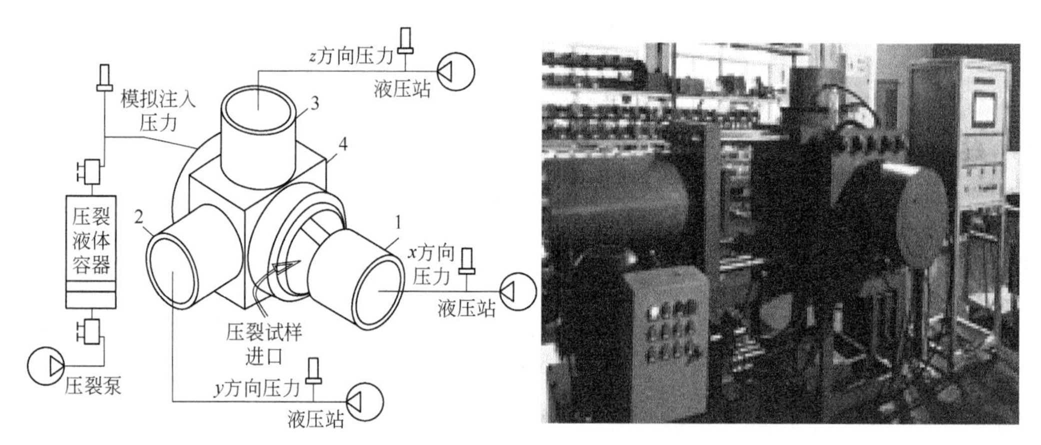

图3.4.3 三轴应力及水力压裂控制示意图

1—x 方向三轴应力施加装置；2—y 方向三轴应力施加装置；

3—z 方向三轴应力施加装置；4—压裂实验舱

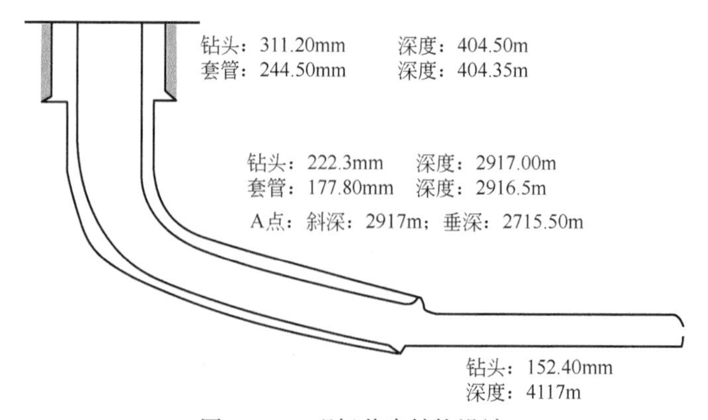

图3.4.4 现场井身结构设计

3.4.3 现场炮眼、炮眼数量与室内实验对标相似设计

欧拉数为：

$$Eu=\frac{\Delta p}{\rho v^2}=\frac{\Delta p'}{\rho' v'^2} \tag{3.4.12}$$

整理上式可得：

$$\frac{\Delta p}{\rho\dfrac{Q}{\pi\left(\dfrac{d}{2}\right)^2}}=\frac{\Delta p'}{y\rho\dfrac{zQ}{k\pi\left(\dfrac{xd}{2}\right)^2}} \tag{3.4.13}$$

进一步整理可得：

$$\frac{\Delta p}{\Delta p'}=\frac{\rho\dfrac{Q}{\pi\left(\dfrac{d}{2}\right)^2}}{y\rho\dfrac{zQ}{\pi\left(\dfrac{xd}{2}\right)^2}}=\frac{kx^2}{zy} \tag{3.4.14}$$

3.4.3.1 黏度设计

现场水力压裂排量为 6~12m^3/min，压裂液黏度为 10~30mPa·s，压裂液密度为 1.02g/cm^3，现场簇数为3簇，现场炮眼直径为10mm，现场每簇炮眼数为8个。规定室内的射孔簇数为3簇，室内炮眼直径为2mm，每簇炮眼数为3个，根据水力相似准则分别进行压裂液黏度设计。

表3.4.1为现场泵排量6m^3/min、压裂液黏度10mPa·s相似设计表，设计压裂液黏度5mPa·s。

表3.4.1 现场泵排量6m^3/min、压裂液黏度10mPa·s相似设计

序号	1	2	3	4	5
现场参数	泵排量	压裂液密度	炮眼直径	每簇炮眼数	黏度
现场参数数值	6m^3/min	1.02g/cm^3	10mm	8个	10mPa·s
室内模拟参数	5mL/min	1.02g/cm^3	2mm	3个	5mPa·s

表3.4.2为现场泵排量8m^3/min、压裂液黏度20mPa·s相似设计表，设计压裂液黏度10mPa·s。

表3.4.2 现场泵排量8m^3/min、压裂液黏度20mPa·s相似设计

序号	1	2	3	4	5
现场参数	泵排量	压裂液密度	炮眼直径	每簇炮眼数	黏度
现场参数数值	8m^3/min	1.02g/cm^3	10mm	8个	20mPa·s
室内模拟参数	10mL/min	1.02g/cm^3	2mm	3个	10mPa·s

表 3.4.3 为现场泵排量 $12m^3/min$、压裂液黏度 30mPa·s 相似设计表，设计压裂液黏度 20mPa·s。

表 3.4.3 现场泵排量 $12m^3/min$、压裂液黏度 30mPa·s 相似设计

序号	1	2	3	4	5
现场参数	泵排量	压裂液密度	炮眼直径	每簇炮眼数	黏度
现场参数数值	$12m^3/min$	$1.02g/cm^3$	10mm	8 个	30mPa·s
室内模拟参数	20mL/min	$1.02g/cm^3$	2mm	3 个	20mPa·s

3.4.3.2 排量设计

现场压裂液黏度为 30mPa·s，现场压裂液密度为 $1.02g/cm^3$，现场炮眼直径为 10mm，现场每簇炮眼数为 8 个。室内压裂液黏度为 10mPa·s，压裂液密度为 $1.02g/cm^3$，炮眼直径为 2mm，每簇炮眼数为 3 个，进行室内泵排量相似设计。

表 3.4.4 为现场排量为 $6m^3/min$、压裂液 10mPa·s 的室内泵排量设计，设计室内泵排量为 5mL/min。

表 3.4.4 现场排量为 $6m^3/min$、压裂液黏度 10mPa·s 的室内泵排量设计

序号	1	2	3	4	5
现场参数	泵排量	压裂液密度	炮眼直径	每簇炮眼数	黏度
现场参数数值	$6m^3/min$	$1.02g/cm^3$	10mm	8 个	10mPa·s
室内模拟参数	5mL/min	$1.02g/cm^3$	2mm	3 个	10mPa·s

表 3.4.5 为现场排量为 $8m^3/min$、压裂液 20mPa·s 的室内泵排量设计，设计室内泵排量为 10mL/min。

表 3.4.5 现场排量为 $8m^3/min$、压裂液 20mPa·s 的室内泵排量设计

序号	1	2	3	4	5	6
现场参数	泵排量	压裂液密度	簇数	炮眼直径	每簇炮眼数	黏度
现场参数数值	$8m^3/min$	$1.02g/cm^3$	3 簇	10mm	8 个	20mPa·s
室内模拟参数	10mL/min	$1.02g/cm^3$	3 簇	2mm	3 个	10mPa·s

表 3.4.6 为现场排量为 $12m^3/min$、压裂液 30mPa·s 的室内泵排量设计，设计室内泵排量为 20mL/min。

表 3.4.6 现场排量为 12m³/min、压裂液 30mPa·s 的室内泵排量设计

序号	1	2	3	4	5	6
现场参数	泵排量	压裂液密度	簇数	炮眼直径	每簇炮眼数	黏度
现场参数数值	$12m^3/min$	$1.02g/cm^3$	3 簇	10mm	8 个	30mPa·s
室内模拟参数	20mL/min	$1.02g/cm^3$	3 簇	2mm	3 个	10mPa·s

3.5 暂堵大物模真三轴起裂压力

3.5.1 实验条件

通过水泥和砂等混合制备水泥模型，模拟条件如下：平均地层温度 70℃，平均弹性模量 13.3284GPa，平均泊松比 0.308，平均黏聚力 30.27MPa，平均内摩擦角 34.025°，平均纵波 3421.667m/s，平均横波 2019.333m/s，实验中岩心三轴应力条件根据陇东长 7 层三向地应力梯度计算长 7 层深 2000m，最大水平地应力为 47MPa，最小水平地应力为 37MPa，垂向主应力为 49MPa。设置不同簇间距及射孔等因素模拟压裂裂缝起裂及扩展形态特征。压裂裂缝起裂扩展室内物模实验 14 组，实验样品尺寸不小于 300mm×300mm×300mm。

3.5.2 实验方案

3.5.2.1 多簇压裂裂缝非均衡起裂与延伸实验方案

（1）储层非均质水泥试件尺寸 300mm×300mm×300mm，岩石力学性质见表 3.5.1。

表 3.5.1 岩石力学性质

<table>
<tr><th>序号</th><th>温度,℃</th><th>弹性模量，GPa</th><th>泊松比</th><th>黏聚力，MPa</th><th>内摩擦角，(°)</th><th>纵波，m/s</th><th>横波，m/s</th></tr>
<tr><td>1</td><td rowspan="6">70</td><td>12.1631</td><td>0.331</td><td rowspan="3">27.92</td><td rowspan="3">34.87</td><td>3443</td><td>2054</td></tr>
<tr><td>2</td><td>13.5894</td><td>0.304</td><td>3490</td><td>2029</td></tr>
<tr><td>3</td><td>15.4264</td><td>0.301</td><td>3225</td><td>1968</td></tr>
<tr><td>4</td><td>15.0356</td><td>0.272</td><td rowspan="3">32.62</td><td rowspan="3">33.18</td><td>3783</td><td>2072</td></tr>
<tr><td>5</td><td>14.6517</td><td>0.335</td><td>3370</td><td>2016</td></tr>
<tr><td>6</td><td>15.1042</td><td>0.305</td><td>3219</td><td>1977</td></tr>
<tr><td>平均</td><td>70</td><td>13.3284</td><td>0.308</td><td>30.27</td><td>34.025</td><td>3421.667</td><td>2019.333</td></tr>
</table>

（2）实验中岩心三轴应力条件根据陇东长7层三向地应力梯度计算长7层深2000m，最大水平地应力为47MPa，最小水平地应力为37MPa，垂向主应力为49MPa，见表3.5.2和表3.5.3。

表3.5.2 三向地应力梯度

参数	单位	最大值	最小值	平均值
最小主应力	MPa	1.81	1.92	1.86
垂向主应力	MPa	2.33	2.37	2.35
最大水平主应力	MPa	2.23	2.26	2.24
孔隙压力	MPa	—	—	0.7

表3.5.3 三向地应力数据列表

参数	单位	最大值	最小值	平均值
σ_V	MPa	50.6	47.8	49.2
σ_H	MPa	49.6	46.2	47.8
σ_h	MPa	39.2	35.4	37.3

（3）实验方案见表3.5.4、表3.5.5。

表3.5.4 压裂施工参数因素、水平

因素＼水平	水平1	水平2	水平3
压裂液黏度，mPa·s	5	10	20
压裂液排量，mL/min	5	10	20
簇数	2	3	4

表3.5.5 压裂施工参数实验方案

实验号	压裂液黏度，mPa·s	压裂液排量，mL/min	簇数
1	5	5	2
2	5	10	3
3	5	20	4
4	10	5	3
5	10	10	4
6	10	20	2
7	20	5	4
8	20	10	2
9	20	20	3

实验组数：通过正交设计实验组数为9组。

3.5.2.2 多簇压裂裂缝非均衡起裂与延伸控制实验方案

根据上述实验结果，将其中多簇压裂裂缝起裂与延伸失衡最严重的实验条件作为基础实验条件，开展多簇压裂裂缝非均衡起裂与延伸控制实验检验，实验组数为5组，实验内容见表3.5.6。

表3.5.6 非均衡起裂与延伸控制参数

实验项目	组数	实验条件
水力脉冲预处理压裂	1	水力脉冲处理频率20Hz、预处理时间30min
簇间暂堵压裂	1	暂堵剂粒径20/40目、浓度8%，预计用量300g
限流压裂	1	炮眼尺寸缩小为0.12cm
循环加载压裂	1	循环加载压裂通过启停泵实现，加载5s、停泵5s，直至岩心破裂
间歇压裂	1	间歇压裂通过启停泵实现，加载5s、停泵1min，直至岩心破裂

平均温度70℃，平均弹性模量13.3284GPa，平均泊松比0.308、平均黏聚力30.27MPa，平均内摩擦角34.025°，平均纵波3421.667m/s，平均横波2019.333m/s。校核了14块小样试岩石力学，实验中岩心三轴应力条件根据陇东长7层三向地应力梯度计算长7层深2000m，最大水平地应力为47MPa，最小水平地应力为37MPa，垂向主应力为49MPa，使室内压裂实验更符合现场区块压裂的真实性。实验物理模型尺寸最大达300mm×300mm×300mm，图3.5.1为模拟射孔工艺几何图形，图3.5.2为模拟射孔工艺实物图。

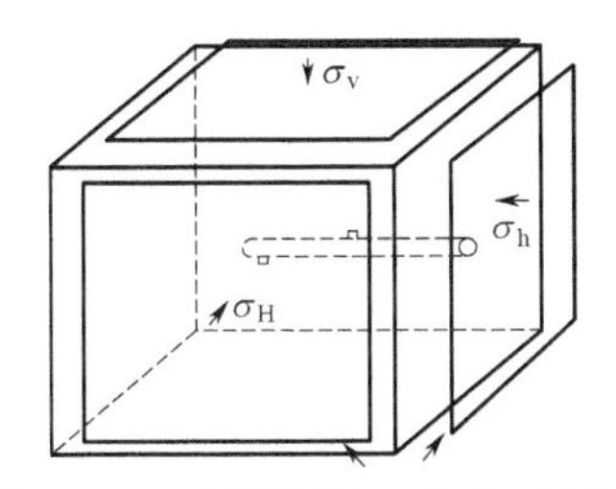

图3.5.1 模拟射孔工艺几何图形

(a) 2簇射孔模拟井筒示意图

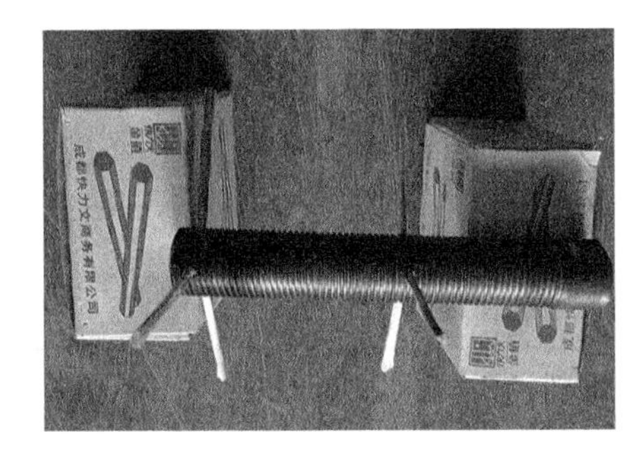

(b) 2簇射孔模拟井筒实物图

图3.5.2 模拟射孔工艺实物图

(c) 3簇射孔模拟井筒示意图

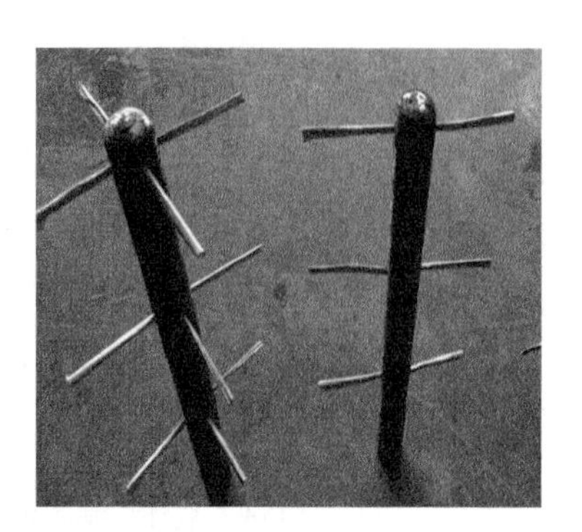

(d) 3簇射孔模拟井筒实物图

(e) 4簇射孔模拟井筒示意图

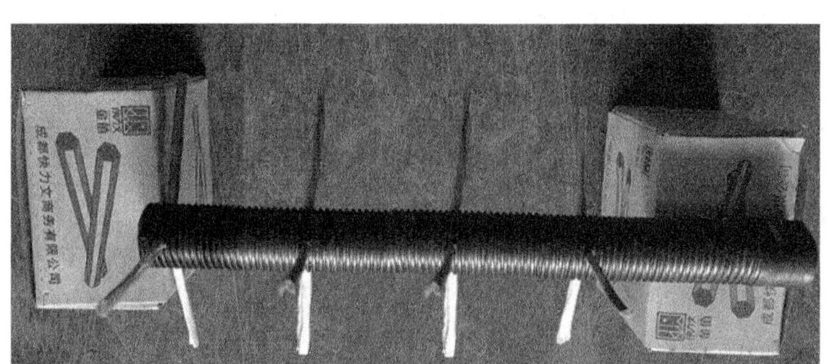

(f) 4簇射孔模拟井筒实物图

图 3.5.2 模拟射孔工艺实物图（续）

表 3.5.7 为常规实验裂缝非均衡起裂失衡程度排序对照表，水力压裂实验完成后，沿表面裂缝分析试样裂缝走向，可以观察分析水力裂缝的形态特征。此外，根据裂缝表面示踪染剂的流动痕迹及颜色的深浅，可对水力裂缝的扩展路径进行判断。设置三轴压力加载为：最大水平地应力为 47MPa，最小水平地应力为 37MPa（沿着井筒方向），垂向主应力为 49MPa。

表 3.5.7 常规实验裂缝非均衡起裂失衡程度排序对照表

实验组数	样品序号	暂堵剂加入	炮眼尺寸 cm	簇数	模拟地应力 $\sigma_H/\sigma_h/\sigma_v$ MPa	压裂液黏度 mPa·s	泵注排量 mL/min	实验类别
1	试件 1	无	0.2	2	47/37/49	5	0→5→5	常规实验
2	试件 2	无	0.2	3	47/37/49	5	0→10→10	
3	试件 3	无	0.2	4	47/37/49	5	0→20→20	
4	试件 4	无	0.2	3	47/37/49	10	0→5→5	
5	试件 5	无	0.2	4	47/37/49	10	0→10→10	
6	试件 6	无	0.2	2	47/37/49	10	0→20→20	
7	试件 7	无	0.2	4	47/37/49	20	0→5→5	

续表

实验组数	样品序号	暂堵剂加入	炮眼尺寸 cm	簇数	模拟地应力 $\sigma_H/\sigma_h/\sigma_v$ MPa	压裂液黏度 mPa·s	泵注排量 mL/min	实验类别
8	试件 8	无	0.2	2	47/37/49	20	0→10→10	常规实验
9	试件 9	无	0.2	3	47/37/49	20	0→20→20	
10	试件 10	无	0.2	4	47/37/49	20	0→5→5	脉冲预处理过试样
11	试件 11	粒径 20/40 目、浓度 8%，用量 300g	0.2	4	47/37/49	20	0→5→5	暂堵
12	试件 12	无	0.15	4	47/37/49	20	0→5→5	限流
13	试件 13	无	0.2	4	47/37/49	20	0→5→0（5s）→5→0（5s）→5→0（5s）	循环加载
14	试件 14	无	0.2	4	47/37/49	20	0→5→0（1min）→5→0（1min）→5→0（1min）	间歇

3.5.3 试件泵压对照

3.5.3.1 常规均衡试件泵压对照

表 3.5.8 为常规实验裂缝非均衡起裂真三轴泵压对照表。

表 3.5.8 常规实验裂缝非均衡起裂真三轴泵压对照表

实验组数	样品序号	泵压监测曲线	泵压峰值，MPa
1	试件 1	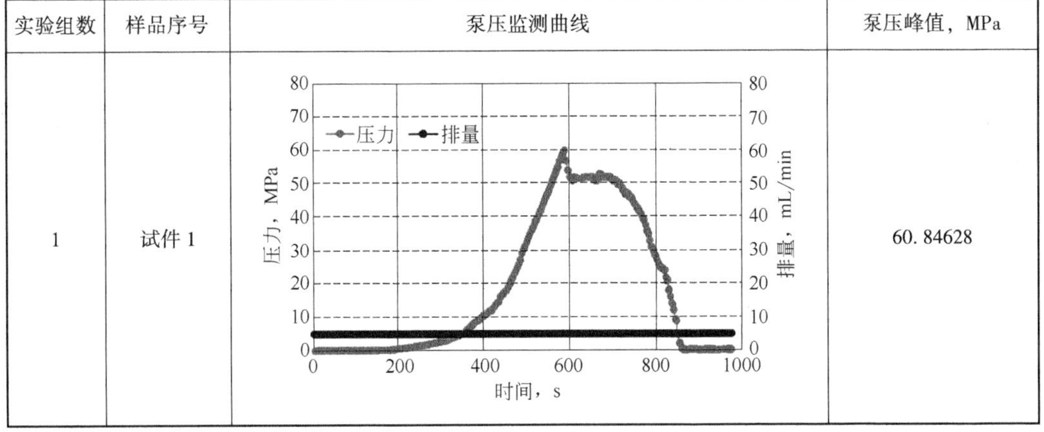	60.84628

续表

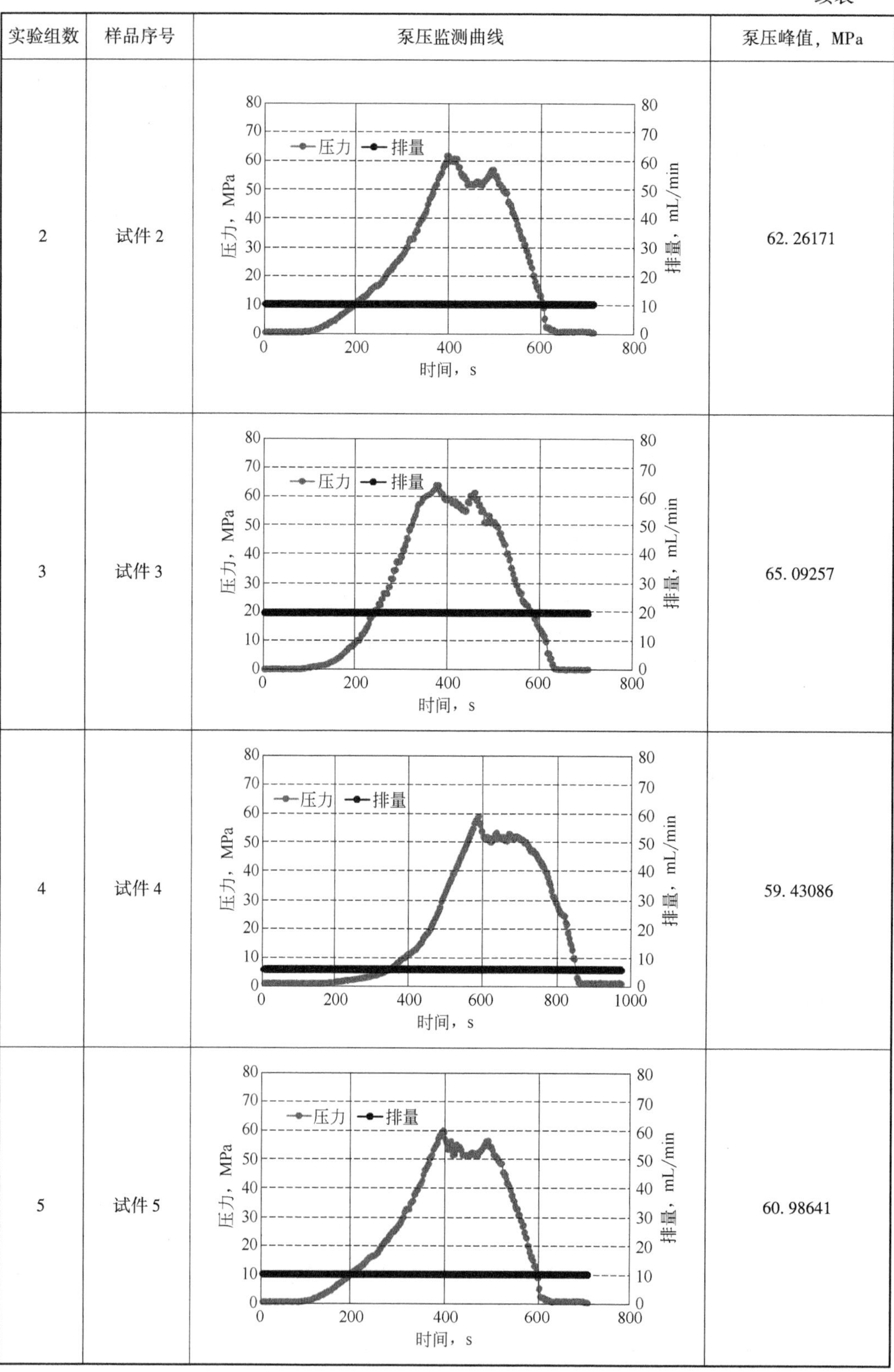

实验组数	样品序号	泵压监测曲线	泵压峰值，MPa
2	试件 2		62. 26171
3	试件 3		65. 09257
4	试件 4		59. 43086
5	试件 5		60. 98641

续表

实验组数	样品序号	泵压监测曲线	泵压峰值，MPa
6	试件 6	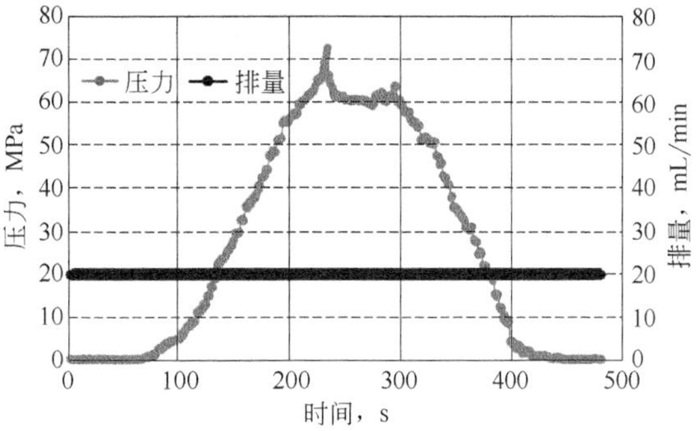	73.58514
7	试件 7	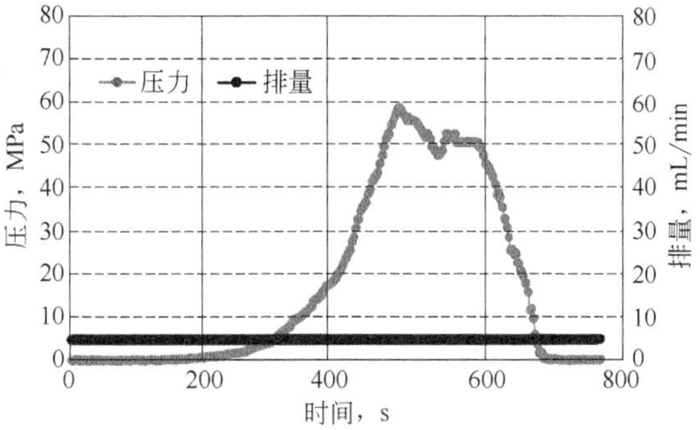	58.72314
8	试件 8	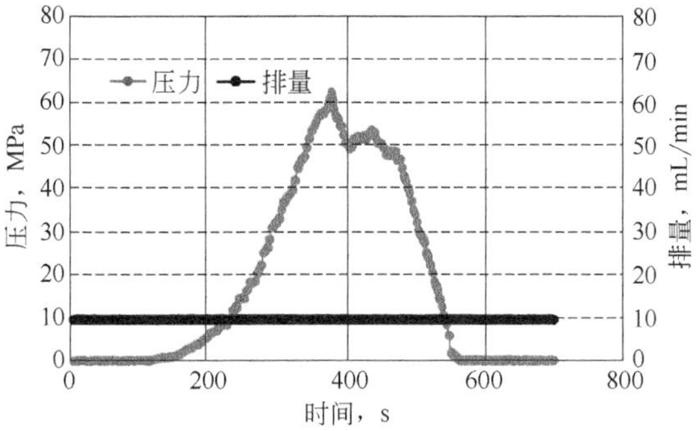	64.99874
9	试件 9	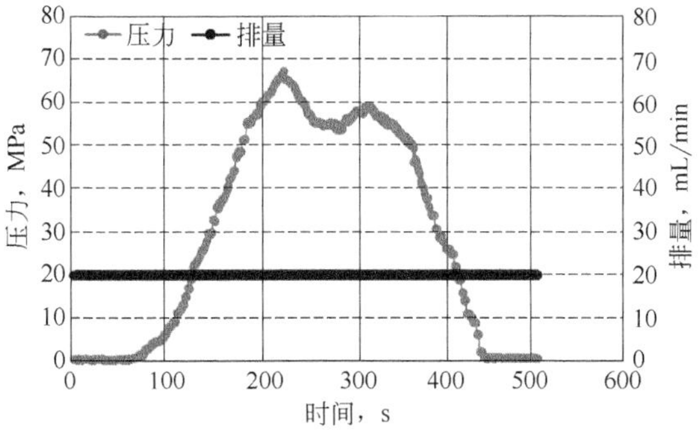	67.92343

3.5.3.2 非常规均衡试件泵压对照

表3.5.9为非常规实验裂缝非均衡起裂真三轴泵压对照表。

表3.5.9 非常规实验裂缝非均衡起裂真三轴泵压对照表

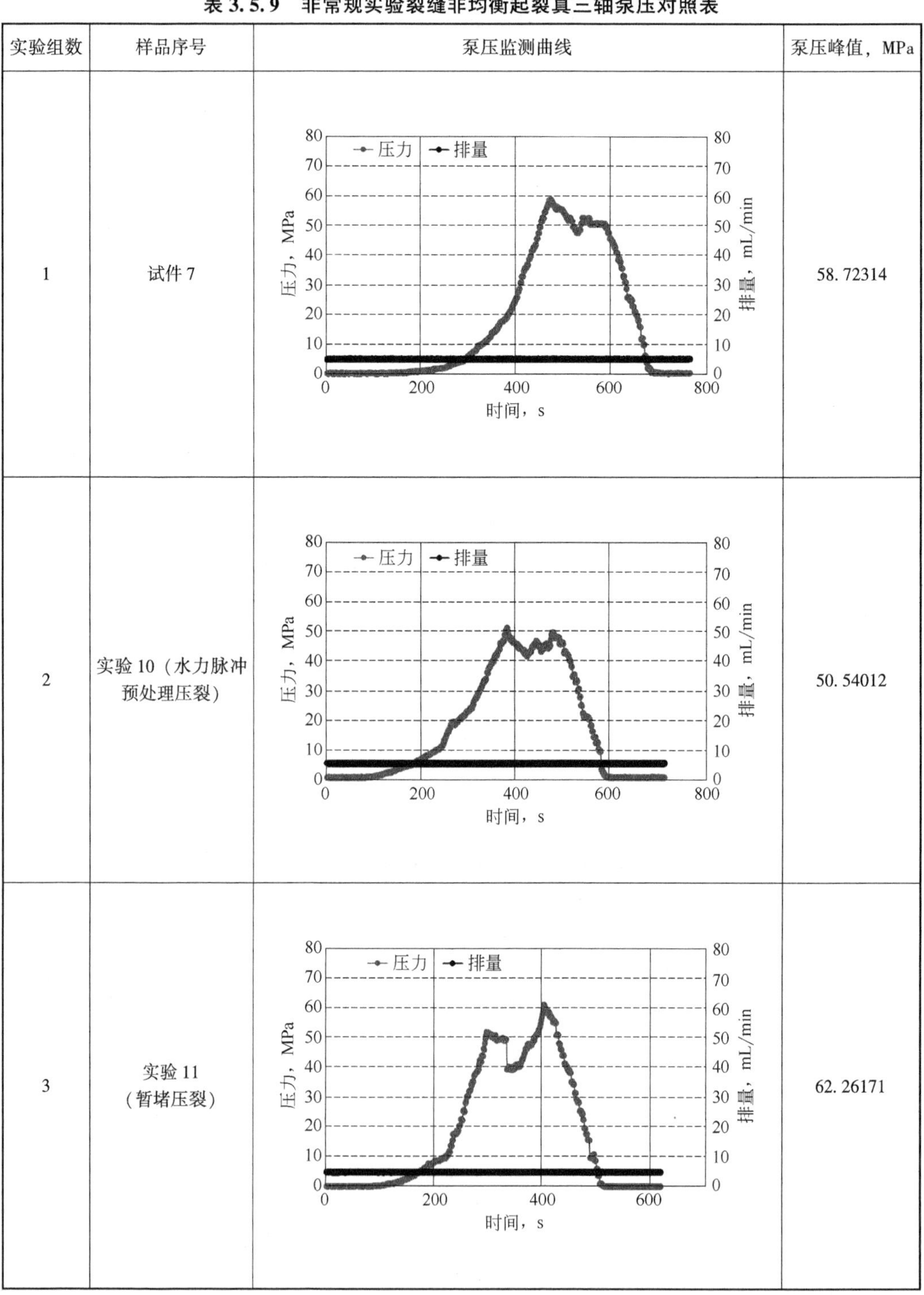

实验组数	样品序号	泵压监测曲线	泵压峰值，MPa
1	试件7		58.72314
2	实验10（水力脉冲预处理压裂）		50.54012
3	实验11（暂堵压裂）		62.26171

续表

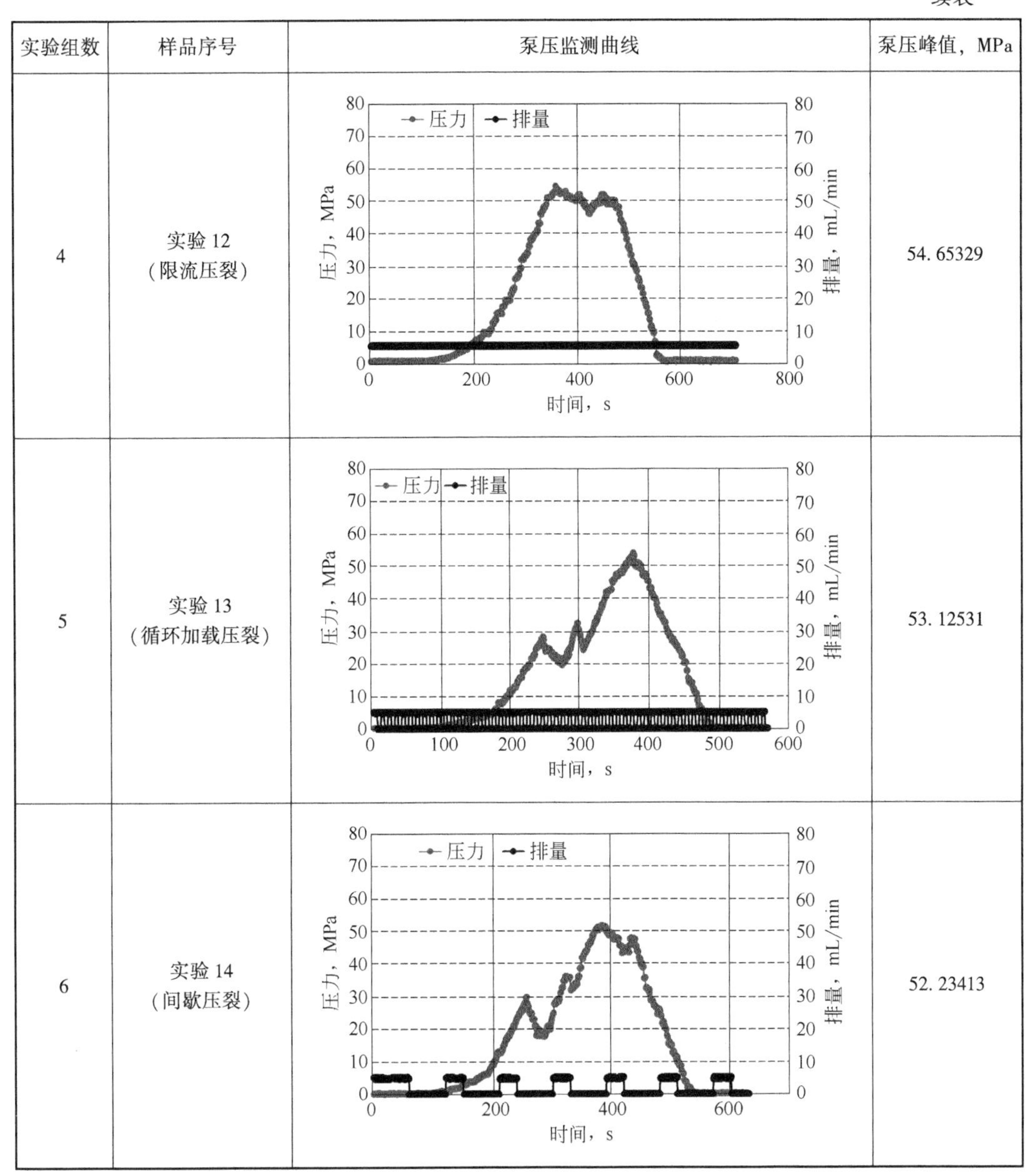

实验组数	样品序号	泵压监测曲线	泵压峰值，MPa
4	实验 12 （限流压裂）		54.65329
5	实验 13 （循环加载压裂）		53.12531
6	实验 14 （间歇压裂）		52.23413

3.6 裂缝扩展均衡指数分析

3.6.1 常规三轴大物模实验分析

根据压裂实验将裂缝非均衡性进行比较，如图 3.6.1 与图 3.6.2 所示：裂缝非均衡指数 N 的排序为：$N_7>N_4>N_1>N_5>N_2>N_8>N_3>N_9>N_6$。裂缝的改造面积为 *SRA* 排序为：$SRA_6>SRA_9>SRA_3>SRA_8>SRA_2>SRA_5>SRA_4>SRA_1>SRA_7$，筛选出裂缝起裂与延伸最失衡的为7号实验，在压裂液黏度20mPa·s、压裂液排量5mL/min、射孔簇数为4簇的条件下，裂缝的延伸面积只有951.61cm^2。为了研究裂缝起裂与延伸的控制检验，现以该组实验进行相应的压裂处理方案，研究裂缝的起裂与延伸的变化情况。

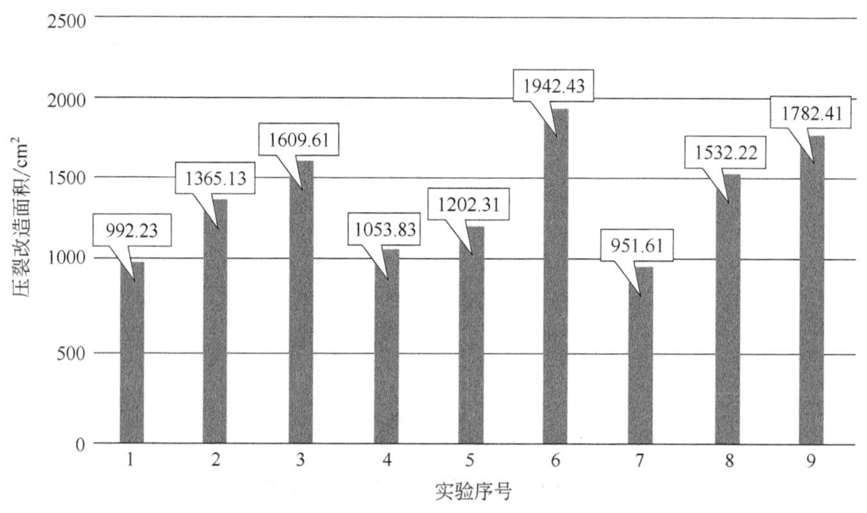

图3.6.1 压裂改造面积条形图

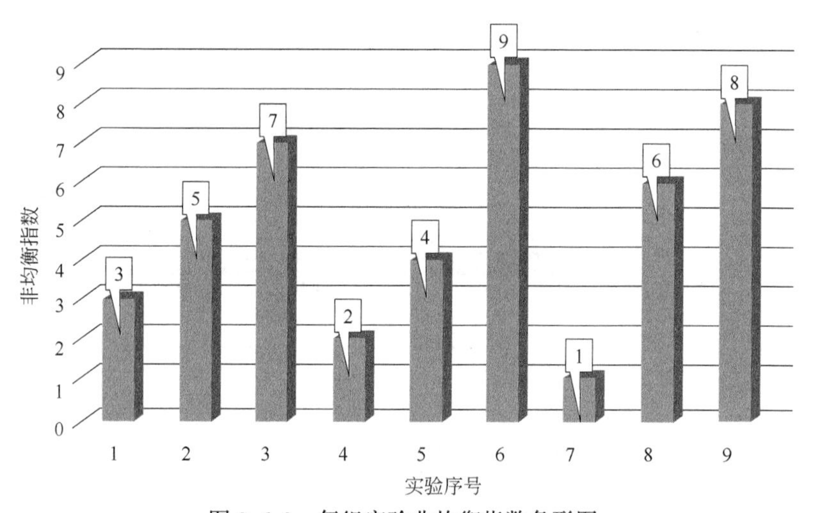

图3.6.2 每组实验非均衡指数条形图

3.6.2 非常规大物模实验分析

保持7号实验原来参数不变，分别在水力脉冲、簇间暂堵、限流、循环加载和间歇压裂条件下进行实验，发现这5种方法都有利于裂缝的均匀扩展，其中簇间暂堵压裂对裂缝均匀扩展的效果最好。表3.6.1为非均质起裂与延伸控制实验方案。

表3.6.1 非均质起裂与延伸控制实验方案

水力脉冲预处理压裂	脉冲频率为20Hz、预处理时间为30min
簇间暂堵压裂	暂堵剂粒径20/40目、浓度8%，预计用量300g
限流压裂	炮眼尺寸缩小为0.15cm
循环加载压裂	通过起泵实现，加载5s，停泵5s，直至岩心破裂
间歇压裂	通过起泵实现，加载5s，停泵1min，直至岩心破裂

对水力脉冲、簇间暂堵、限流、循环加载和间歇压裂分别进行模拟，并添加对照组，总结裂缝扩展规律如下：

（1）常规3簇压裂对中间裂缝的应力干扰较为严重，抑制了裂缝的扩展。

（2）通过5组不同方法的处理，都能够减小多簇压裂之间的应力干扰，有利于裂缝的均匀起裂、扩展。

（3）水力脉冲预处理压裂以脉动波的形式反复作用，使孔壁周围随机分布的敏感性缺口出现交替式张开与闭合，致使裂纹在壁面周围随机均匀扩展。此外，随着脉动波向储层周围的传播，影响储层更深部的裂隙出现损伤破裂。该阶段的最后时刻，当脉冲压力进一步增加时，某一些裂纹开始与外周深部裂纹连通，形成裂缝网络。

（4）簇间暂堵压裂是通过暂堵剂的封堵作用调节压裂液流体的注入控制，减小了簇间距之间的应力干扰现象，更加易于裂缝的均匀起裂和延伸。

（5）限流压裂能够在段内限制射孔数量，使孔眼摩阻有较大幅度的增加，促使井底压力不能快速释放，从而有利于多个孔眼裂缝的同时起裂和同时延伸。

（6）循环加载压裂采用应力循环压裂工具泵注高砂浓度液体，在环空注入净液体，根据压裂过程中地层响应和压力变化，实时控制井底砂浓度和排量，对储层加载循环应力，使储层受到疲劳破坏，实现缝网压裂。

（7）由于储层吸水较慢，如果注水过快则容易导致水在储层内分布不均匀，通过采用间歇压裂方式，可以让储层充分吸收水分，利用储层注水后的塑性变形，使裂隙分布更均匀。

结果如图3.6.3与图3.6.4所示，其中簇间暂堵的效果最好，有利于裂缝的均衡起裂与延伸。

裂缝的改造面积为*SRA*排序为：SRA_3（暂堵）>SRA_5（循环）>SRA_6（间歇）>SRA_4（限流）>SRA_2（脉冲预处理），7号实验裂缝起裂与延伸最失衡为参考试样，在压裂液黏度20mPa·s，压裂液排量5mL/min，射孔簇数为4簇的条件下，裂缝的延伸面积只有

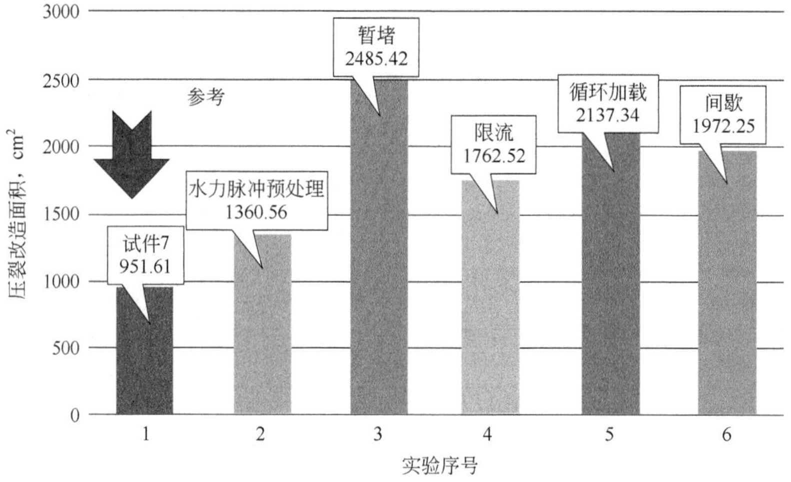

图 3.6.3　压裂改造面积条形图

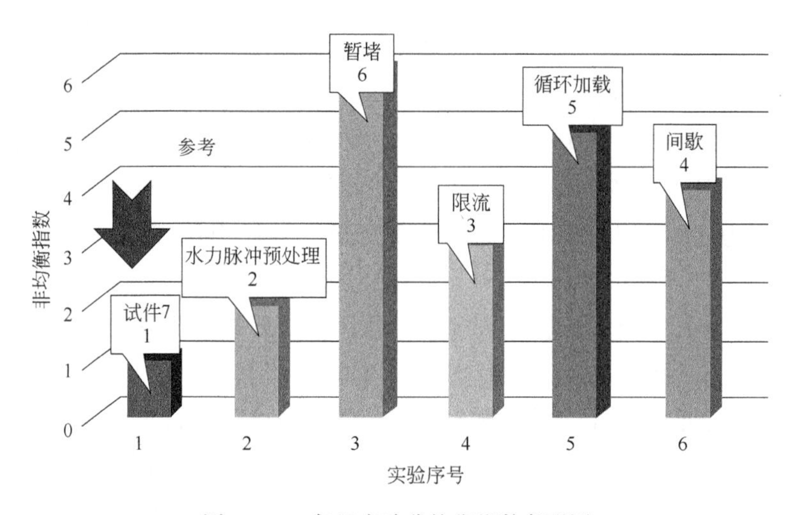

图 3.6.4　每组实验非均衡指数条形图

951.61cm^2，通过水力脉冲、暂堵、限流、循环加载及间歇压裂等非常规压力处理，使得裂缝改造面积均增大。

裂缝非均衡指数 N 的排序为：N_1（常规参照试样）$>N_2>N_4>N_6>N_5>N_3$。

3.6.3　非均衡指数排序

表 3.6.2 为常规实验裂缝非均衡起裂失衡程度排序对照表。表 3.6.3 为非常规实验裂缝非均衡起裂失衡程度排序对照表。

表 3.6.2 常规实验裂缝非均衡起裂失衡程度排序对照表

实验组数	实验类别	样品序号	暂堵剂加入	炮眼尺寸 cm	簇数	模拟地应力 $\sigma_H/\sigma_h/\sigma_v$ MPa	压裂液黏度 mPa·s	泵注排量 mL/min	非均衡指数排序	压裂改造面积 cm^2	泵压峰值 MPa
1	常规实验	试件 1	无	0.2	2	47/37/49	5	0→5→5	3	1053.83	60.84628
2	常规实验	试件 2	无	0.2	3	47/37/49	5	0→10→10	5	1365.13	62.26171
3	常规实验	试件 3	无	0.2	4	47/37/49	5	0→20→20	7	1609.61	65.09257
4	常规实验	试件 4	无	0.2	3	47/37/49	10	0→5→5	2	992.23	59.43086
5	常规实验	试件 5	无	0.2	4	47/37/49	10	0→10→10	4	1202.31	60.98641
6	常规实验	试件 6	无	0.2	2	47/37/49	10	0→20→20	9	1942.43	73.58514
7	常规实验	试件 7	无	0.2	4	47/37/49	20	0→5→5	1	951.61	58.72314
8	常规实验	试件 8	无	0.2	2	47/37/49	20	0→10→10	6	1532.22	64.99874
9	常规实验	试件 9	无	0.2	3	47/37/49	20	0→20→20	8	1782.41	67.92343

表 3.6.3 非常规实验裂缝非均衡起裂失衡程度排序对照表

实验组数	实验类别	样品序号	暂堵剂加入	炮眼尺寸 cm	簇数	模拟地应力 $\sigma_H/\sigma_h/\sigma_v$ MPa	压裂液黏度 mPa·s	泵注排量 mL/min	非均衡指数排序	压裂改造面积 cm^2	泵压峰值 MPa
7	常规实验	试件 7	无	0.2	4	47/37/49	20	0→5→5	1	951.61	58.72314
10	水力脉冲预处理过试样	试件 10	无	0.2	4	47/37/49	20	0→5→5	2	1360.56	50.54012
11	暂堵	试件 11	20/40 目、浓度 8%，用量 300g	0.2	4	47/37/49	20	0→5→5	6	2485.42	62.26171
12	限流	试件 12	无	0.15	4	47/37/49	20	0→5→5	3	1762.52	54.65329
13	循环加载	试件 13	无	0.2	4	47/37/49	20	0→5→0（5s）→5→0（5s）→5→0（5s）	5	2137.34	53.12531
14	间歇	试件 14	无	0.2	4	47/37/49	20	0→5→0（1min）→5→0（1min）→5→0（1min）	4	1972.25	52.23413

3.7 压裂参数正交实验分析

3.7.1 正交实验设计

根据实际储层参数设置好非均质致密油气储层压裂模型，通过正交实验研究不同压裂液黏度、压裂液排量和射孔簇数对裂缝非均衡起裂的影响，提出了适合非均质储层多簇压裂的最佳参数条件。表 3.7.1 为非均质起裂与延伸正交实验 L_9（3^4）。

表 3.7.1 非均质起裂与延伸正交实验 L_9（3^4）

正交因素水平				
编号	A 黏度，mPa·s	B 压裂液排量，mL/min	C 簇数	D（空白）
1	5	5	2	1
2	10	10	3	2
3	20	20	1	3

设计出考虑误差列的 3 因素 3 水平的正交实验，共需要做 9 组实验，对不同因素和水平条件进行级差和考虑空白列的方差分析，筛选出一套有利于多簇压裂裂缝非均质起裂与延伸的最优参数组合。表 3.7.2 为具体实验方案。

表 3.7.2 具体实验方案

序号	压裂液黏度，mPa·s	压裂液排量，mL/min	簇数
1	5	5	2
2	5	10	3
3	5	20	4
4	10	5	3
5	10	10	4
6	10	20	2
7	20	5	4
8	20	10	2
9	20	20	3

3.7.2 正交实验结果

由于多簇水力裂缝在起裂延伸过程中周围会存在应力阴影，多裂缝之间往往出现相互干扰现象，先起裂的裂缝会抑制后起裂的裂缝扩展，水力裂缝呈现出非均衡扩展。通过设计的正交实验组合研究压裂的平均裂缝长度，根据对压裂液黏度、压裂液排量和射孔簇数进行极差分析，提出了适合非均质储层多簇压裂的最佳参数条件。在进行裂缝非均衡起裂评价时，以压裂过程中形成裂缝的平均裂缝延伸面积为判断指标，认为多簇裂缝平均延伸面积越小，裂缝起裂与延伸失衡就越严重。表 3.7.3 为正交实验结果分析表。

表 3.7.3 正交实验结果分析表

	实验号	因素 A	因素 B	因素 C	误差对照组	Y
		压裂液黏度 mPa·s	压裂液排量 mL/min	簇数		平均裂缝延伸面积，cm^2
正交条件	1	5	5	2	1	1053.83
	2	5	10	3	2	1365.13
	3	5	20	4	3	1609.61
	4	10	5	3	3	992.23
	5	10	10	4	1	1202.31
	6	10	20	2	2	1942.43
	7	20	5	4	2	951.61
	8	20	10	2	3	1532.22
	9	20	20	3	1	1782.41
	K_1	4028.57	2997.67	4038.55	4528.48	
	K_2	4136.97	4099.66	4259.17	4139.77	
	K_3	4266.24	5334.45	4134.06	3763.53	
缝长	1 水平平均值 K_1	1342.86	999.22	1346.18	1509.49	
	2 水平平均值 K_2	1378.99	1366.55	1419.72	1379.92	
	3 水平平均值 K_3	1422.08	1778.15	1378.02	1254.51	
	极差 R	36.13	778.93	41.70	254.98	
	主次因素	BCA				
	最优组合	B3A1C1				

注：K_i 为任意列上水平号为 i 时的和；k_i 为 K_i/总因素；R 为极差；B3 表示因素 B 的第 3 个变量；A1 表示因素 A 的第 1 个变量；C1 表示因素 C 的第 1 个变量。

首先针对实验方案进行压裂液排量和射孔簇数的影响因素分析，选取前 3 个实验为 1 组，由实验 1、实验 2、实验 3 的压裂裂缝延伸，发现在压裂液排量和射孔簇数的影响下，多簇裂缝起裂与延伸具有不均衡性，其中压裂簇数对裂缝起裂与延伸的非均衡影响较大，随着射孔簇数的增加，裂缝起裂与延伸就越不均衡。由实验 1 和实验 2 对比可知：压裂液排量的增加有利于裂缝的均衡起裂与延伸，但是，压裂簇数对裂缝的非均衡起裂影响较大。

针对实验方案进行压裂液黏度和射孔簇数的影响因素分析，由实验 1 和实验 4 对比，发现压裂液黏度和射孔簇数都会引起裂缝的非均衡起裂与延伸，其中射孔簇数对裂缝的非均衡起裂与延伸影响较大，当簇数越大时，裂缝起裂与延伸的非均衡性就越强。

把实验1、实验6和实验8，实验2、实验4和实验7，实验3、实验6和实验9分成3组进行压裂液黏度和压裂液排量的影响因素分析，研究发现：压裂液黏度越大，裂缝起裂与延伸非均衡性就越强。

对压裂液黏度、压裂液排量和射孔簇数进行极差分析得到：

（1）压裂液排量的影响最大，射孔簇数对压裂裂缝的扩展影响次之，簇数对改造面积的影响主要体现在应力干扰对岩石地应力的重新分布以及净液压力引起的压裂液黏度最小；正交分析最后影响因素 F 排序为：$F_{压裂液排量}>F_{簇数}>F_{压裂液黏度}$。

（2）最优参数：压裂液黏度为10mPa·s，压裂液排量为20mL/min，压裂簇数为2簇。

3.8 压裂过程中流固耦合基本数学模型

基于弹性力学、岩石力学、断裂力学、流体力学理论，结合非均质特性，利用扩展有限元方法模拟多簇压裂裂缝扩展，该方法优势在于进行裂缝向任意方向扩展的模拟。本构关系表达式为：

$$\sigma=\begin{Bmatrix}\sigma_{ni}\\ \sigma_{si}\\ \sigma_{ti}\end{Bmatrix}=K\delta=\begin{bmatrix}K_{nn} & 0 & 0\\ 0 & K_{ss} & 0\\ 0 & 0 & K_{tt}\end{bmatrix}\begin{Bmatrix}\delta_{ni}\\ \delta_{si}\\ \delta_{ti}\end{Bmatrix}\quad (i=1,2,3) \tag{3.8.1}$$

式中 σ_{ni}、σ_{si}、σ_{ti}——n、s、t 方向应力；

K_{nn}、K_{ss}、K_{tt}——n、s、t 方向断裂系数；

δ_{ni}、δ_{si}、δ_{ti}——n、s、t 方向位移。

3.8.1 裂缝损伤数学模型建立

损伤演化规律基本由两部分组成（如图3.8.1所示）：刚度未发生变化的损伤起始阶段（OA段），在该阶段中，模型单元上下表面之间的法向位移小于法向初始损伤位移 $\delta_{\rm m}^{f}$，此时模型单元未出现损伤，所承受的应力与相应的位移成正比，表现为线弹性特征；刚度持续降低的损伤演变阶段（AB段），该阶段模型单元的法向应力已经达到材料抗拉强度 $\sigma_{\rm n}^{f}$，模型单元开始出现损伤，随着位移增大，单元承受应力逐渐降低，当上下表面产生的

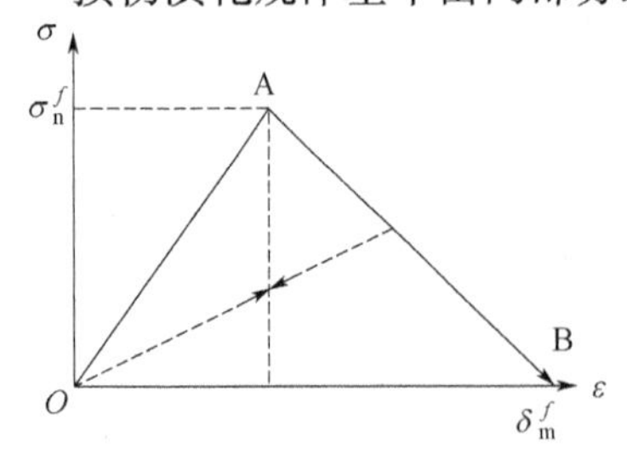

图3.8.1 损伤起始准则

位移达到法向完全破坏时产生的位移δ_m^f时，模型单元所受到的拉应力为0，模型单元将失去抗拉能力，材料失效。

对于OA阶段，ABAQUS软件提供了多种起裂准则，通过结合实际情况以及多个起裂准则的对比分析，本文选取最大名义应力起裂准则，表述为当三个方向承受的应力与其对应的临界应力比值的平方和达到1时，单元开始破坏，裂缝起裂，具体定义为：

$$f=\max\left\{\frac{\sigma_{ni}}{\sigma_{ni}^{o}},\quad \frac{\sigma_{si}}{\sigma_{si}^{o}},\quad \frac{\sigma_{ti}}{\sigma_{ti}^{o}}\right\} \qquad (i=1,2,3) \tag{3.8.2}$$

当f在公差范围$1.0\leqslant f\leqslant 1.0+f_{tol}$内时，损伤起始，$f_{tol}$默认为0.05。

A簇破裂后，$p_{井底}=p_A+p_{摩阻}-p_{压降}$，$p_{井底}$大于B簇破裂压力后，B簇发生破裂，此时$p_{摩阻}>p_{压降}+p_B-p_A$

$$\begin{cases} p_w=\dfrac{T_1\sigma_H+T_2\sigma_h+T_3\sigma_v+\sigma_t+(K-\alpha)p_p}{K+1-\dfrac{R^2}{r^2}} \\ \sigma_H=\sigma_H+v\left(\sum\limits_{i=1}^{n-1}\sigma_{lx(in)}+\sum\limits_{i=1}^{n-1}\sigma_{lz(in)}\right) \\ \sigma_h=\sigma_h+\sum\limits_{i=1}^{n-1}\sigma_{lx(in)};\sigma_v=\sigma_v+\sum\limits_{i=1}^{n-1}\sigma_{lz(in)} \end{cases} \tag{3.8.3}$$

式中　$\sigma_{lx}(in)$、$\sigma_{lz}(in)$——x，z方向应力分量。

裂缝延伸扩展准则，当$K_e\geqslant K_{IC}$时，裂缝沿着垂直于最大周向拉应力方向扩展：

$$\begin{cases} K_e=\dfrac{1}{2}\cos\dfrac{\theta}{2}[K_{\mathrm{I}}\sin\theta+K_{\mathrm{II}}(3\cos\theta-1)] \\ \theta_0=f(K_{\mathrm{I}},K_{\mathrm{II}})=\begin{cases}0 & (K_{\mathrm{II}}=0) \\ 2\arctan\left(\dfrac{1}{4}\left(\dfrac{K_1}{K_{\mathrm{II}}}-\mathrm{sgn}(K_{\mathrm{II}})\sqrt{\left(\dfrac{K_1}{K_{\mathrm{II}}}\right)^2+8}\right)\right) & (K_{\mathrm{II}}\neq 0)\end{cases} \end{cases} \tag{3.8.4}$$

3.8.2 非均质二维横向裂缝周围应力场数学模型建立

结合笛卡儿坐标、柱坐标、极坐标，在考虑传统模型的井斜角、方位角、地层压力等参数的基础上，增加了泵压、排量、裂缝倾角、渗透率等影响参数，将现场的泵压、排量结合起来，引入诱导应力模型，为非均衡延伸模型奠定力学基础。非均质地层井壁应力分布：

$$
\begin{cases}
\sigma_{r0}=\dfrac{r_{\mathrm{w}}^{2}}{r^{2}}p_{\mathrm{w}}+\dfrac{\sigma_{zz}+\sigma_{yy}}{2}\left(1-\dfrac{r_{\mathrm{w}}^{2}}{r^{2}}\right)+\dfrac{\sigma_{zz}-\sigma_{yy}}{2}\left(1+3\dfrac{r_{\mathrm{w}}^{4}}{r^{4}}-4\dfrac{r_{\mathrm{w}}^{2}}{r^{2}}\right)\cos2\theta+\tau_{yz}\left(1+3\dfrac{r_{\mathrm{w}}^{4}}{r^{4}}-4\dfrac{r_{\mathrm{w}}^{2}}{r^{2}}\right)\sin2\theta \\
\sigma_{\theta0}=-\dfrac{r_{\mathrm{w}}^{2}}{r^{2}}p_{\mathrm{w}}+\dfrac{\sigma_{zz}+\sigma_{yy}}{2}\left(1+\dfrac{r_{\mathrm{w}}^{2}}{r^{2}}\right)-\dfrac{\sigma_{zz}-\sigma_{yy}}{2}\left(1+3\dfrac{r_{\mathrm{w}}^{4}}{r^{4}}\right)\cos2\theta-\tau_{yz}\left(1+3\dfrac{r_{\mathrm{w}}^{4}}{r^{4}}\right)\sin2\theta \\
\sigma_{x0}=-c\dfrac{r_{\mathrm{w}}^{2}}{r^{2}}p_{\mathrm{w}}+\sigma_{xx}-v\left[2(\sigma_{zz}-\sigma_{yy})\left(\dfrac{r_{\mathrm{w}}}{r}\right)^{2}\cos2\theta+4\tau_{yz}\left(\dfrac{r_{\mathrm{w}}}{r}\right)^{2}\sin2\theta\right] \\
\tau_{r\theta0}=\dfrac{\sigma_{zz}-\sigma_{yy}}{2}\left(1-3\dfrac{r_{\mathrm{w}}^{4}}{r^{4}}+4\dfrac{r_{\mathrm{w}}^{2}}{r^{2}}\right)\sin2\theta+\tau_{yz}\left(1-3\dfrac{r_{\mathrm{w}}^{4}}{r^{4}}+2\dfrac{r_{\mathrm{w}}^{2}}{r^{2}}\right)\cos2\theta \\
\tau_{\theta x0}=(\tau_{xy}\cos\theta-\tau_{zx}\sin\theta)\left(1+\dfrac{r_{\mathrm{w}}^{2}}{r^{2}}\right) \\
\tau_{rx0}=(\tau_{zx}\cos\theta+\tau_{xy}\sin\theta)\left(1-\dfrac{r_{\mathrm{w}}^{2}}{r^{2}}\right)
\end{cases}
\tag{3.8.5}
$$

n 条裂缝在（x，y）处产生的诱导应力为：

$$
\begin{cases}
\sigma_{\mathrm{fx}n}=-p_{n}\dfrac{r_{n}\sin\theta_{n}\sin\left[\dfrac{3}{2}(\theta_{n1}+\theta_{n2})\right]}{l_{n}}\left[\dfrac{(l_{n})^{2}}{r_{n1}r_{n2}}\right]^{\frac{3}{2}}-p_{n}\left[\dfrac{r_{n}\cos\left(\theta_{n}-\dfrac{1}{2}\theta_{n1}-\dfrac{1}{2}\theta_{n2}\right)}{(r_{n1}r_{n2})^{\frac{1}{2}}}-1\right] \\
\sigma_{\mathrm{fy}n}=p_{n}\dfrac{r_{n}\sin\theta_{n}\sin\left[\dfrac{3}{2}(\theta_{n1}+\theta_{n2})\right]}{l_{n}}\left[\dfrac{(l_{n})^{2}}{r_{n1}r_{n2}}\right]^{\frac{3}{2}}-p_{n}\left[\dfrac{r_{n}\cos\left(\theta_{n}-\dfrac{1}{2}\theta_{n1}-\dfrac{1}{2}\theta_{n2}\right)}{(r_{n1}r_{n2})^{\frac{1}{2}}}-1\right] \\
\sigma_{\mathrm{fz}n}=v(\sigma_{\mathrm{fx}n}+\sigma_{\mathrm{fy}n})=-2vp_{n}\left[\dfrac{r_{n}\cos\left(\theta_{n}-\dfrac{1}{2}\theta_{n1}-\dfrac{1}{2}\theta_{n2}\right)}{(r_{n1}r_{n2})^{\frac{1}{2}}}-1\right] \\
\tau_{\mathrm{fxy}n}=-p_{n}\dfrac{r_{n}}{l_{n}}\left[\dfrac{(l_{n})^{2}}{r_{n1}r_{n2}}\right]^{\frac{3}{2}}\sin\theta_{n}\cos\left[\dfrac{3}{2}(\theta_{n1}+\theta_{n2})\right]
\end{cases}
\tag{3.8.6}
$$

多裂缝扩展时，裂缝周围存在应力的叠加现象；中间裂缝受到的应力干扰最大；诱导应力场的大小影响着裂缝的扩展规律。

裂缝单元将流体在单元中的流动分解为沿着单元平面方向的切向流动和沿着单元厚度方向的法向流动，如图 3.8.2 所示。

裂缝单元内流体的切向流动采用牛顿流公式进行描述：

$$q=\frac{t^{3}}{12\mu}\nabla p \tag{3.8.7}$$

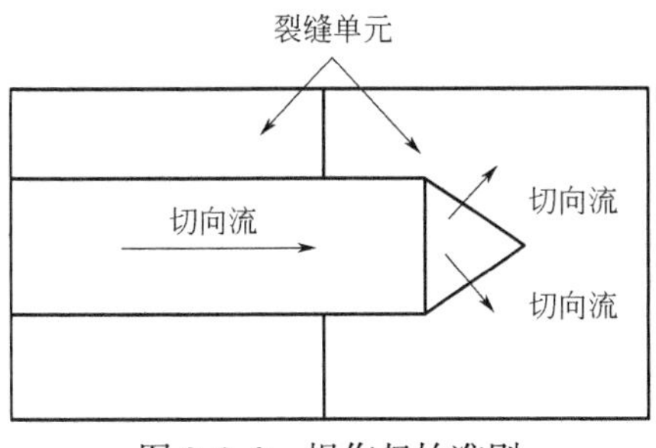

图 3.8.2 损伤起始准则

流体在裂缝单元的法向流动可分解为流体流进裂缝单元上下表面的体积速率，对于工程中的滤失，流体在裂缝单元上、下表面上的法向流计算公式为：

$$\begin{cases} v_t = c_t(p_i - p_t) \\ v_b = c_b(p_i - p_b) \end{cases} \tag{3.8.8}$$

式中 v_t、v_b——单元上、下表面流速；

p_i——裂缝压力；

p_t、p_b——单元上、下表面压力。

3.9 多簇压裂裂缝非均衡起裂与延伸模拟分析

通过将储层分成 1、2、3 三个不同单元简化非均质储层，模拟不同射孔簇数、压裂液黏度和排量的裂缝扩展，分析非均质储层压裂裂缝的不稳定扩展、应力场干扰行为，提高储层的人工改造、优化裂缝网络。

表 3.9.1 为非均质地层水力压裂参数表。模拟条件如下：平均地层温度 70℃、平均弹性模量 13.3284GPa、平均泊松比 0.308、平均黏聚力 30.27MPa、平均内摩擦角 34.025 度、平均纵波 3421.667m/s、平均横波 2019.333m/s，模拟中岩心三轴应力条件根据陇东长 7 层三向地应力梯度计算长 7 层深 2000m，最大水平地应力为 47MPa，最小水平地应力为 37MPa，垂向主应力为 49MPa。设置不同簇间距及射孔等因素模拟压裂裂缝起裂及扩展形态特征模拟样品尺寸不小于 300mm×300mm×300mm。

表 3.9.1 非均质地层水力压裂参数表

单元方案	弹性模量 GPa	泊松比	最大水平主应力 MPa	最小水平主应力 MPa	垂向主应力 MPa	射孔排量 mL/min	压裂液黏度 mPa·s	抗拉强度 MPa
单元 1	14	0.305	—	—		—	—	—
单元 2	13.5	0.33	44.8	37.2	47	5	5	6
单元 3	14.5	0.28	—	—		—	—	—

初始裂缝为扩展有限元 XFEM 单元（图 3.9.1，图中 E 为弹性模量，v 为泊松比），研究主裂缝在穿过不同岩性地层时的孔隙压力、裂缝宽度、延伸路径、储层改造体积等的变化。

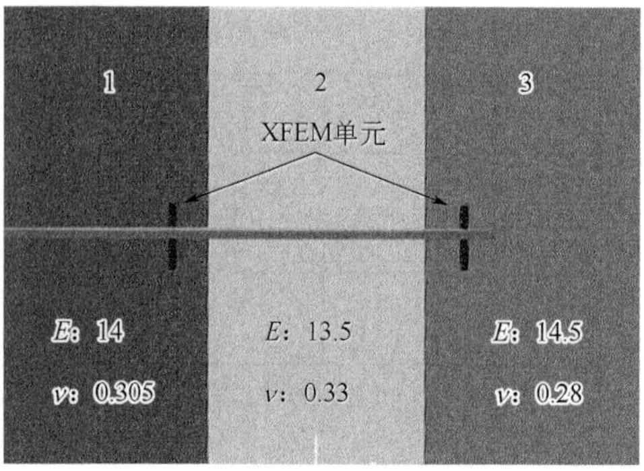

图 3.9.1　非均质储层模型

3.9.1　常规三轴数值模拟分析

通过 ABAQUS 设置不同的实验方案中的压裂参数，利用 ABQUS 后台编程，编制 SRA 计算分析模块，达到软件计算得到数值模拟直接计算 SRA 的目的。图 3.9.2 为不同实验方案下压裂时裂缝形态。

选取前 3 个实验为 1 组，由试样 1、试样 2、试样 3 的压裂裂缝延伸，发现在压裂液排量和射孔簇数的影响下，多簇裂缝起裂与延伸具有不均衡性，其中压裂排量对裂缝起裂与延伸的非均衡影响较大，随着射孔簇数的增加，裂缝起裂与延伸就越不均衡。而随着压裂液注入排量的增大，各射孔簇裂缝长度和宽度表现出增大的趋势。

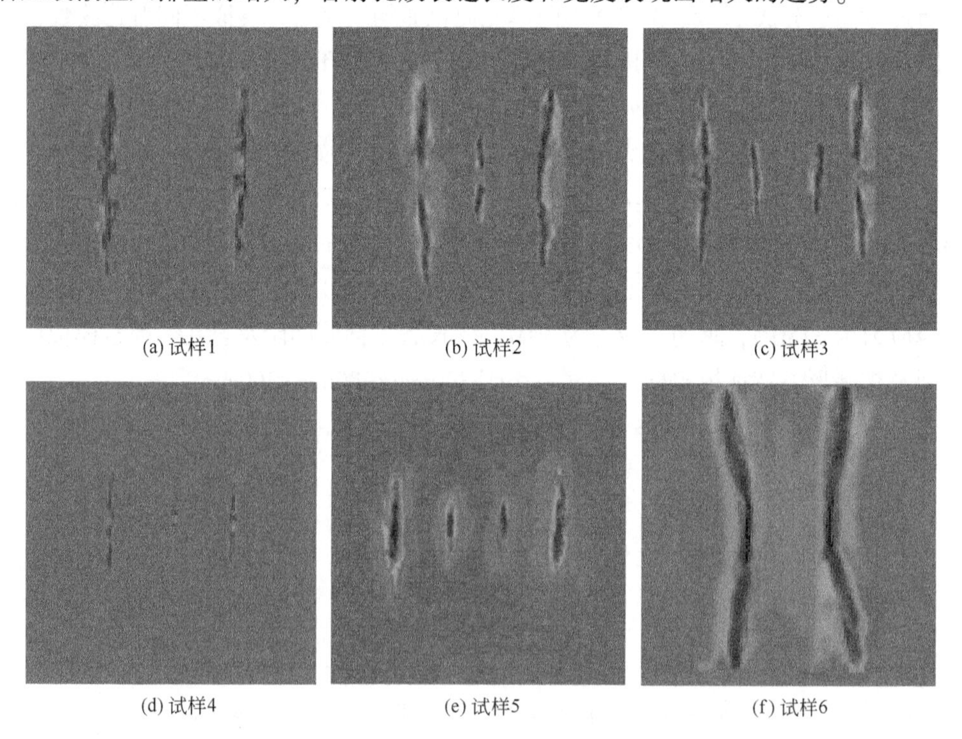

(a) 试样1　(b) 试样2　(c) 试样3

(d) 试样4　(e) 试样5　(f) 试样6

图 3.9.2　不同实验方案下压裂时裂缝形态

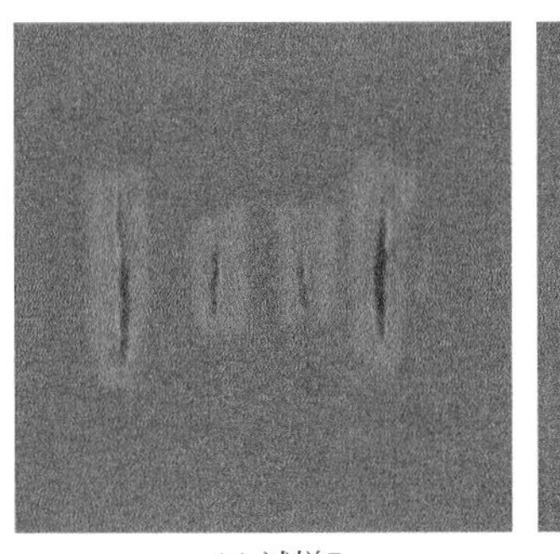

(g) 试样7

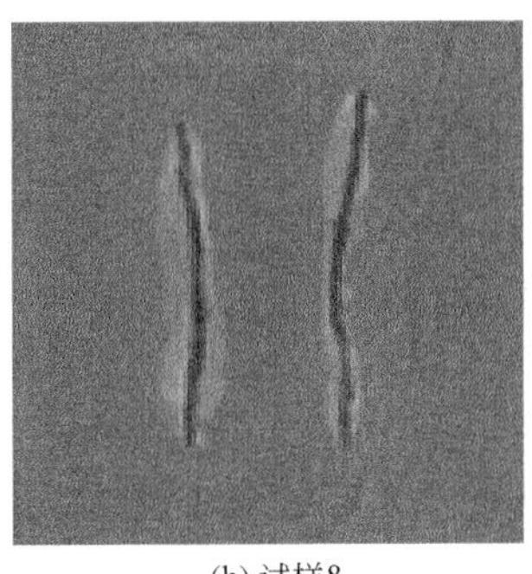

(h) 试样8

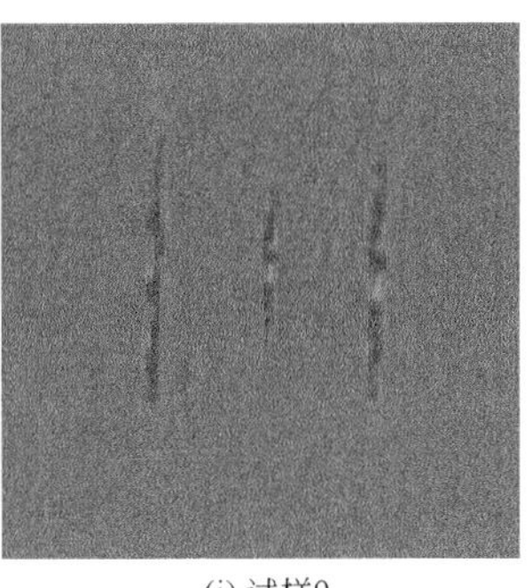

(i) 试样9

图 3.9.2 不同实验方案下压裂时裂缝形态（续）

把试样 1、试样 6 和试样 8，试样 2、试样 4 和试样 7，试样 3、试样 6 和试样 9 分成 3 组进行压裂液黏度影响因素分析，研究发现：低黏度下容易形成复杂缝网，高黏度下容易形成单一裂缝；针对试验方案进行射孔簇数的影响因素分析，由压裂试样 1 和试样 4 对比，发现：射孔簇数多，缝间存在着应力扰动叠加效应，裂缝网络更加复杂，实现射孔簇全面改造；比较 9 组不同实验方案下的裂缝扩展云图，发现第 7 组实验的裂缝扩展的非均衡性最强，裂缝的起裂与延伸受到较大抑制，裂缝复杂程度最低，从而改造面积最小。

3.9.2 非常规三轴数值模拟分析

通过 ABAQUS 数值模拟软件，以第 7 组实验方案实验条件为参照，开展了（a）水力脉冲预处理压裂、（b）簇间暂堵压裂、（c）限流压裂、（d）循环加载压裂、（e）间歇压裂、（f）试样 7（常规压裂）数值模拟，得到裂缝扩展的云图如图 3.9.3 所示，从模拟结果来看，簇间暂堵压裂改造面积最大，这与真三轴大物模实验所得到的规律是一致的。

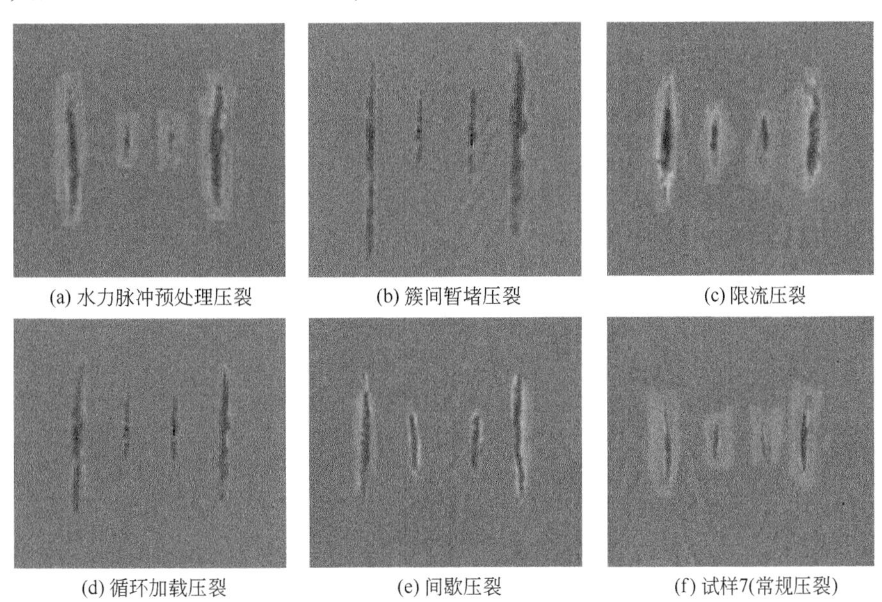

(a) 水力脉冲预处理压裂　(b) 簇间暂堵压裂　(c) 限流压裂

(d) 循环加载压裂　(e) 间歇压裂　(f) 试样7(常规压裂)

图 3.9.3 非均质起裂与延伸控制试验

3.9.3 数值模拟与实验结果对比

3.9.3.1 常规数值模拟与实验结果对比

表 3.9.2 为常规实验裂缝非均衡起裂失衡程度数值模拟与实验压裂改造面积对照表。筛选出裂缝起裂与延伸最失衡的为第 7 组实验，它在压裂液黏度 20mPa·s、压裂液排量 5mL/min、射孔簇数为 4 簇的条件下，裂缝的延伸面积较小。为了研究裂缝起裂与延伸的控制检验，现以该组实验条件进行相应的压裂处理模拟，研究裂缝的起裂与延伸的变化情况。

表 3.9.2 常规实验裂缝非均衡起裂失衡程度数值模拟与实验压裂改造面积对照表

实验组数	样品序号	簇数	压裂液黏度 mPa·s	非均衡指数排序	实验压裂改造面积 cm^2	模拟图形
1	试件 1	2	5	3	1053.83	
2	试件 2	3	5	5	1365.13	
3	试件 3	4	5	7	1609.61	

续表

实验组数	样品序号	簇数	压裂液黏度 mPa·s	非均衡指数排序	实验压裂改造面积 cm^2	模拟图形
4	试件 4	3	10	2	992.23	
5	试件 5	4	10	4	1202.31	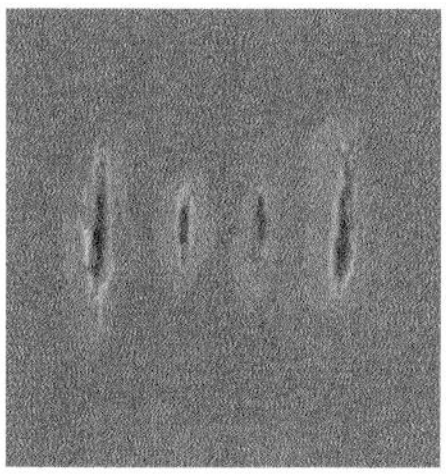
6	试件 6	2	10	9	1942.43	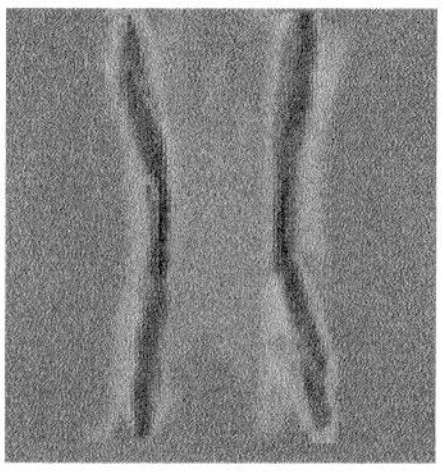
7	试件 7	4	20	1	951.61	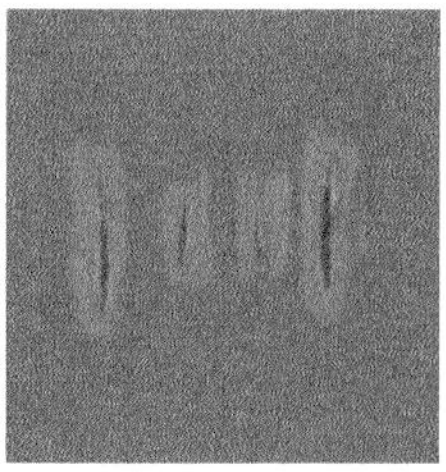
8	试件 8	2	20	6	1532.22	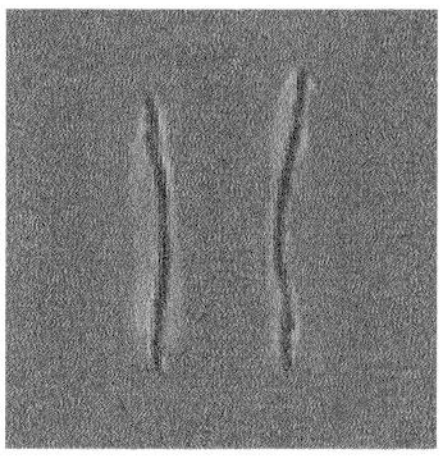

续表

实验组数	样品序号	簇数	压裂液黏度 mPa·s	非均衡指数排序	实验压裂改造面积 cm^2	模拟图形
9	试件 9	3	20	8	1782.41	

3.9.3.2 非常规数值模拟与实验结果对比

表 3.9.3 为非常规实验裂缝非均衡起裂失衡程度数值模拟与实验压裂改造面积对照表，对水力脉冲、簇间暂堵、限流、循环加载和间歇压裂分别进行模拟，并添加对照组，总结裂缝扩展规律如下：

表 3.9.3 非常规实验裂缝非均衡起裂失衡程度排序对照表

实验组数	实验类别	样品序号	簇数	压裂液黏度 mPa·s	非均衡指数排序	实验压裂改造面积 cm^2	模拟图形
7	常规实验	试件 7	4	20	1	951.61	
10	水力脉冲预处理过试样	试件 10	4	20	2	1360.56	
11	暂堵	试件 11	4	20	6	2485.42	

续表

实验组数	实验类别	样品序号	簇数	压裂液黏度 mPa·s	非均衡指数排序	实验压裂改造面积 cm^2	模拟图形
12	限流	试件 12	4	20	3	1762.52	
13	循环加载	试件 16	4	20	5	2137.34	
14	间歇	试件 17	4	20	4	1972.25	

多簇压裂对中间裂缝的应力干扰较为严重，抑制了裂缝的扩展。5 组不同方法的处理，都能够减小多簇压裂之间的应力干扰，有利于裂缝的均匀起裂、扩展。水力脉冲预处理压裂以脉动波的形式反复作用，使孔壁周围随机分布的敏感性缺口出现交替式张开与闭合，致使裂纹在壁面周围随机均匀扩展。此外，随着脉动波向储层周围的传播，影响储层更深部的裂隙出现损伤破裂。该阶段的最后时刻，当脉冲压力进一步增加时，某一些裂纹开始与外周深部裂纹连通，形成裂缝网络。簇间暂堵压裂通过暂堵剂的封堵作用调节压裂液流体的注入控制，减小了簇间距之间的应力干扰现象，更加易于裂缝的均匀起裂和延伸。

限流压裂能够在段内限制射孔数量，使孔眼摩阻有较大幅度的增加，促使井底压力不能快速释放，从而有利于多个孔眼裂缝的同时起裂和同时延伸。循环加载压裂采用应力循环压裂工具泵注高砂浓度液体，在环空注入净液体，根据压裂过程中地层响应和压力变化，实时控制井底砂浓度和排量，对储层加载循环应力，使储层受到疲劳破坏，实现缝网压裂。由于致密油气储层吸水较慢，如果注水过快则容易导致水在储层内分布不均匀，通过采用间歇压裂方式，可以让储层充分吸收水分，利用储层注水后的塑性变形，使裂隙分布更均匀。

3.9.3.3 数值模拟与实验结果 SRA 误差分析

图 3.9.4 为数值模拟与实验结果对比图，从实验结果测试改造面积与数值模拟分析改造面积分析，最大误差不超过 2%。

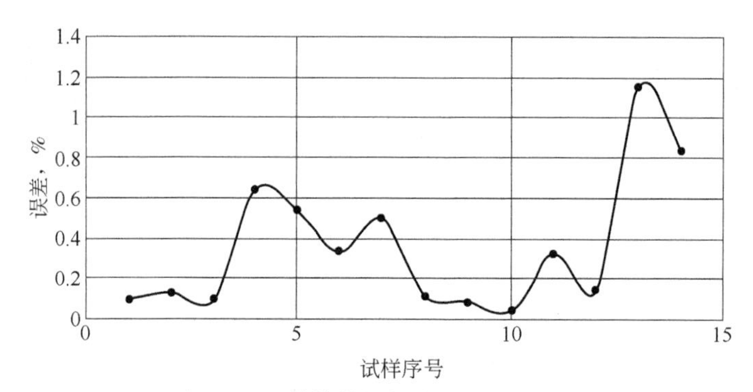

图 3.9.4 数值模拟与实验结果对比图

表 3.9.4 为数值模拟与实验结果对比图，利用数值模拟软件 ABQUS 后台编程，编制 SRA 计算分析模块，达到软件计算得到数值模拟直接计算 SRA 的目的。从分析结果来看，数值模拟结果与实验改造面积吻合度较好。

表 3.9.4 数值模拟与实验结果对比图

实验组数	样品序号	簇数	压裂液黏度 mPa·s	非均衡指数排序	实验压裂改造面积 cm^2	数值模拟改造面积 cm^2	误差 %
1	试件 1	2	5	3	1053.83	1054.87	0.098687644
2	试件 2	3	5	5	1365.13	1366.96	0.134053167
3	试件 3	4	5	7	1609.61	1608.03	0.098160424
4	试件 4	3	10	2	992.23	998.65	0.647027403
5	试件 5	4	10	4	1202.31	1208.93	0.550606749
6	试件 6	2	10	9	1942.43	1948.92	0.334117574
7	试件 7	4	20	1	951.61	956.43	0.50651002
8	试件 8	2	20	6	1532.22	1534.02	0.117476603
9	试件 9	3	20	8	1782.41	1780.73	0.094254408
10	水力脉冲预处理过试样	4	20	2	1360.56	1359.94	0.045569471
11	暂堵	4	20	6	2485.42	2477.30	0.326705346
12	限流	4	20	3	1762.52	1765.07	0.144679209
13	循环加载	4	20	5	2137.34	2112.66	1.154706317
14	间歇	4	20	4	1972.25	1955.78	0.83508683

第4章 水力裂缝暂堵机理分析

4.1 暂堵剂封堵效果评价

4.1.1 压裂液排量对暂堵剂受力及坐封效率影响

图4.1.1为压裂液排量对暂堵剂受力影响图示。暂堵剂是否坐在炮眼上，这取决于暂堵剂在管柱中的垂直流速与液体在炮眼中的水平流速比，即流向炮眼的流速产生的脱拽力必须大于暂堵剂的惯性力，才能使得暂堵剂坐在炮眼上，随着压裂液排量的增大，重力、浮力、惯性力及冲击力保持不变，拖拽力、脱离力及持球力呈现增大趋势，暂堵剂更容易坐封。

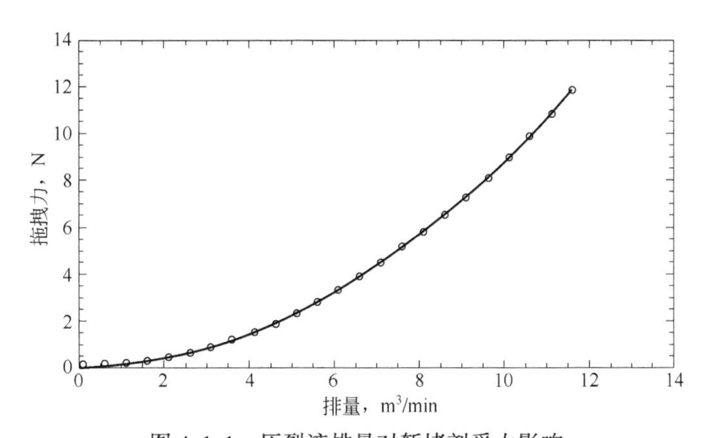

图4.1.1 压裂液排量对暂堵剂受力影响

表4.1.1为压裂液排量（排量从0.1m^3/min到11.6m^3/min，步长为0.5m^3/min）对暂堵剂受力影响数据。

表 4.1.1 压裂液排量对暂堵剂受力影响数据

压裂液排量 m^3/min	重力 N	浮力 N	拖拽力 N	惯性力 N	冲击力 N	脱离力 N	持球力 N	坐封（相位=0°）	坐封（相位=180°）
0.1	0.0046	0.0037	0.0009	0.6064	0.0262	0.0039	0.0461	不易坐封	不易坐封
0.6	0.0046	0.0037	0.0318	0.6064	0.0262	0.1419	1.6596	不易坐封	不易坐封
1.1	0.0046	0.0037	0.1069	0.6064	0.0262	0.4773	5.5781	不易坐封	不易坐封
1.6	0.0046	0.0037	0.2262	0.6064	0.0262	1.0097	11.8016	不易坐封	不易坐封
2.1	0.0046	0.0037	0.3896	0.6064	0.0262	1.7394	20.3301	不易坐封	不易坐封
2.6	0.0046	0.0037	0.5972	0.6064	0.0262	2.6663	31.1637	不易坐封	不易坐封
3.1	0.0046	0.0037	0.8489	0.6064	0.0262	3.7904	44.3023	容易坐封	容易坐封
3.6	0.0046	0.0037	1.1449	0.6064	0.0262	5.1118	59.7458	容易坐封	容易坐封
4.1	0.0046	0.0037	1.4850	0.6064	0.0262	6.6303	77.4943	容易坐封	容易坐封
4.6	0.0046	0.0037	1.8693	0.6064	0.0262	8.3461	97.5479	容易坐封	容易坐封
5.1	0.0046	0.0037	2.2978	0.6064	0.0262	10.259	119.906	容易坐封	容易坐封
5.6	0.0046	0.0037	2.7704	0.6064	0.0262	12.369	144.570	容易坐封	容易坐封
6.1	0.0046	0.0037	3.287	0.6064	0.0262	14.677	171.538	容易坐封	容易坐封
6.6	0.0046	0.0037	3.8482	0.6064	0.0262	17.181	200.812	容易坐封	容易坐封
7.1	0.0046	0.0037	4.4533	0.6064	0.0262	19.883	232.391	容易坐封	容易坐封
7.6	0.0046	0.0037	5.1026	0.6064	0.0262	22.782	266.274	容易坐封	容易坐封
8.1	0.0046	0.0037	5.7961	0.6064	0.0262	25.878	302.463	容易坐封	容易坐封
8.6	0.0046	0.0037	6.5338	0.6064	0.0262	29.172	340.957	容易坐封	容易坐封
9.1	0.0046	0.0037	7.3156	0.6064	0.0262	32.663	381.755	容易坐封	容易坐封
9.6	0.0046	0.0037	8.1416	0.6064	0.0262	36.351	424.859	容易坐封	容易坐封
10.1	0.0046	0.0037	9.0118	0.6064	0.0262	40.236	470.268	容易坐封	容易坐封
10.6	0.0046	0.0037	9.9261	0.6064	0.0262	44.318	517.981	容易坐封	容易坐封
11.1	0.0046	0.0037	10.885	0.6064	0.0262	48.598	568	容易坐封	容易坐封
11.6	0.0046	0.0037	11.887	0.6064	0.0262	53.074	620.324	容易坐封	容易坐封

4.1.2 压裂液密度对暂堵剂受力及坐封效率影响

图 4.1.2 为压裂液密度对暂堵剂受力影响图示。使暂堵剂保持在炮眼上的力应大于由于流速而使之脱落的力，暂堵剂才能坐稳炮眼。随着压裂液密度的增大，重力保持不变，浮力呈现增大的趋势，拖拽力、冲击力、脱离力及持球力均呈现增大趋势，惯性力呈现减小趋势。随压裂液密度增大，暂堵剂坐封效率影响不大。

表 4.1.2 为压裂液密度（密度从 $1000kg/m^3$ 到 $1200kg/m^3$，步长为 $10kg/m^3$）对暂堵剂受力影响数据。

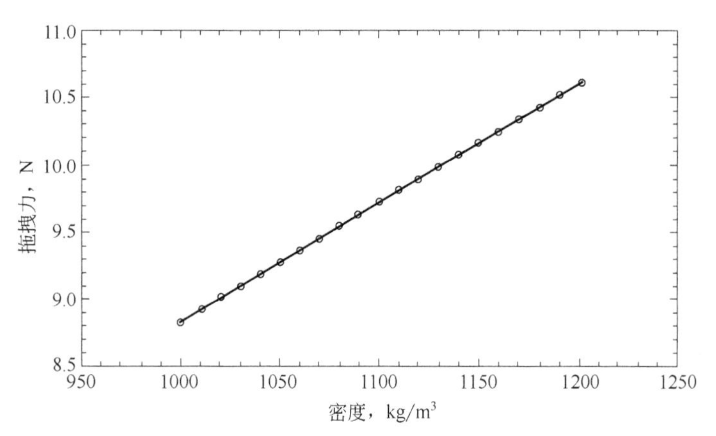

图 4.1.2 压裂液密度对暂堵剂受力影响

表 4.1.2 压裂液密度对暂堵剂受力影响数据

压裂液密度 kg/m³	重力 N	浮力 N	拖拽力 N	惯性力 N	冲击力 N	脱离力 N	持球力 N	坐封（相位=0°）	坐封（相位=180°）
1000	0.004603	0.003743	8.834	0.606451	0.026205	39.443	461.002	容易坐封	容易坐封
1010	0.004603	0.00378	8.923	0.57434	0.025066	39.837	465.612	容易坐封	容易坐封
1020	0.004603	0.003817	9.011	0.542859	0.023927	40.232	470.222	容易坐封	容易坐封
1030	0.004603	0.003855	9.099	0.511989	0.022787	40.626	474.832	容易坐封	容易坐封
1040	0.004603	0.003892	9.188	0.481713	0.021648	41.021	479.442	容易坐封	容易坐封
1050	0.004603	0.00393	9.276	0.452013	0.020509	41.415	484.052	容易坐封	容易坐封
1060	0.004603	0.003967	9.364	0.422874	0.019369	41.809	488.662	容易坐封	容易坐封
1070	0.004603	0.004005	9.453	0.394279	0.01823	42.204	493.272	容易坐封	容易坐封
1080	0.004603	0.004042	9.541	0.366214	0.01709	42.598	497.882	容易坐封	容易坐封
1090	0.004603	0.004079	9.629	0.338664	0.015951	42.993	502.492	容易坐封	容易坐封
1100	0.004603	0.004117	9.718	0.311615	0.014812	43.387	507.102	容易坐封	容易坐封
1110	0.004603	0.004154	9.806	0.285053	0.013672	43.782	511.712	容易坐封	容易坐封
1120	0.004603	0.004192	9.894	0.258966	0.012533	44.176	516.322	容易坐封	容易坐封
1130	0.004603	0.004229	9.983	0.23334	0.011394	44.570	520.932	容易坐封	容易坐封
1140	0.004603	0.004267	10.071	0.208164	0.010254	44.965	525.542	容易坐封	容易坐封
1150	0.004603	0.004304	10.159	0.183426	0.009115	45.359	530.152	容易坐封	容易坐封
1160	0.004603	0.004341	10.248	0.159114	0.007976	45.754	534.762	容易坐封	容易坐封
1170	0.004603	0.004379	10.336	0.135218	0.006836	46.148	539.372	容易坐封	容易坐封
1180	0.004603	0.004416	10.424	0.111726	0.005697	46.543	543.982	容易坐封	容易坐封
1190	0.004603	0.004454	10.513	0.08863	0.004557	46.937	548.592	容易坐封	容易坐封
1200	0.004603	0.004491	10.601	0.065919	0.003418	47.331	553.202	容易坐封	容易坐封

4.1.3 暂堵剂直径对暂堵剂受力及坐封效率影响

图 4.1.3 为暂堵剂直径对暂堵剂受力影响图示。随着暂堵剂直径的增大，重力、浮力、拖拽力、惯性力、冲击力、脱离力及持球力均呈现增大趋势。当暂堵剂直径大于炮眼直径时，随着直径的增大暂堵剂更容易坐封；当暂堵剂直径小于炮眼直径时，暂堵剂不容易坐封。

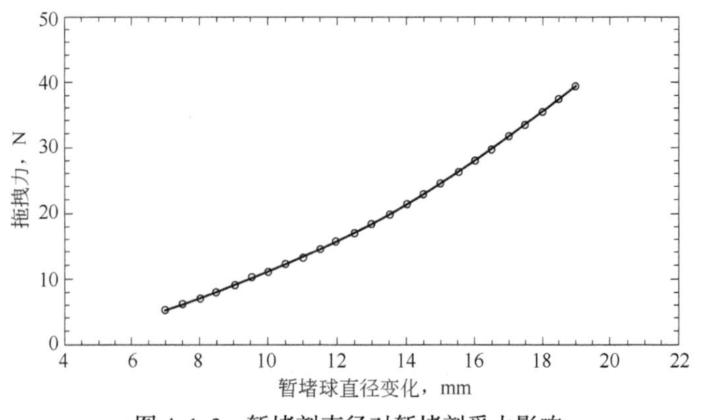

图 4.1.3 暂堵剂直径对暂堵剂受力影响

表 4.1.3 为暂堵剂直径（直径从 7mm 到 19mm，步长为 0.5mm）对暂堵剂受力影响数据。

表 4.1.3 暂堵剂直径对暂堵剂受力影响数据

暂堵剂直径 mm	重力 N	浮力 N	拖拽力 N	惯性力 N	冲击力 N	脱离力 N	持球力 N	坐封（相位=0°）	坐封（相位=180°）
7	0.002166	0.001761	5.344152	0.487809	0.016395	23.8605	0	不易坐封	不易坐封
7.5	0.002664	0.002166	6.134868	0.518306	0.018664	27.39088	0	不易坐封	不易坐封
8	0.003233	0.002629	6.980117	0.548243	0.021058	31.16473	0	不易坐封	不易坐封
8.5	0.003878	0.003153	7.879897	0.577623	0.023573	35.18206	0	不易坐封	不易坐封
9	0.004603	0.003743	8.83421	0.606451	0.026205	39.44287	461.0016	容易坐封	容易坐封
9.5	0.005414	0.004402	9.843055	0.634729	0.028951	43.94714	321.1929	容易坐封	容易坐封
10	0.006315	0.005134	10.90643	0.662462	0.031806	48.6949	258.4995	容易坐封	容易坐封
10.5	0.00731	0.005943	12.02434	0.689653	0.034767	53.68612	220.7402	容易坐封	容易坐封
11	0.008405	0.006833	13.19678	0.716305	0.037831	58.92083	194.7425	容易坐封	容易坐封
11.5	0.009604	0.007808	14.42376	0.742422	0.040992	64.399	175.4042	容易坐封	容易坐封
12	0.010912	0.008871	15.70526	0.768009	0.044249	70.12065	160.2746	容易坐封	容易坐封
12.5	0.012333	0.010027	17.0413	0.793068	0.047596	76.08578	148.0091	容易坐封	容易坐封
13	0.013873	0.011279	18.43187	0.817603	0.051031	82.29438	137.7992	容易坐封	容易坐封

续表

暂堵剂直径 mm	重力 N	浮力 N	拖拽力 N	惯性力 N	冲击力 N	脱离力 N	持球力 N	坐封（相位=0°）	坐封（相位=180°）
13.5	0.015537	0.012631	19.87697	0.841617	0.054551	88.74645	129.1255	容易坐封	容易坐封
14	0.017328	0.014087	21.37661	0.865116	0.058151	95.442	121.6364	容易坐封	容易坐封
14.5	0.019251	0.015651	22.93077	0.888101	0.061828	102.381	115.0842	容易坐封	容易坐封
15	0.021312	0.017327	24.53947	0.910577	0.065578	109.5635	109.2886	不易坐封	不易坐封
15.5	0.023515	0.019118	26.2027	0.932547	0.069399	116.9895	104.1146	不易坐封	不易坐封
16	0.025865	0.021028	27.92047	0.954015	0.073287	124.6589	99.45903	不易坐封	不易坐封
16.5	0.028366	0.023062	29.69276	0.974984	0.077239	132.5719	95.24118	不易坐封	不易坐封
17	0.031024	0.025223	31.51959	0.995459	0.08125	140.7283	91.39703	不易坐封	不易坐封
17.5	0.033843	0.027515	33.40095	1.015443	0.085319	149.1281	87.87499	不易坐封	不易坐封
18	0.036827	0.029941	35.33684	1.034939	0.089442	157.7715	84.63295	不易坐封	不易坐封
18.5	0.039982	0.032506	37.32726	1.053951	0.093615	166.6583	81.63614	不易坐封	不易坐封
19	0.043313	0.035213	39.37222	1.072483	0.097835	175.7886	78.85554	不易坐封	不易坐封

4.1.4 孔眼个数对暂堵剂受力及坐封效率影响

图4.1.4为暂堵剂孔眼个数对暂堵剂受力影响图示。随着暂堵剂孔眼个数的增加，重力、浮力、惯性力、冲击力及脱离力均保持不变，持球力呈现减小趋势，拖拽力呈现增大趋势。随排量的增大，暂堵剂受流向炮眼的合力增大，更容易坐封；随炮眼数的增大，平均每个炮眼流量变小，暂堵剂受流向炮眼的合力减小，不容易坐封。

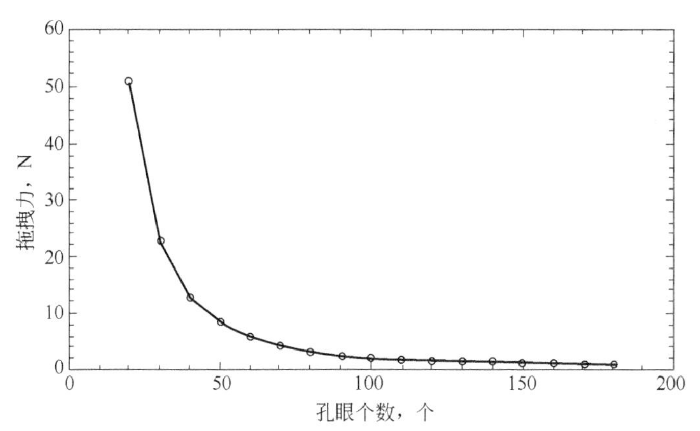

图4.1.4 暂堵剂孔眼个数对暂堵剂受力及坐封效率影响

表4.1.4为暂堵剂孔眼个数（孔眼个数从20个增大到180个，步长为10个）对暂堵剂受力影响数据。

表 4.1.4　暂堵剂孔眼个数对暂堵剂受力及坐封效率影响数据

孔眼个数 个	重力 N	浮力 N	拖拽力 N	惯性力 N	冲击力 N	脱离力 N	持球力 N	坐封 (相位=0°)	坐封 (相位=180°)
20	0.004603	0.003743	50.88505	0.606451	0.026205	39.44287	2745.08	容易坐封	容易坐封
30	0.004603	0.003743	22.61558	0.606451	0.026205	39.44287	1209.565	容易坐封	容易坐封
40	0.004603	0.003743	12.72126	0.606451	0.026205	39.44287	672.1349	容易坐封	容易坐封
50	0.004603	0.003743	8.141608	0.606451	0.026205	39.44287	423.3815	容易坐封	容易坐封
60	0.004603	0.003743	5.653894	0.606451	0.026205	39.44287	288.2562	容易坐封	容易坐封
70	0.004603	0.003743	4.153882	0.606451	0.026205	39.44287	206.7799	容易坐封	容易坐封
80	0.004603	0.003743	3.180316	0.606451	0.026205	39.44287	153.8986	容易坐封	容易坐封
90	0.004603	0.003743	2.512842	0.606451	0.026205	39.44287	117.6434	容易坐封	容易坐封
100	0.004603	0.003743	2.035402	0.606451	0.026205	39.44287	91.71028	容易坐封	容易坐封
110	0.004603	0.003743	1.68215	0.606451	0.026205	39.44287	72.52269	容易坐封	容易坐封
120	0.004603	0.003743	1.413474	0.606451	0.026205	39.44287	57.92895	容易坐封	容易坐封
130	0.004603	0.003743	1.20438	0.606451	0.026205	39.44287	46.5716	容易坐封	容易坐封
140	0.004603	0.003743	1.03847	0.606451	0.026205	39.44287	37.55988	不易坐封	不易坐封
150	0.004603	0.003743	0.904623	0.606451	0.026205	39.44287	30.28969	不易坐封	不易坐封
160	0.004603	0.003743	0.795079	0.606451	0.026205	39.44287	24.33957	不易坐封	不易坐封
170	0.004603	0.003743	0.704291	0.606451	0.026205	39.44287	19.40825	不易坐封	不易坐封
180	0.004603	0.003743	0.62821	0.606451	0.026205	39.44287	15.27576	不易坐封	不易坐封

4.1.5　暂堵剂密度对暂堵剂受力及坐封效率影响

图 4.1.5 为暂堵剂密度对暂堵剂受力影响图示。随着暂堵剂密度的增大，重力、惯性力及冲击力呈现增大趋势，浮力、拖拽力、脱离力、持球力保持不变。暂堵剂密度对

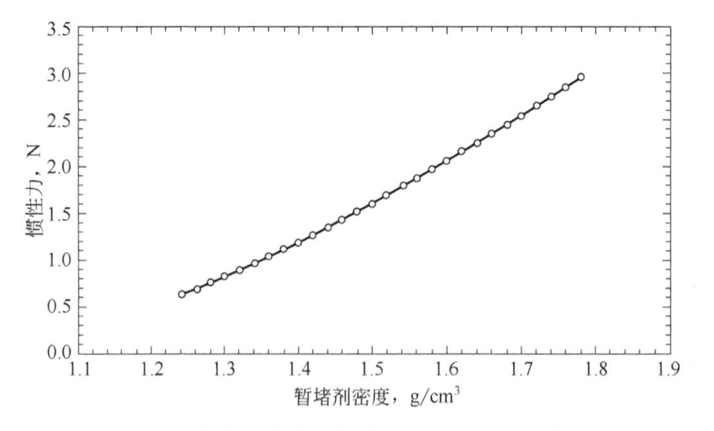

图 4.1.5　暂堵剂密度对暂堵剂受力及坐封效率影响

暂堵剂坐封效率影响不大。

表4.1.5为暂堵剂密度（密度从1.24g/cm^{3}到1.78g/cm^3，步长为0.02g/cm^3）对暂堵剂受力影响数据。

表4.1.5 暂堵剂密度对暂堵剂受力及坐封效率影响数据表

暂堵剂密度 g/cm^3	重力 N	浮力 N	拖拽力 N	惯性力 N	冲击力 N	脱离力 N	持球力 N	坐封（相位=0°）	坐封（相位=180°）
1.24	0.004641	0.003743	8.83	0.64	0.03	39.44	461.00	容易坐封	容易坐封
1.26	0.004716	0.003743	8.83	0.70	0.03	39.44	461.00	容易坐封	容易坐封
1.28	0.004791	0.003743	8.83	0.77	0.03	39.44	461.00	容易坐封	容易坐封
1.3	0.004865	0.003743	8.83	0.84	0.03	39.44	461.00	容易坐封	容易坐封
1.32	0.00494	0.003743	8.83	0.91	0.04	39.44	461.00	容易坐封	容易坐封
1.34	0.005015	0.003743	8.83	0.98	0.04	39.44	461.00	容易坐封	容易坐封
1.36	0.00509	0.003743	8.83	1.05	0.04	39.44	461.00	容易坐封	容易坐封
1.38	0.005165	0.003743	8.83	1.12	0.04	39.44	461.00	容易坐封	容易坐封
1.4	0.00524	0.003743	8.83	1.20	0.05	39.44	461.00	容易坐封	容易坐封
1.42	0.005315	0.003743	8.83	1.28	0.05	39.44	461.00	容易坐封	容易坐封
1.44	0.005389	0.003743	8.83	1.36	0.05	39.44	461.00	容易坐封	容易坐封
1.46	0.005464	0.003743	8.83	1.44	0.05	39.44	461.00	容易坐封	容易坐封
1.48	0.005539	0.003743	8.83	1.52	0.05	39.44	461.00	容易坐封	容易坐封
1.5	0.005614	0.003743	8.83	1.61	0.06	39.44	461.00	容易坐封	容易坐封
1.52	0.005689	0.003743	8.83	1.69	0.06	39.44	461.00	容易坐封	容易坐封
1.54	0.005764	0.003743	8.83	1.78	0.06	39.44	461.00	容易坐封	容易坐封
1.56	0.005838	0.003743	8.83	1.87	0.06	39.44	461.00	容易坐封	容易坐封
1.58	0.005913	0.003743	8.83	1.96	0.07	39.44	461.00	容易坐封	容易坐封
1.6	0.005988	0.003743	8.83	2.06	0.07	39.44	461.00	容易坐封	容易坐封
1.62	0.006063	0.003743	8.83	2.15	0.07	39.44	461.00	容易坐封	容易坐封
1.64	0.006138	0.003743	8.83	2.25	0.07	39.44	461.00	容易坐封	容易坐封
1.66	0.006213	0.003743	8.83	2.35	0.08	39.44	461.00	容易坐封	容易坐封
1.68	0.006288	0.003743	8.83	2.45	0.08	39.44	461.00	容易坐封	容易坐封
1.7	0.006362	0.003743	8.83	2.55	0.08	39.44	461.00	容易坐封	容易坐封
1.72	0.006437	0.003743	8.83	2.65	0.08	39.44	461.00	容易坐封	容易坐封
1.74	0.006512	0.003743	8.83	2.76	0.08	39.44	461.00	容易坐封	容易坐封
1.76	0.006587	0.003743	8.83	2.87	0.09	39.44	461.00	容易坐封	容易坐封
1.78	0.006662	0.003743	8.83	2.98	0.09	39.44	461.00	容易坐封	容易坐封

4.2 暂堵剂封堵排量优化设计

4.2.1 垂直井筒暂堵剂受力及排量优化设计

影响暂堵剂封堵成功率的因素主要有两个方面：(1) 暂堵剂是否能坐封在孔眼上，当液体流向孔眼的流速所产生的对球的拖拽力大于球的惯性力时，球才能坐在孔眼上；(2) 暂堵剂能否堵住孔眼，使球保持在孔眼的力需大于使小球脱落的力，才能使球堵住孔眼，这取决于使球保持在孔口的力与使小球脱落的力的大小。

4.2.1.1 垂直井筒暂堵剂运动状态受力模型

暂堵剂运动过程受重力、浮力、惯性力及拖拽力影响，受力如图 4.2.1 所示。

暂堵剂可以坐封需满足如下条件：

$$F_d+F_p-F_i-F_G\geqslant 0 \tag{4.2.1}$$

式中 F_d——拖拽力，N；

F_i——惯性力，N；

F_p——浮力，N；

F_G——重力，N。

4.2.1.2 垂直井筒暂堵剂坐封状态受力模型

暂堵剂坐封状态，此时惯性力及拖拽力为 0，仅受重力、浮力、持球力及脱离力影响，暂堵剂坐封后受力状态如图 4.2.2 所示。

暂堵剂坐封过程，暂堵剂可以坐封需满足如下条件：

$$F_h+F_p-F_u-F_G\geqslant 0 \tag{4.2.2}$$

式中 F_h——持球力，N；

F_u——脱离力，N。

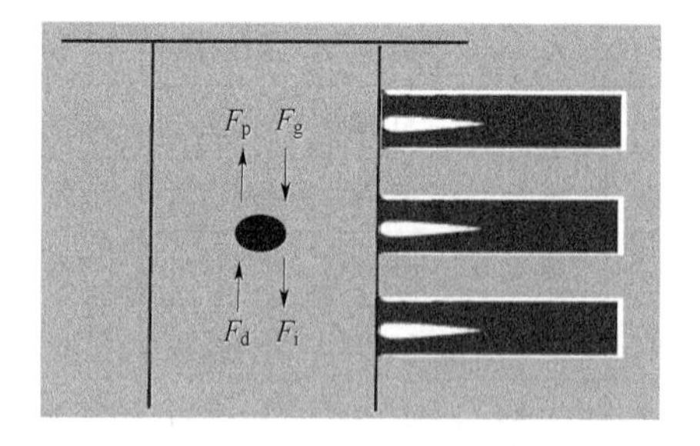

图 4.2.1 暂堵剂运动过程受力状态示意图

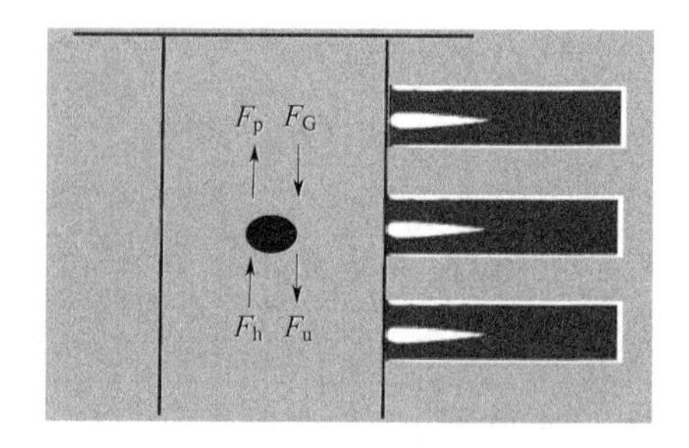

图 4.2.2 暂堵剂坐堵后的力状态

4.2.1.3 暂堵剂坐封后最小排量确定

由受力状态可得：

$$1.76\times10^{-4}\ \frac{\rho_f D_p^3}{(D_b^2-D_p^2)^{0.5}}\left(\frac{1}{n^2}\frac{0.6Q^2}{D_p^4 C_d^2}-\frac{Q^2}{d_c^4}\right)\geqslant 0.3927(f_u\rho_f v_f^2 D_b^2)+\frac{\pi}{6}D_b^3 g(\rho_b-\rho_f) \tag{4.2.3}$$

式中 Q——压裂液排量，m^3/s；

n——孔眼数；

ρ_f——压裂液密度，kg/m^3；

ρ_b——暂堵剂密度，kg/m^3；

D_b——暂堵剂直径，m；

C_d——阻力系数；

d_c——套管内径，m；

D_p——孔眼直径，m；

f_u——阻力系数；

v_f——压裂液速度，m/s。

整理上式可得：

$$Q\geqslant\sqrt{\left[2231(f_u\rho_f v_f^2 D_b^2)+2973D_b^3 g(\rho_b-\rho_f)\right]\Bigg/\left[\frac{\rho_f D_p^3}{(D_b^2-D_p^2)^{0.5}}\left(\frac{1}{n^2}\frac{0.6}{D_p^4 C_d^2}-\frac{1}{d_c^4}\right)\right]} \tag{4.2.4}$$

4.2.2 水平井筒暂堵剂受力分解及排量优化设计

图 4.2.3 为相位 0°暂堵剂坐封后的力状态，图 4.2.4 为相位 180°暂堵剂坐封后的力状态。若不考虑暂堵剂坐封前后运动轨迹，只考虑坐封前进入孔眼的时刻，所有孔眼没有完全封堵前，设相位角为 θ，孔眼处液体与暂堵剂的流动都在一个平面上，则水平管道坐封瞬间受力模型为：

$$F_h+\frac{F_G-F_p}{\cos\theta}-F_u\geqslant 0 \tag{4.2.5}$$

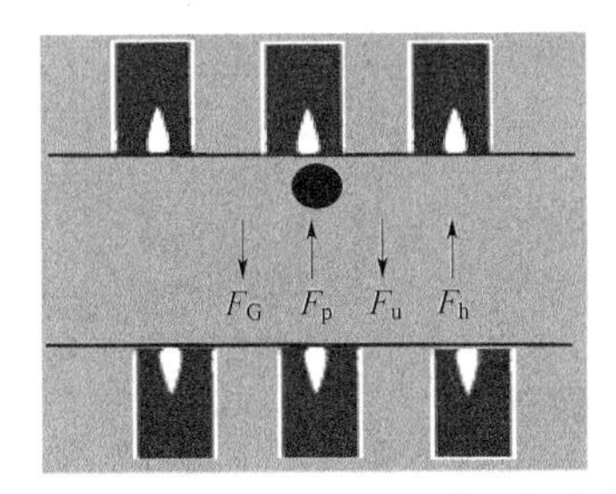

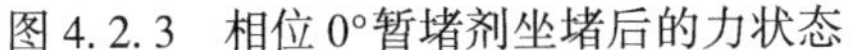
图 4.2.3 相位 0°暂堵剂坐堵后的力状态

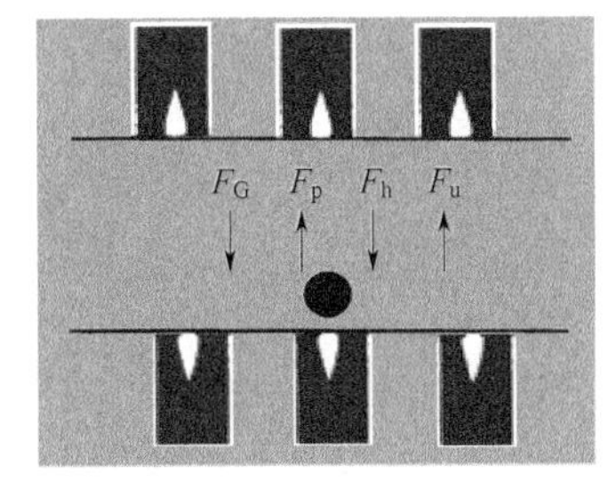

图 4.2.4 相位 180°暂堵剂坐堵后的力状态

（1）当孔眼位于水平垂直下方时，$\theta=0°$情况下：

$$F_u+F_G-F_p-F_h \geqslant 0 \tag{4.2.6}$$

（2）当孔眼位于水平垂直上方时，$\theta=180°$情况下：

$$F_h+F_G-F_p-F_u \geqslant 0 \tag{4.2.7}$$

整理可得：

$$\frac{1.76Q^2\rho_f D_p^3}{(D_b^2-D_p^2)^{0.5}}\left(\frac{1}{n^2}\frac{0.6}{D_p^4 C_d^2}-\frac{1}{d_c^4}\right)+\frac{10000\pi D_b^3 g(\rho_b-\rho_f)}{6\cos\theta}-3927(f_u\rho_f v_f^2 D_b^2)\geqslant 0 \tag{4.2.8}$$

整理可得：

$$Q\geqslant\sqrt{\left[3927(f_u\rho_f v_f^2 D_b^2)-\frac{10000\pi D_b^3 g(\rho_b-\rho_f)}{6\cos\theta}\right]\Bigg/\left[\frac{1.76\rho_f D_p^3}{(D_b^2-D_p^2)^{0.5}}\left(\frac{1}{n^2}\frac{0.6}{D_p^4 C_d^2}-\frac{1}{d_c^4}\right)\right]} \tag{4.2.9}$$

最小排量应满足所有孔眼坐封，若排量能满足第一个孔眼（沿重力反方向$\theta=180°$）封堵，即为最小排量。井筒中压裂液完全进入地层，随着暂堵剂依次沿着n个孔眼逐渐坐封，如果排量不变，在孔眼处流量越来越大，越容易坐封。

4.3 缝内暂堵力学机理

4.3.1 颗粒流封堵颗粒级配关系

4.3.1.1 颗粒流封堵类型分类

图4.3.1为充填密实、多颗粒桥堵、单颗粒卡堵示意图。颗粒堵塞地层孔喉，在井壁壁面形成紧密堆积层，其封堵形式有三种：

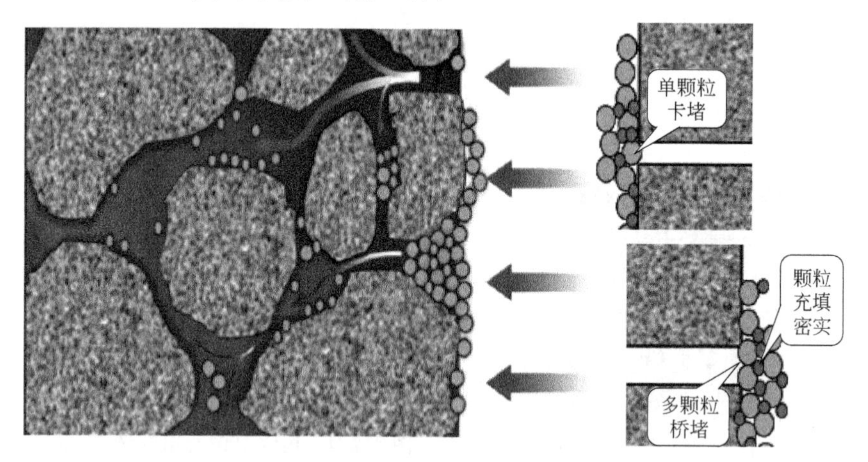

图4.3.1 充填密实、多颗粒桥堵、单颗粒卡堵

（1）卡堵：颗粒尺寸大于孔喉尺寸，封堵颗粒在孔喉端面处形成堵塞；

（2）桥堵：颗粒尺寸小于孔喉尺寸，多个颗粒在孔喉处架桥形成堵塞；

（3）充填密实：充填颗粒稍微大于卡堵或架桥颗粒间形成的间隙，填充于空隙内，形成密实堆积层。

基于颗粒封堵地层孔喉的卡堵及架桥封堵形式，分别建立了卡堵颗粒粒径与地层孔径关系模型、架桥颗粒粒径与地层孔径关系模型，并针对地层孔喉尺寸的非均质性，提出了分段封堵方法。

4.3.1.2　卡堵颗粒粒径与孔径关系建立

图 4.3.2 为不同颗粒数目卡堵粒径与孔径关系物理结构图。在卡堵颗粒进行封堵过程中，存在的颗粒堆积形态主要有 3 种，分别为三颗粒相接、四颗粒相接及五颗粒相接。为了保证卡堵颗粒能够对地层孔喉形成有效封堵，颗粒在 3 种堆积形态下所形成的颗粒间孔隙直径均应小于所封堵地层孔喉直径。

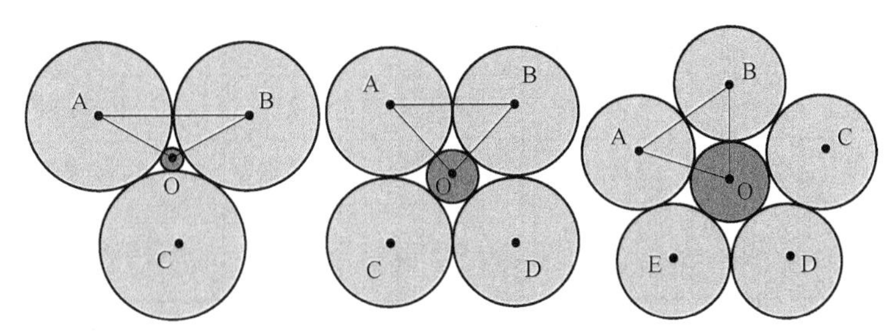

图 4.3.2　不同颗粒数目卡堵粒径与孔径关系物理结构图

卡堵颗粒粒径与孔径之间的关系应满足：

$$\begin{cases} d_{\text{pore-Max}} = 0.7 d_{\text{particle}} \\ d_{\text{pore-Max}} \leqslant D_{\text{pore}} \\ d_{\text{pore-Max}} \geqslant D_{\text{pore}} \end{cases} \tag{4.3.1}$$

式中　$d_{\text{pore-Max}}$——等径卡堵颗粒不同堆积形态下所形成的最大颗粒间孔隙直径，m；

d_{particle}——颗粒粒径，m；

D_{pore}——所封堵地层孔喉直径，m。

形成的有效封堵半径为：

$$d_{\text{particle}} = (D_{\text{pore}} + d_{\text{particle}}) \sin \frac{2\pi}{2n_{\text{particle}}} \tag{4.3.2}$$

式中　n_{particle}——颗粒数量，取 3 个。

4.3.1.3　架桥颗粒粒径与孔径关系建立

表 4.3.1 为架桥颗粒粒径与孔径关系调研表。通过国内外文献调研分析，目前架桥颗粒粒径与孔径的关系均是基于理论推导、实验和模拟 3 种手段；根据现场提供的暂堵

剂尺寸，以及实验室可以模拟的裂缝为矩形裂缝，选择了 Weir 的架桥颗粒粒径与孔径关系模型。室内模拟裂缝尺寸：高 10cm×宽 0.2×长 30cm，各暂堵剂型号如下：

（1）用 CJD-2 暂堵剂填充，尺寸 3~5mm，暂堵压力 23MPa；

（2）用 CJD-3 暂堵剂填充，尺寸 2~3mm，暂堵压力 18MPa；

（3）用 CJD-4 暂堵剂填充，尺寸 2~4mm，暂堵压裂 14MPa；

（4）用 ZHD 暂堵剂填充，尺寸为多粒径组合（40/70 目、20/40 目、1~3mm、3~5mm），暂堵压力 26MPa。

表 4.3.1　架桥颗粒粒径与孔径关系调研表

研究者	研究内容	颗粒尺寸	流体性质	研究方法	适应裂缝形状	模型优选
Sharp	$1/3.3<d_{particle}/D_{pore}<2/5$	微米量级（22~136μm）	两相流	理论推导	圆管内颗粒架桥堵塞	不选用
Valdes	$1/3.3<d_{particle}/D_{pore}<4/5$	微米量级	颗粒流/两相流	实验	单一圆形孔颗粒堵塞	不选用
Tran	$1/5<d_{particle}/D_{pore}<1$	毫米量级（1.6~4.8mm）	颗粒流	实验	圆管模拟射孔及孔喉颗粒堵塞	不选用
Mondal	$2/5<d_{particle}/D_{pore}<2/3$	毫米量级	颗粒流	实验	仿真模拟	不选用
Weir	$1/4.5<d_{particle}/D_{pore}<1$	毫米量级	颗粒流	理论推导	矩形孔口处颗粒的堵塞	选用
Toes	$1/3.3<d_{particle}/D_{pore}$	毫米量级（5mm）	颗粒流	模拟	二维漏斗内颗粒流的堵塞	不选用

4.3.1.4　充填颗粒与卡堵颗粒级配关系

卡堵颗粒或架桥颗粒在地层孔喉处形成封堵后，小粒径颗粒（充填颗粒）将继续填入粗颗粒（卡堵、架桥颗粒）形成的孔隙中，进而在井壁壁面形成密实外堆积层。

封堵颗粒堆积的密实程度决定了颗粒外堆积层阻隔外来流体及颗粒侵入地层孔喉的能力。选取合理的颗粒级配（颗粒尺寸分布）是形成密实外堆积层的关键。建立粒度分布模型：

$$CV=\frac{d_{particle}^{n}-d_{min}^{n}}{d_{max}^{n}-d_{min}^{n}} \tag{4.3.3}$$

式中　CV——粒度分布参数；

d_{max}^{n}、d_{min}^{n}——在 n 粒级指数下的最大、最小直径。

4.3.2　颗粒流封堵设计分析模块研发

图 4.3.3 为缝内颗粒流封堵设计分析模块界面，该模块具有以下功能：（1）暂堵颗粒用量计算；（2）铺设暂堵剂段塞长度计算；（3）架桥颗粒间孔隙直径计算；

(4) 颗粒流充填粒径优选；(5) 卡堵粒径优选。通过计算分析得到：不同体积浓度下的封堵率，颗粒浓度越高，封堵成功率越高；依据各封堵规则级配的单级颗粒均可以完全封堵孔喉。

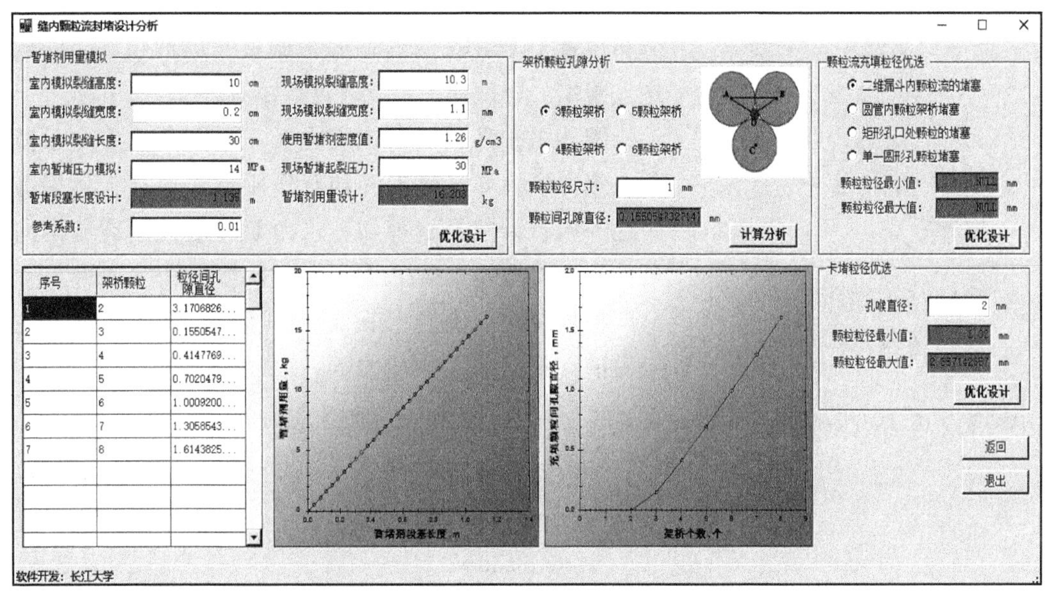

图 4.3.3　缝内颗粒流封堵设计分析模块界面

4.3.3　颗粒流封堵图版建立与封堵强度确定

图 4.3.4 为水力裂缝沿程遇到天然裂缝示意图。根据水力压裂原理，常规水力压裂主要形成对称双翼缝，而对于致密裂缝性储层，对称双翼缝在层内沟通能力有限，动用程度不足。施工过程中，向携带液中添加可降解暂堵材料（纤维与颗粒复合），暂堵材料随携带液流向已压开的人工裂缝中，纤维在运移过程中，将在缝内缠绕、架桥，形成具有一定封堵强度的滤饼，后续加入的不同粒径暂堵颗粒，填充、粘连在网状滤饼上，进一步增大封堵强度。滤饼的形成大大降低了裂缝的导流能力，使裂缝内净压力升高，直至沟通激活水力裂缝沿程遇到的天然裂缝，激活的天然裂缝以不同方向扩展产生分支缝，从而提高层内动用程度。

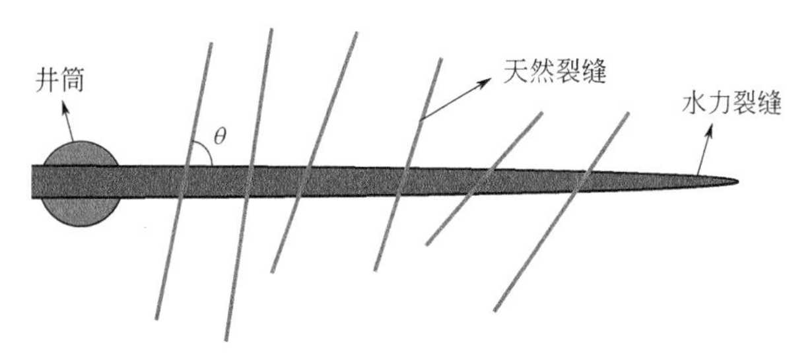

图 4.3.4　水力裂缝沿程遇到天然裂缝示意图

针对裂缝性致密储层，缝内暂堵转向的主要目的是沟通激活天然裂缝弱面产生分支缝。因此需要研究水力裂缝与天然裂缝相互作用模式，进而计算缝内暂堵转向所需的封堵强度，判断目标储层进行缝内暂堵转向的难易程度，指导选井选层。进一步根据易于被激活的天然裂缝的分布位置及沿缝长的缝宽分布调整暂堵剂组合，做到定点封堵，合理地进行缝内暂堵转向。

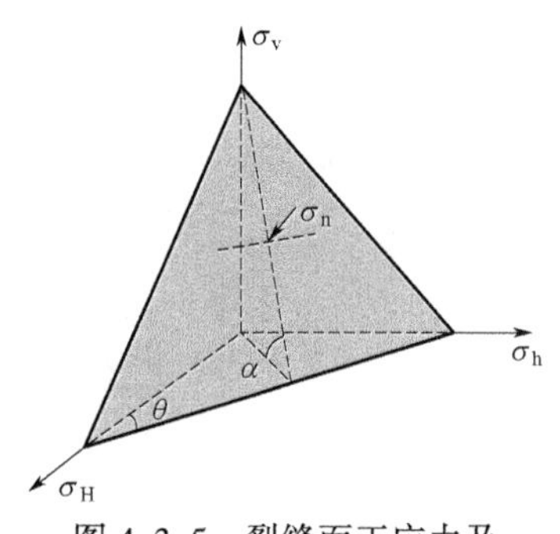

图 4.3.5 裂缝面正应力及三个方向主应力示意图

图 4.3.5 为裂缝面正应力及三个方向主应力示意图。水力裂缝与天然裂缝相互作用模式包括天然裂缝张性开启、天然裂缝剪切、水力裂缝沿天然裂缝走向延伸及水力裂缝直接穿过天然裂缝。

根据裂缝周围岩石三维受力状态，即三个方向主应力值（最大水平主应力 σ_H、最小水平主应力 σ_h 和上覆应力 σ_v），可求出天然裂缝面上的正应力。天然裂缝面正应力表达式为：

$$\sigma_n = l^2 \cdot \sigma_H + m^2 \cdot \sigma_h + n^2 \cdot \sigma_v \tag{4.3.4}$$

$$l = \sin\theta\sin\alpha \tag{4.3.5}$$

$$m = \cos\theta\sin\alpha \tag{4.3.6}$$

$$n = \cos\alpha \tag{4.3.7}$$

式中 σ_H——最大水平主应力，MPa；

σ_h——最小水平主应力，MPa；

σ_v——上覆应力，MPa；

l、m、n——方向余弦；

θ——天然裂缝走向与最大水平主应力夹角，(°)；

α——天然裂缝倾角，(°)。

天然裂缝面有效正应力为：

$$\sigma_{\theta ef} = \sigma_n - p_o \tag{4.3.8}$$

式中 $\sigma_{\theta ef}$——天然裂缝面有效正应力，MPa；

σ_n——正应力，MPa；

p_o——天然裂缝面附近岩石孔隙压力，MPa。

4.3.3.1 天然裂缝张性开启

水力裂缝遇天然裂缝时，随着缝内净压力增大，当天然裂缝面有效正应力达到天然裂缝的抗拉强度时，天然裂缝发生张性开启：

$$\sigma_{\theta ef} \leqslant -\sigma_t \tag{4.3.9}$$

式中 σ_t——天然裂缝抗张强度，MPa。

天然裂缝张性开启的主应力差上限为：

$$\sigma_H - \sigma_n < \frac{2p_{net}}{1-\cos 2\theta} \tag{4.3.10}$$

式中 p_{net}——净压力，MPa。

4.3.3.2 水力裂缝穿过天然裂缝

水力裂缝穿过天然裂缝需满足：

$$p_w > \sigma_p + T_o \tag{4.3.11}$$

式中 p_w——水力裂缝内流体压力，MPa；

σ_p——平行于天然裂缝面的应力，MPa；

T_o——岩石本体的抗拉强度，MPa。

水力裂缝穿过天然裂缝的主应力差上限为：

$$\sigma_H - \sigma_n < \frac{2(p_{net} - T_o)}{1+\cos 2\theta} \tag{4.3.12}$$

4.3.3.3 水力裂缝沿天然裂缝端部走向延伸

天然裂缝端部走向延伸需满足：

$$\sigma_n - (p_w - \Delta p_{nf}) < -T_o \tag{4.3.13}$$

式中 Δp_{nf}——水力裂缝与天然裂缝相交处到裂缝尖端的压降，MPa。

天然裂缝端部走向延伸的主应力差上限为：

$$\sigma_H - \sigma_n < \frac{2(p_{net} - T_o - \Delta p_{nf})}{1-\cos 2\theta} \tag{4.3.14}$$

4.3.3.4 天然裂缝剪切开启

天然裂缝剪切开启需满足：

$$\tau > S_w + \mu_w \sigma_{\theta ef} \tag{4.3.15}$$

$$\tau = \frac{\sigma_1 - \sigma_3}{2}\sin\left(\frac{\pi}{2} - \theta\right) \tag{4.3.16}$$

式中 τ——天然裂缝面受到的剪应力，MPa；

S_w——天然裂缝面黏聚力，MPa；

μ_w——天然裂缝面内摩擦系数。

天然裂缝剪切开启的主应力差下限为：

$$\sigma_H - \sigma_n < \frac{2\tau_o - 2K_f p_{net}}{\sin 2\theta + K_f \cos 2\theta - K_f} \tag{4.3.17}$$

式中 K_f——计算系数。

4.3.3.5 图版建立

图 4.3.6 为缝内颗粒流封堵转向临界定量分析复合图版，横坐标表示水力裂缝与天然裂缝之间的夹角，即逼近角；纵坐标表示水平主应力差。图版中含有四条曲线：曲线 1 表示不同逼近角下，天然裂缝发生剪切开启的水平主应力差下限；曲线 2 表示不同逼近角下，天然裂缝发生膨胀开启的水平主应力差上限；曲线 3 表示不同逼近角下，水力裂缝沿天然裂缝能够端部走向延伸的水平主应力差上限；曲线 4 表示不同逼近角下，水力裂缝能够穿过天然裂缝的水平主应力差上限。

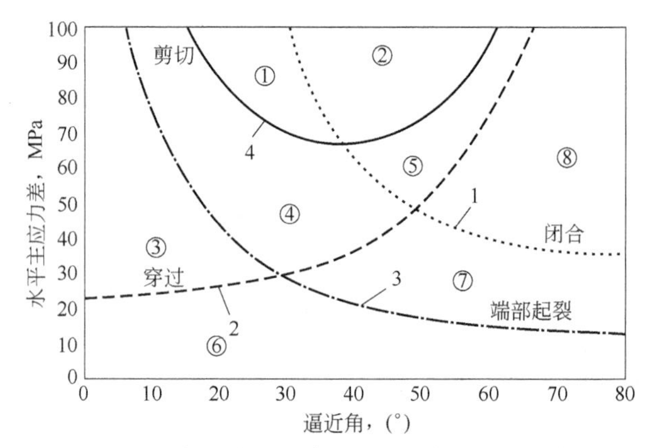

图 4.3.6 缝内颗粒流封堵转向临界定量分析复合图版

四条曲线将逼近角与水平主应力差围成区域分成 8 个区域：

区域①内：天然裂缝能够剪切、膨胀开启；

区域②内：天然裂缝能够剪切开启；

区域③内：天然裂缝能够端部走向延伸；

区域④内：天然裂缝能够膨胀开启；

区域⑤内：天然裂缝在当前净压力下不能被激活；

区域⑥内：天然裂缝能够端部走向延伸且被水力裂缝穿过；

区域⑦内：天然裂缝能够膨胀开启且能被水力裂缝穿过；

区域⑧内：天然裂缝能够被水力裂缝穿过。

4.3.3.6 缝内暂堵封堵强度确定

剪切、膨胀开启的天然裂缝一般可以获得较高的产能，因此通过调整净压力，重新绘制水力裂缝与天然裂缝相互作用图版，确保更多的天然裂缝落入图 4.3.6 中的区域①(剪切、膨胀开启区)，此时的净压力即通过缝内暂堵所需要的封堵强度。

第5章

暂堵剂选型及暂堵优选数据库建立

5.1 暂堵剂性能优选与检测评价

5.1.1 水溶性暂堵剂耐温性能评价

水溶性暂堵剂耐温性能的好坏关系到暂堵剂能否有效地封堵裂缝以及能否实现自行解堵。若暂堵剂的耐温性较差，施工过程中随着温度升高，暂堵剂没有到达预定暂堵区域就完全溶解而起不到封堵作用，或者有效封堵时间不够长，不能满足暂堵压裂的施工要求；若暂堵剂的耐温性较好，封堵后在地层温度条件下将无法自行解堵或者解堵周期很长，不仅会对储层造成伤害，而且对油气产能的增加有一定的影响。较理想的暂堵剂是在温度较低时的溶解性能较差，而在温度较高时溶解性能较好，能在施工过程中有效暂堵裂缝，待施工完毕后，近井地带温度上升，恢复到地层温度，此时暂堵剂迅速溶解，实现自行解堵。

5.1.1.1 实验材料、器材及步骤

1. 实验材料

1号可降解纤维、2号可降解纤维、3号可降解纤维、JXSG-1水溶性暂堵颗粒。

2. 实验器材

恒温水浴锅、电子搅拌器、电子天平（最小分度0.001g）、量筒、烧杯、玻璃棒。

3. 实验步骤

(1) 用电子天平准确称取4份暂堵剂，每份3g；

（2）用量筒分别量取 200mL 自来水置于 4 个 250mL 烧杯中；

（3）将恒温水浴锅的温度调节为 30℃、60℃、80℃、100℃，将装有自来水的烧杯置于恒温水浴锅中并连接好电子搅拌器，待温度稳定后将暂堵剂加入烧杯中搅拌溶解；

（4）分别在 0.5h、1h、3h、5h、8h 时观察暂堵剂在自来水中的溶解情况，将不溶物过 60 目筛网，干燥称重，计算降解比例；

（5）重复步骤（1）~（4），测试不同暂堵剂的溶解情况。

5.1.1.2 实验结果

30℃情况下，放置 0.5h 和 8h 时暂堵剂在水中分散形态相似，纤维及颗粒几乎不溶解，颗粒暂堵剂有水化变黏现象，施工过程中应注意适当控制颗粒水化程度，防止黏泵及井筒，影响施工。温度升高对 4 种暂堵材料的溶解有很大影响，60℃情况下，4 种暂堵剂前期降解均较为迅速，4 小时左右可完全降解。降解后溶液黏度与水相当，表明暂堵剂降解较为彻底，且降解后易于返排，对储层伤害较低。

4 种暂堵剂在不同温度、不同时间下的降解率如图 5.1.1 至图 5.1.4 所示。

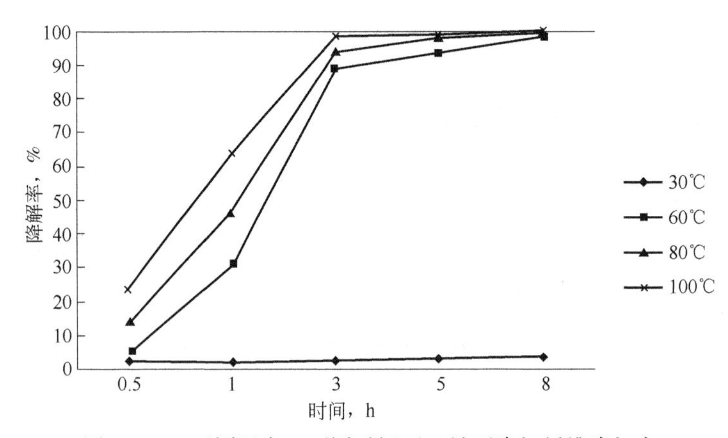

图 5.1.1 不同温度、不同时间下 1 号可降解纤维降解率

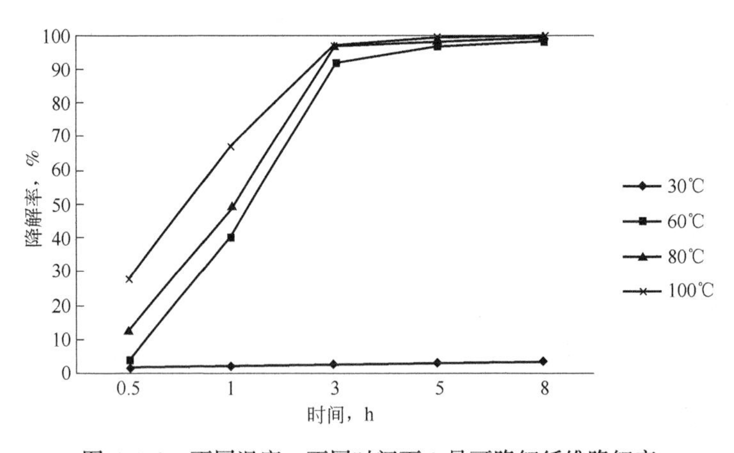

图 5.1.2 不同温度、不同时间下 2 号可降解纤维降解率

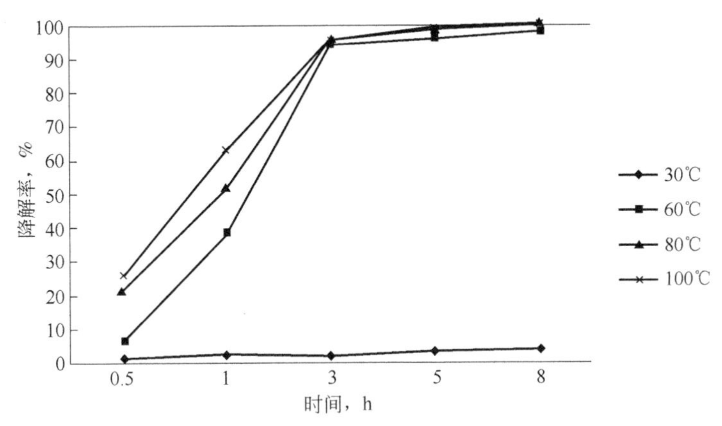

图 5.1.3　不同温度、不同时间下 3 号可降解纤维降解率

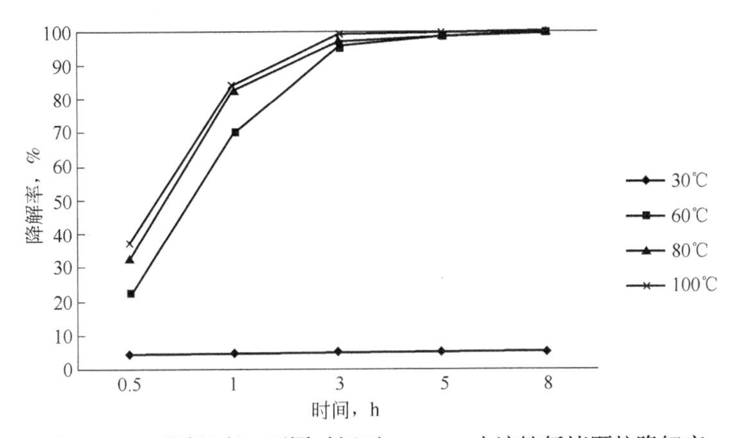

图 5.1.4　不同温度、不同时间下 JXSG-1 水溶性暂堵颗粒降解率

由图可知，30℃情况下，4 种暂堵剂降解率为 1%～4%，均难以降解。温度升高至 60℃、80℃、100℃后，4 种暂堵剂在前期降解迅速，3h 左右降解率均达到 90%以上，5～8h 内可完全降解。同时，实验结果表明，温度越高，暂堵剂降解越快。

5.1.2　暂堵剂与压裂液配伍性评价

暂堵剂与压裂液配伍性在一定程度上反映了暂堵压裂施工可控性及对地层的伤害情况，当二者配伍性较差时，容易影响压裂液交联，影响施工或在地层中产生沉淀，伤害地层。

5.1.2.1　实验材料、器材及步骤

1. 实验材料

1 号可降解纤维、2 号可降解纤维、3 号可降解纤维、JXSG-1 水溶性暂堵颗粒、CJ5-1-6 稠化剂、JL-13 交联剂、APS 破胶剂。瓜尔胶压裂液配方参考现场数据：

0. 25%CJ5-1-6+0. 3%JL-13+0. 02%APS。

2. 实验器材

恒温水浴锅、电子搅拌器、电子天平（最小分度 0. 001g）、量筒、烧杯、胶头滴管、玻璃棒。

3. 实验步骤

（1）用电子天平称量暂堵剂 3g；

（2）用量筒分别量取 200mL 自来水置于 2 个 250mL 烧杯中；

（3）室温情况下，分别向 2 个烧杯中加入等量的稠化剂，搅拌均匀；

（4）向其中一个烧杯中加入暂堵剂，搅拌均匀；

（5）分别向两个烧杯中加入等量交联剂，观察交联情况，考察暂堵剂对压裂液交联过程的影响；

（6）分别向交联好的两个烧杯中加入破胶剂，逐渐升温至 80℃，在 0. 5h、1h、3h、5h 和 8h 时观察暂堵剂在压裂液中的溶解情况，若无沉淀或有微量沉淀，说明暂堵剂与地层水配伍性良好，否则，配伍性较差；

（7）重复步骤（1）~（6），测试不同暂堵剂与压裂液的配伍性。

5. 1. 2. 2 实验结果

3 种纤维材料在瓜尔胶基液中均分散良好，没有结块、沉淀或抱团现象。暂堵颗粒在瓜尔胶基液中变黏、变软，沉于基液底部。

图 5. 1. 5 为向含有四种暂堵剂的瓜尔胶基液中添加交联剂后压裂液的交联情况，第一个图为不含暂堵剂的空白样。

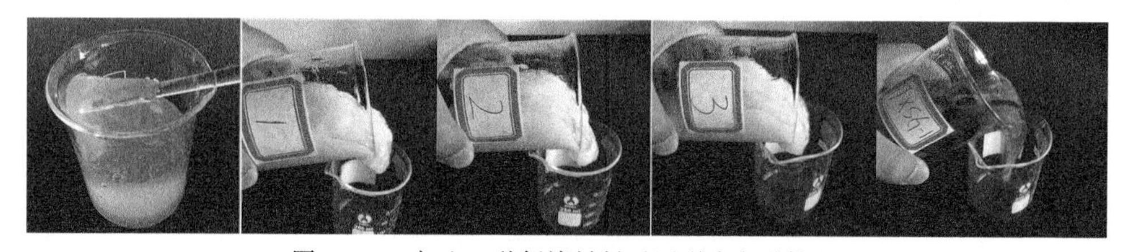

图 5. 1. 5 加入 4 种暂堵材料后压裂液交联情况

由图 5. 1. 5 可知，纤维在交联液中均匀分散，颗粒成块状分散。纤维和颗粒暂堵剂的加入对瓜尔胶压裂液交联影响不大，交联 35~60s 时压裂液可挑挂。暂堵剂对交联时间的影响见表 5. 1. 1。其中，含 2 号可降解纤维的压裂液交联时间较长，通过增加交联剂量至 0. 5%，交联时间可控制在 60s 内。

表 5. 1. 1 暂堵剂对压裂液交联的影响

暂堵剂	空白样	1 号可降解纤维	2 号可降解纤维	3 号可降解纤维	JXSG-1
交联时间，s	≈35	≈45	≈55	≈40	≈40

在交联液中加入破胶剂 APS，逐渐升温至 80℃。由实验结果可知，纤维和颗粒暂堵剂的加入不影响瓜尔胶压裂液破胶，暂堵剂在压裂液中的溶解情况时无沉淀或有微量沉淀（表 5.1.2），说明暂堵剂与压裂液配伍性良好。

表 5.1.2 暂堵剂对压裂液破胶的影响

暂堵剂	空白样	1 号可降解纤维	2 号可降解纤维	3 号可降解纤维	JXSG-1
沉淀情况	无	无	无	无	微量

80℃情况下，放置 3h 后纤维在破胶液中变成胶块状形态，搅拌块状破碎，破胶彻底，破胶液黏度与水相当。同等条件下，颗粒暂堵剂放置 3h 后，几乎完全溶解。

破胶后 80℃情况下，4 种暂堵材料随时间的降解情况如图 5.1.6 所示。

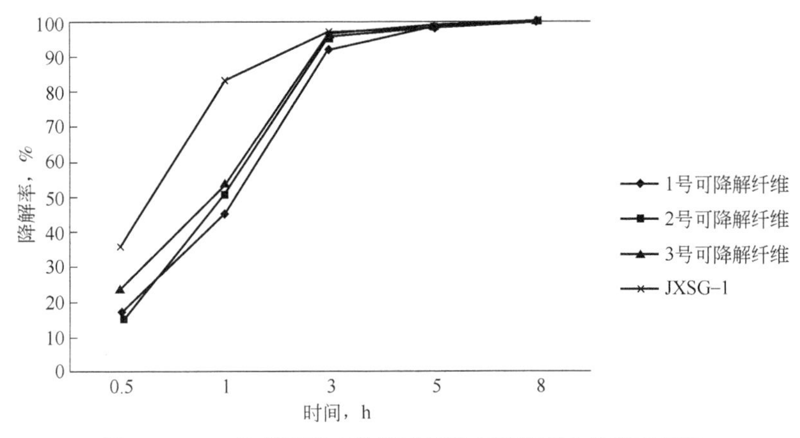

图 5.1.6 80℃情况下 4 种暂堵材料在破胶液中的溶解情况

由图 5.1.6 可知，与在水中降解过程类似，4 种暂堵剂在破胶液中前期降解迅速，3h 内降解率可达 90%以上，5~8h 内可完全降解（据 pH 值测试结果，瓜尔胶及破胶液呈弱碱性，有助于酸性纤维的降解）；同时发现，80℃情况下，JXSG-1 水溶性暂堵颗粒降解较纤维材料迅速，为适当降低降解速率可采取柴油浸泡处理措施。

5.1.3 暂堵剂在地层条件下的完全溶解时间评价

5.1.3.1 实验材料、器材及步骤

1. 实验材料

1 号可降解纤维、2 号可降解纤维、3 号可降解纤维、JXSG-1 水溶性暂堵颗粒。

2. 实验器材

恒温水浴锅、电子搅拌器、电子天平（最小分度 0.001g）、量筒、烧杯、胶头滴管、玻璃棒。

3. 实验步骤

（1）用电子天平称量暂堵剂3g；

（2）用量筒量取200mL自来水置于250mL烧杯中；

（3）室温情况下，向烧杯中加入稠化剂，搅拌均匀；

（4）向烧杯中加入暂堵剂，搅拌均匀；

（5）加入交联剂，搅拌均匀；

（6）向交联好的烧杯中加入破胶剂，逐渐升温至70℃，观察暂堵剂在压裂液破胶液中的溶解情况，将不溶物过60目筛网，干燥称重，计算降解比例；

（7）重复步骤（1）~（6），测试不同暂堵剂在地层条件下的完全溶解时间。

5.1.3.2 实验结果

工区地层温度约为70℃，在这种情况下，纤维在破胶液中放置1h时纤维几乎没有降解，依然呈原状存在，JXSG-1分降解。放置3h后，纤维成胶块状，搅拌后破碎，破胶液黏度较低，JXSG-1则完全降解。放置5h、8h后4种暂堵材料完全降解。

70℃情况下，4种暂堵材料在破胶液中不同时间下的降解率如图5.1.7所示。

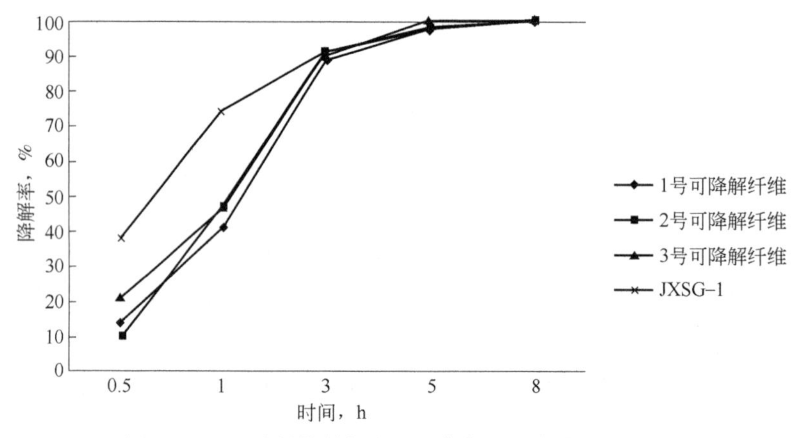

图5.1.7 4种纤维材料在地层条件下的完全溶解时间

由图5.1.7可知，4种暂堵剂在破胶液中前期降解迅速，3h内降解率可达90%以上，5~8h内可完全降解；同时，70℃情况下，颗粒暂堵剂降解较纤维材料迅速。

5.1.4 暂堵剂耐压强度评价

5.1.4.1 实验材料、器材及步骤

1. 实验材料

1号可降解纤维、2号可降解纤维、3号可降解纤维、JXSG-1水溶性暂堵颗粒。

2. 实验器材

电子搅拌器、电子天平（最小分度0.001g）、烧杯、玻璃棒、天然岩心、岩心驱替装置（图5.1.8）。

图5.1.8　岩心驱替装置

3. 实验步骤

（1）将岩心切成直径$D \approx 2.5$cm，长度分别为$L_1 \approx 5$cm和$L_2 \approx 2$cm的柱状岩心备用（图5.1.9）；

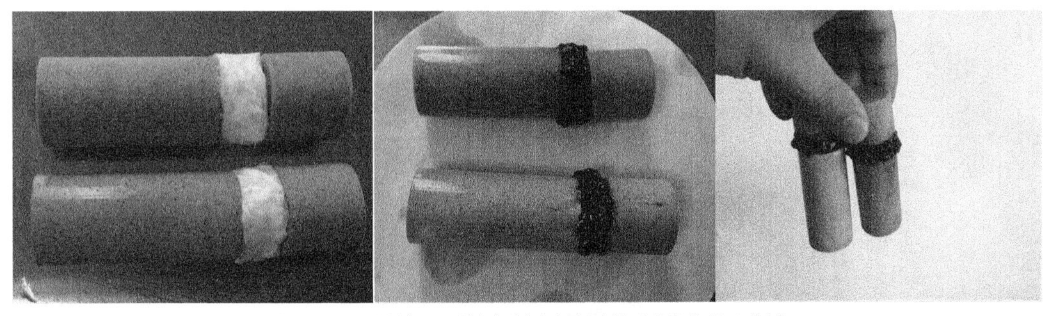

图5.1.9　纤维及颗粒暂堵剂承压能力测试岩心制备

（2）将岩心烘干后称量干燥岩心的质量M_1；

（3）将岩心放入装有地层水的抽滤瓶，抽滤8h使岩心充分饱和水，用干净抹布擦干岩心表面地层水，称量岩心饱和水后的质量M_2；

（4）$(M_2-M_1)/\rho_{地层水}$得到岩心的有效孔隙体积V；

（5）向自来水中加入适量暂堵剂，在1500r/min下充分搅拌5min；

（6）在两段天然岩心之间加入适当厚度的经过搅拌混合的暂堵剂；

（7）将岩心放入岩心夹持器，附加3MPa的围压，置于油藏温度下的恒温箱中，使用岩心驱替装置，以0.1mL/min的流速用地层水正向驱替，直至压力稳定，记录压力值；

（8）随着驱替时间延长，暂堵剂在岩心中逐渐老化，继续正向以 0.1mL/min 的流速向岩心注入地层水，时刻观察压力变化，记下突破时的压力值，继续驱替，直至压力稳定，记录稳定压力。

5.1.4.2 实验结果

不同厚度纤维、颗粒暂堵剂注入流体 PV 数与暂堵压力的关系分别如图 5.1.10、图 5.1.11 所示，关键数据见表 5.1.3。

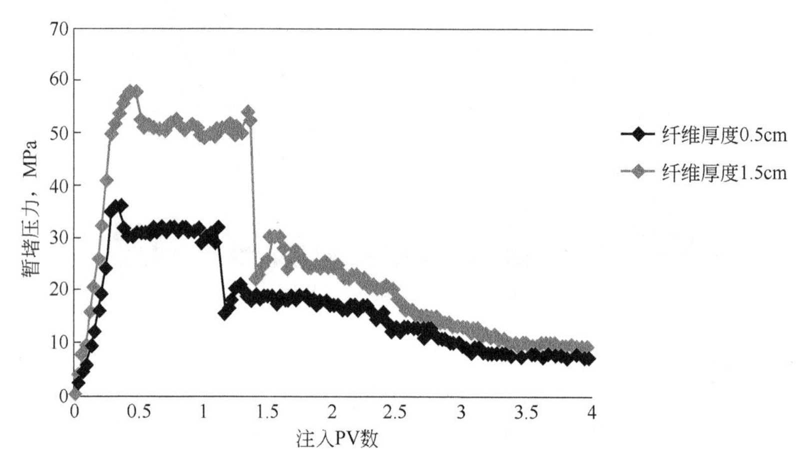

图 5.1.10 1 号、2 号岩心不同厚度纤维注入流体 PV 数与暂堵压力的关系

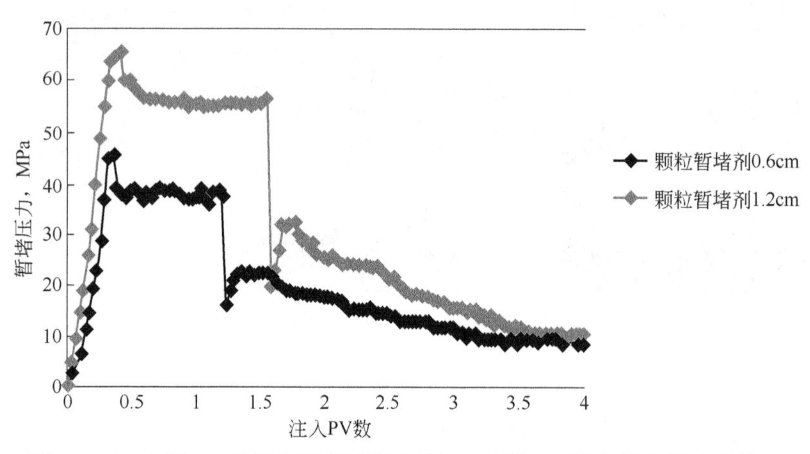

图 5.1.11 3 号、4 号岩心不同厚度纤维注入流体 PV 数与暂堵压力的关系

表 5.1.3 暂堵剂耐压强度

岩心编号	岩心参数	纤维厚度，cm	突破压力，MPa	突破 PV 数
1 号	$L_1=5.12cm$、$L_2=2.31cm$ $D=2.51cm$、$V_{孔隙}=5.82cm^3$	0.5	35.8	1.2
2 号	$L_1=5.32cm$、$L_2=2.34cm$ $D=2.48cm$、$V_{孔隙}=5.58cm^3$	1.5	57.21	1.35

续表

岩心编号	岩心参数	纤维厚度，cm	突破压力，MPa	突破 PV 数
3号	$L_1=5.04$cm、$L_2=2.18$cm $D=2.52$cm、$V_{孔隙}=5.35\text{cm}^3$	0.6	45.01	1.19
4号	$L_1=5.09$cm、$L_2=2.27$cm $D=2.52$cm、$V_{孔隙}=5.61\text{cm}^3$	1.2	65.07	1.51

由图5.1.10、图5.1.11及表5.1.3可知，纤维、颗粒暂堵剂注入流体PV数与暂堵压力关系曲线类似，前期随着注入流体的增加压力显著升高，达到最高压力值，流体突破暂堵段塞，使得压力降低逐渐趋于平衡。0.5cm和1.5cm厚度纤维突破压力分别为35.8MPa、57.21MPa，0.6cm和1.2cm厚度颗粒暂堵剂突破压力分别为45.01MPa、65.07MPa，颗粒暂堵效果稍优于纤维暂堵效果。

而后，在70℃条件下随着驱替时间的延长，暂堵材料逐渐老化失去暂堵作用，使得注入流体压力显著降低，突破PV数在1.19~1.51PV之间，实际驱替流量为0.1mL/min，则突破时间在65~84min之间，老化失效时间比静态时间短，主要是由于突破时暂堵剂非完全降解，而是在储层温度情况下驱替压力较高形成部分暂堵失效，后续随着注入时间的增加，暂堵剂老化降解过程仍在继续，直至压力稳定。同时，纤维、颗粒暂堵剂暂堵压力与堵剂用量有较大关系，用量越大，暂堵压力越高。

5.2 暂堵剂粒径优选

图5.2.1为暂堵剂粒径优选技术路线，将两种或两种以上不同粒度分布的暂堵颗粒按一定比例混合，就可使颗粒粒径的累计分布曲线与基线基本重合，即得到理想的暂堵方案。暂堵剂粒径与地层平均孔喉直径最合理的匹配关系为2：3~1：1，在这一匹配关系下压裂液的滤失量小，屏蔽形成速度快，并且稳定，屏蔽层的渗透率低。

根据最小二乘法思想，设有离散数据点（x_i, y_i），其中$i=1,2,\cdots,n$。依据结点值，构造逼近函数$y=f(x)$，绘制拟合曲线，在结点处曲线上对应点的y坐标值$f(x_i)$与相应的试验数值y_i的差$\delta_i=y_i-f(x_i)$称为残差。最小二乘法就是要使残差的平方和为最小。

利用软件计算不同暂堵剂比例下的残差δ，当δ取得最小值时对应的暂堵剂比例即为能达到最佳暂堵效果的各屏蔽暂堵剂加量的体积比。

$$y=\alpha+\beta x+u \tag{5.2.1}$$

$$y_t=\alpha+\beta x_t+u_t \tag{5.2.2}$$

残差平方和最小，可以表示为：

$$RSS=\sum_{t=1}^{T}(y_t-\widehat{y}_t)^2=\sum_{t=1}^{T}(y_t-\widehat{\alpha}-\widehat{\beta}x_t)^2 \tag{5.2.3}$$

估计量的标准差计算方程如下：

$$SE(\widehat{\alpha})=s\sqrt{\frac{\sum x_t^2}{T\sum(x_t-\bar{x})^2}}=s\sqrt{\frac{\sum x_t^2}{T((\sum x_t^2)-T\bar{x}^2)}} \tag{5.2.4}$$

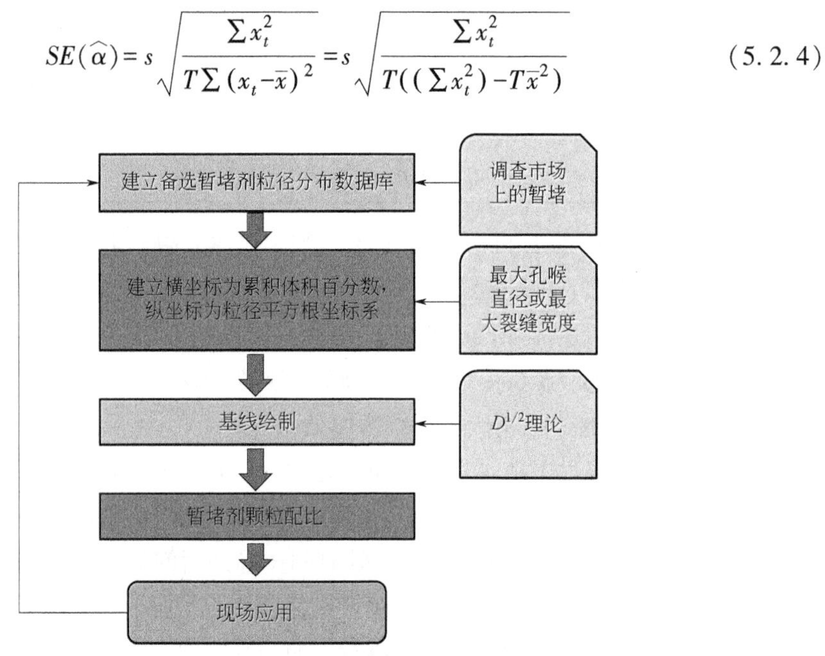

图 5.2.1 暂堵剂粒径优选技术路线

5.3 暂堵优选数据库建立方法及用途

Access 数据库与系统连接比较简单，Access 数据库采用绑定数据源 Binding Source 的方式来实现对后台数据库的操作，在数据库中建立唯一的关键值，更利于对数据库中记录集的操作。为方便用户使用，增强软件系统的可操作性和可维护性，达到快捷计算的目的，整个系统采用 Windows 支持的 Access 数据库进行原始数据的输入和计算结果的保存，在数据的连接上采用绑定数据源 BindingSource 的方式来实现对后台数据库 Access 的操作，并应用 VB. NET 中 DATAGRIDVIEW 控件作为数据容器来实现对数据库的数据显示、复制和编辑等。软件采用简洁而且通俗易懂顺序结构编制，有利于数据的快速输入、计算及修改。输入方式为键盘及数据文件两种，输出方式为数据及图形显示两种。

MS Access 以它自己的格式将数据存储在基于 Access Jet 的数据库引擎里。它还可以直接导入或者链接数据（这些数据存储在其他应用程序和数据库）。软件开发人员和数据架构师可以使用 Microsoft Access 开发应用软件，高级用户可以使用它来构建软件应用程序。和其他办公应用程序一样，Access 支持 Visual Basic 宏语言，它是一个面向对象的编程语言，可以引用各种对象，包括 DAO（数据访问对象）、ActiveX 数据对象，以及许多其他的 ActiveX 组件。可视对象用于显示表和报表，VBA 编程环境下，VBA 代码模块可以声明和调用 Windows 操作系统函数。

Access 拥有的报表创建功能使其能够处理任何它能访问的数据源。Access 提供功能参数化的查询，这些查询和 Access 表格可以被诸如 VB6 和 .NET 等其他程序通过 DAO 或 ADO 访问。在 Access 中，VBA 能够通过 ADO 访问参数化的存储过程。与一般的 CS 关系型数据库管理不同，Access 不执行数据库触发，预存程序或交互式登录操作。Access 2010 包括了嵌入 ACE 数据引擎的表级触发和预存程序，在 Access 2010 中，表格、查询、图表、报表和宏在基于网络的应用上能够进行分别开发。在客户端的 JET 引擎中，JET 引擎要负责翻译各种链接表的数据访问指令传递给服务器，还要负责将服务器返回的结果翻译成 JET 引擎的数据表现形式以 Access 来处理。为了减轻这种负担，Microsoft 允许 Access 使用 Microsoft 的数据访问组件（如 DAO、ADO）来访问各种数据源。但是这种方式复杂而又不直观，给 Access 面对的办公人员带来很高的技术要求。

5.3.1 暂堵剂适应性数据库逻辑结构构建

图 5.3.1 为暂堵剂适应性数据库构建思路，通过确定暂堵剂粒径、暂堵剂密度、降解能力、导流能力等性能参数，构建了暂堵剂适应性数据库，主要关键技术如下：

（1）通过建立标识每个表的主键列，将各实体转换为对应的表，将各属性转换为各表对应的列；

（2）在表之间建立主外键，体现实体之间的映射关系；

（3）选择具体数据库进行物理实现，并编写代码实现前端应用。

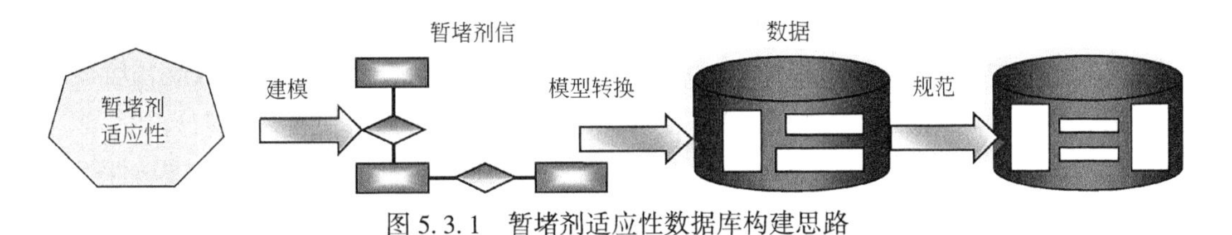

图 5.3.1 暂堵剂适应性数据库构建思路

5.3.2 暂堵剂适应性数据库模块研发

图 5.3.2 为暂堵剂适应性数据库模块界面，数据库可录入暂堵剂名称、类型、目数、降解后黏度、API 失水等 19 个功能参数，具体功能如下：

（1）暂堵剂类型、名称查询功能；

（2）暂堵剂类型的查询功能；

（3）具备实时更新、浏览、删除查询功能；

（4）关键参数备注、保存功能查询功能。

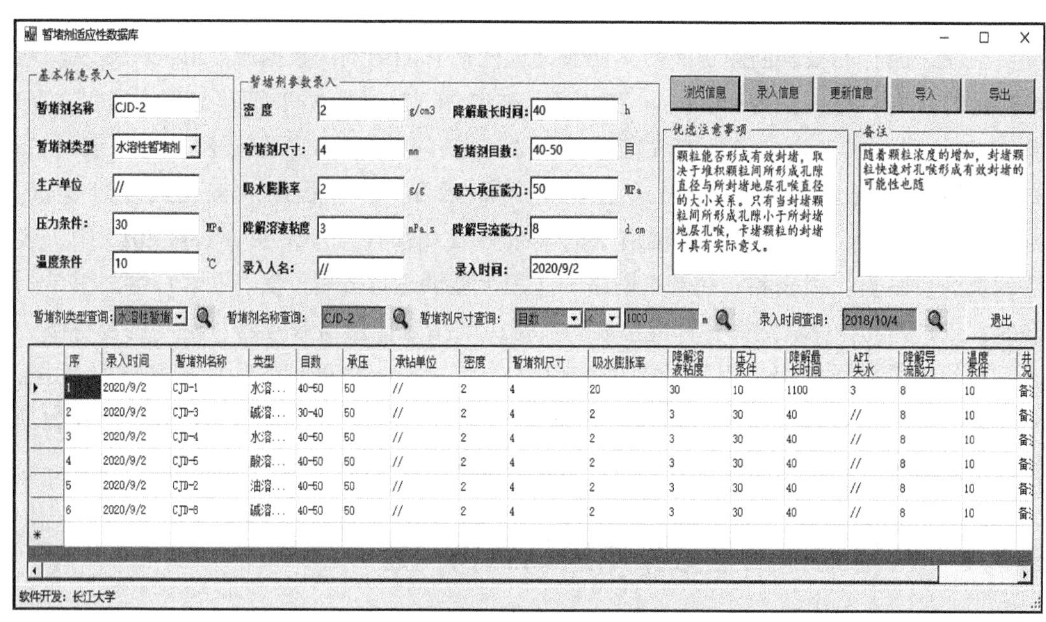

图 5.3.2 暂堵剂适应性数据库模块界面

5.4 致密砂岩新型水溶低温暂堵剂研制及性能测试

暂堵剂通过水力裂缝通道形成暂时的厚度和长度堵塞带，以颗粒材料桥堵或板状结构封堵裂缝，达到阻碍和限制裂缝延伸的作用，也可以达到控制裂缝进液平衡裂缝长度的目的。由于致密砂岩岩性各异性，导致了裂缝呈现不均衡扩展的现象，因此暂堵剂的应用是解决裂缝转向、流量重新分配的关键。

近年来，国内外已研发了较多种类的暂堵剂，主要包括水溶性暂堵剂、碱溶性暂堵剂、酸溶性暂堵剂和油溶性暂堵剂等，这些暂堵剂在区块暂堵中发挥了重要作用。虽然暂堵剂的研究已开展了很多年，但仍有一些研究难点尚未得到完全解决，尤其是低温条件下暂堵剂的性能如何高效发挥的问题。在低温条件下，暂堵剂的封堵强度、降解率、降解后的流动黏度等均是满足暂堵需求的重要指标。

借助自研的温压控制调节单体，研制了新型低温暂堵剂，并通过调节低温控制单体的加量来改善暂堵剂的性能，其研究成果可为低温暂堵剂的研发和应用提供技术思路和有益借鉴。

5.4.1 低温暂堵剂配方优选

表 5.4.1 为新型低温水溶性暂堵剂合成配比数据。在实施过程中，借助自研的温压控制调节单体，优选聚合 2-甲基丙磺酸、溴代十二烷、丙烯酰胺、碳酸氢钠等 14 种主

要原材料，采用油浴加热装置、机械搅拌器、冷凝管、制冷机等设备聚合生成新型暂堵剂。其中，温压控制调节单体是满足区块低温要求的关键材料。

表 5.4.1 新型低温水溶性暂堵剂合成配比数据

序号	原材料	质量分数,%	序号	原材料	质量分数,%
1	TM 温压调节单体	20.11~40.22	8	过硫酸钾	0.02
2	丙烯酰胺	4.67~5.85	9	尿素	1.21~3.62
3	丙烯酸	5.56~6.23	10	2-甲基丙磺酸	2.43~3.54
4	亚硫酸氢钾	0.03	11	碳酸氢钠	8.12~11.64
5	硫代硫酸钠	0.03	12	烯丙基丙磺酸	3.43~4.25
6	丙酮	10.16~15.54	13	对羟基苯甲醚	3.43~3.66
7	纳米 SiO_2	10.09~20.11	14	2-丙烯酰胺	2.09~2.81

表 5.4.2 为温压调节单体不同反应时间下产品回收率的测试数据。在测试过程中，经过 5 次暂堵剂回收率的筛选，优选出温压控制调节单体的成分为：甲基丙烯酸二甲氨基乙酯（875.94g）、溴代十二烷（1789.32g）、对羟基苯甲醚（6.21g）、反应溶剂丙酮（1769.54g）和丙酮（731.33g）。以温压调节单体回收率为主要优化指标，通过多次优选，将反应时间从 26h 降低至 6h，回收率为 81.65%。

表 5.4.2 温压调节单体不同反应时间下的产品收率

批次	暂堵共聚物反应时间，h	新型暂堵剂回收率,%
1	26	83.11
2	22	82.43
3	18	83.89
4	14	85.12
5	6	81.65

图 5.4.1 为新型低温暂堵剂的红外光谱扫描图（F 为透过率，b 为波数）。从图 5.4.1 可见，聚合物在 1500cm^{-1} 出现了吸收峰，该吸收峰属于—SO_3，这表明了温压调节单体被成功聚合；此外，在 1695cm^{-1} 出现了 C—H 吸收峰，说明聚合物中 C—H 面出现了内弯曲振动，证明丙烯酸与丙烯酰胺发生了聚合；聚合物在 1445.95cm^{-1} 呈现—C—O—C—键吸收峰，此为不对称伸缩振动；聚合物在 813cm^{-1} 附近出现的 C—Br 键振动，存在吸收峰，这表明温压调节单体再次发生聚合。综合来看，该红外光谱扫描图均存在丙烯酸、丙烯酰胺、2-丙烯酰胺-2-甲基丙磺酸、温压调节单体特征吸收峰，因此该低温暂堵剂是所需要的聚合目标产物。

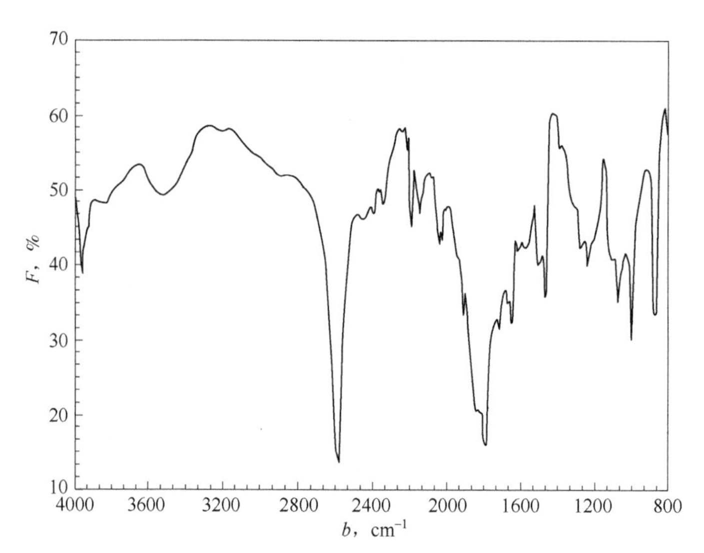

图 5.4.1 新型低温暂堵剂的红外光谱扫描图

5.4.2 新型暂堵剂溶解时间的影响因素分析

5.4.2.1 温压调节单体加量对溶解时间的影响

实验测试了不同温压调节单体加量下新型暂堵剂共聚物的溶解时间，其结果如图 5.4.2 所示（图中 T 为溶解时间，n_{TM}、n_{AM} 分别为温压调节单体和丙烯酰胺的物质的量）。从图 5.4.2 可见，随温压调节单体加量增大，溶解时间呈现增大趋势，当加量配比从 0.4 变化到 1.0 时，溶解时间呈现急剧增加趋势；当加量配比从 1.0 变化到 2.5 时，溶解时间呈现缓慢增大趋势。增大温压调节单体加量，增强了共聚物物理网络结

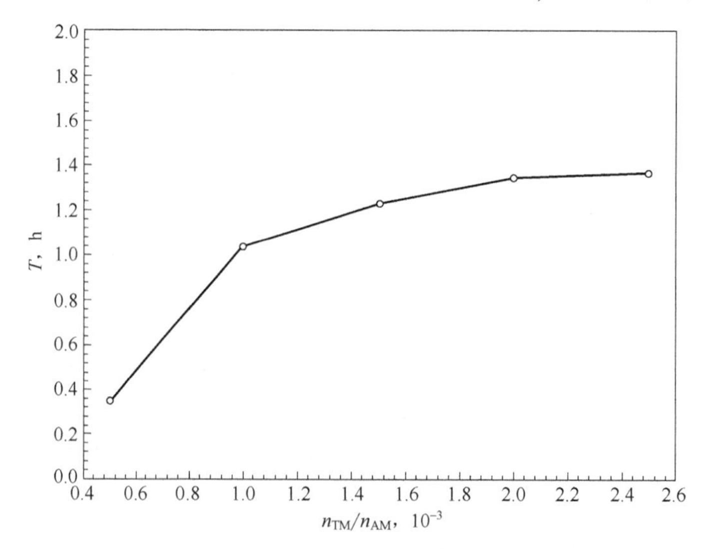

图 5.4.2 不同单体加量下共聚物的溶解时间

构，使共聚物物理交联点增多，提高了共聚物承压强度，从而共聚物吸水倍率降低，共聚物溶解时间趋于缓慢状态。经过多次优化最终得出：温压调节单体与丙烯酰胺的最优配比为 2×10^{-3}。

5.4.2.2　单体（丙烯酸与丙烯酰胺）配比对溶解时间的影响

测试了丙烯酸与丙烯酰胺不同配比下的溶解时间，结果如图 5.4.3 所示。从图中可知，随配比增大，共聚物溶解时间呈现先增大后减小的变化趋势。当配比为 0.62 时，溶解时间达到最大峰值。初期阶段由于丙烯酸单体与丙烯酰胺单体分子链较为舒展，各单体的物理交联度较小，水比较容易渗入配比共聚物的网络结构，这使得共聚物可以快速溶解，并逐渐达到溶胀平衡状态。后期阶段，随配比增大，共聚物分子的低配位数过渡到分子的高配位数，使共聚物物理交联度增大，整个共聚物网络结构收缩，从而使得水进入缓慢，因此溶解时间呈现下降趋势。经过多次优化最终得出：丙烯酸与丙烯酰胺最优配比为 0.62。

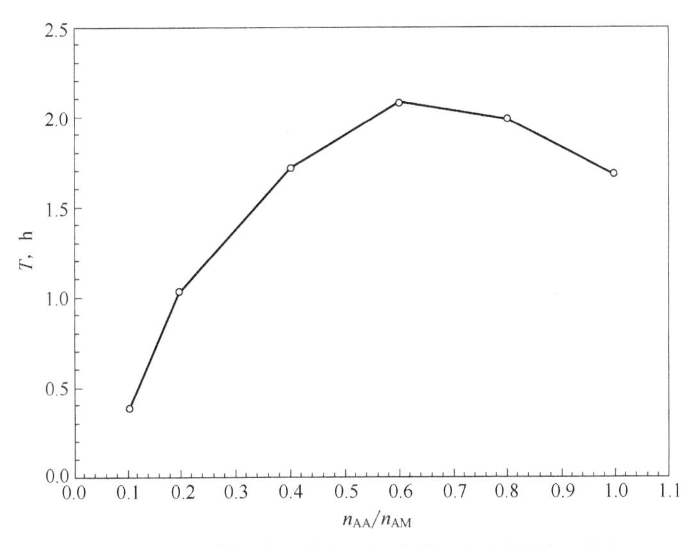

图 5.4.3　丙烯酸与丙烯酰胺不同配比下的溶解时间

5.4.2.3　丙烯酸中和度对溶解时间的影响

实验测试了不同丙烯酸中和度下共聚物的溶解时间，结果如图 5.4.4 所示（图中 n_D 为丙烯酸中和度）。从图中可见，随丙烯酸中和度增大，产物溶解时间呈现先减小后增大趋势。在丙烯酸的中和度达到 81.21%时，共聚物溶解时间出现最低峰值，其值为 1.52h。由于丙烯酸浓度大、活性大，与聚合物反应时，也会发生自身聚合，形成过高的交联度，使产物溶解时间呈现下降趋势。中和度继续增大，促进了聚合物的动力溶胀性，使产物溶解时间延长。

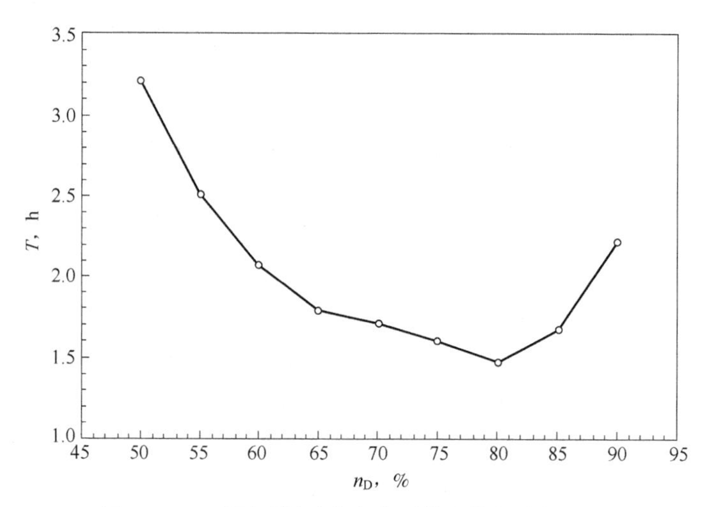

图 5. 4. 4　不同丙烯酸中和度下共聚物的溶解时间

5. 4. 2. 4　引发剂（亚硫酸氢钠）加量对溶解时间的影响

实验测试了亚硫酸氢钠加量变化时的共聚物溶解时间，结果如图 5. 4. 5 所示。从图中可见，随亚硫酸氢钠加量增加，溶解时间呈现先增大后减小的趋势。亚硫酸氢钠加量较小时，由于引发剂的分解速度低，聚合物中自由基少，使聚合速度减慢，低分子化合物的含量增大，从而聚合物溶解时间呈现增大趋势。亚硫酸氢钠加量增大，聚合物的分子量逐步减小，共聚物的交联网络含更多末端基，从而聚合物的溶解时间减小。经过多次优化最终得出：亚硫酸氢钠与丙烯酰胺配比为 0.53×10^{-4}。

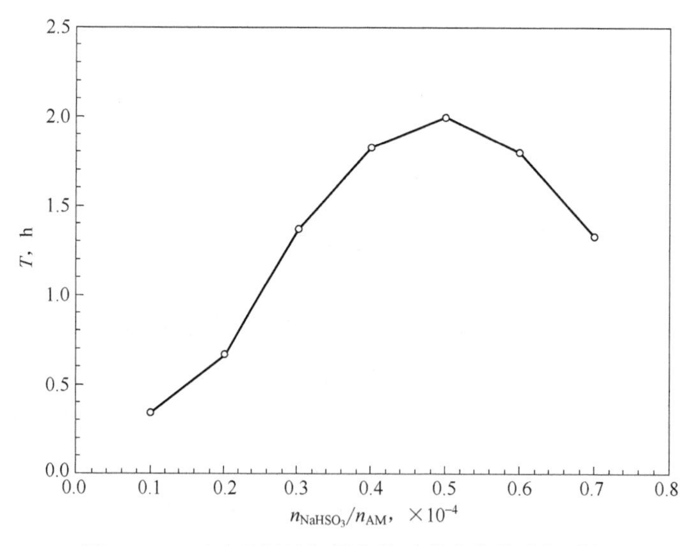

图 5. 4. 5　亚硫酸氢钠加量变化时共聚物的溶解时间

5.4.2.5 共聚物聚合耗时对溶解速度的影响

测试了共聚物不同聚合耗时（t）对溶解时间测试，结果如图 5.4.6 所示。从图中可知，随聚合耗时延长，共聚物溶解时间呈现增大趋势。聚合耗时越长，共聚物越容易达到平衡状态，共聚合物网络结构越趋于稳定。当共聚物达到稳定状态时，溶解时间趋于缓慢状态，此时共聚物中的残余单体呈现减少趋势，共聚物的配位也逐渐达到稳定，且形成合理网状结构状态，从而有效阻滞了自由水渗入聚合物，从而溶解时间趋于平缓。优化得到：聚合物聚合耗时为 1.83h 最优。

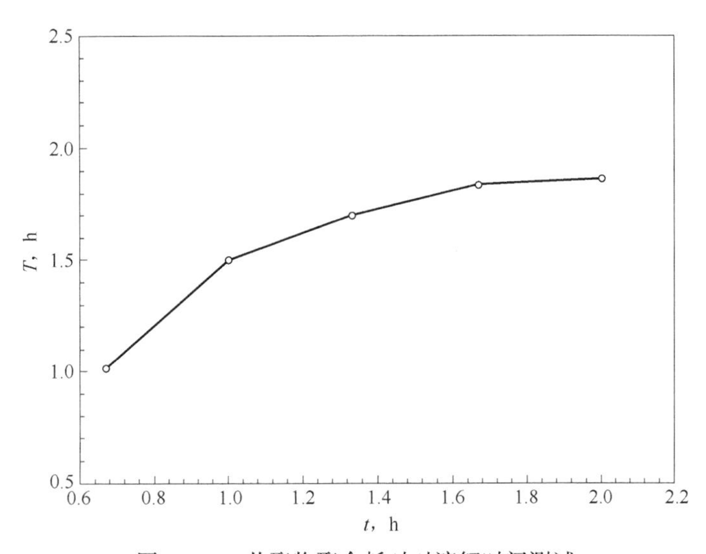

图 5.4.6 共聚物聚合耗时对溶解时间测试

5.4.3 暂堵剂综合性能评价

5.4.3.1 暂堵剂降解后的黏度测试

在进行黏度测试之前，先对该低温暂堵剂进行降解，图 5.4.7 为不同温度下暂堵剂降解率（D_{eg}）的变化曲线。从图中可见，暂堵剂在 20℃时，降解率变化趋于平缓，其值在 0.5%左右；当暂堵剂在 30℃时，降解率呈现较大上升趋势，暂堵剂在 40℃且降解时间为 2.5h 时，其降解率可达 82.15%，这证实了本产品可满足低温降解的要求。

当降解完成后，对其形成的溶液进行流动黏度测试，结果见表 5.4.3。设定的测试时间分别为 2h、3h、4h、5h，其溶解温度分别为 30℃、40℃、50℃、60℃。从表中测试结果可知，当温度为 30℃时，其溶液的流动黏度最大，其值为 5.21mPa·s；当温度为 40℃时，其溶液的流动黏度为 3.98mPa·s；当温度为 60℃时，溶液的流动黏度仅为 2.88mPa·s。因此，所研制的低温暂堵剂可满足区块暂堵后流动黏度的要求（区块温度为 40℃，流动黏度要求低于 4.5mPa·s）。

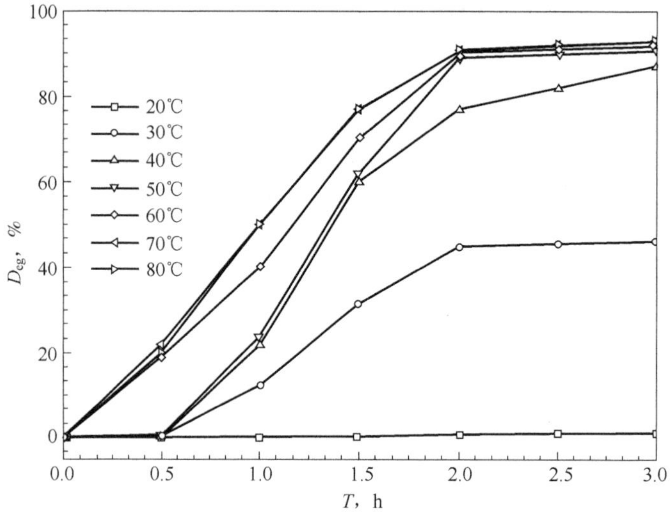

图 5.4.7 不同温度下暂堵剂降解率的变化曲线

表 5.4.3 暂堵剂降解后溶液流动黏度

测试条件	溶解时间，h	溶解温度，℃	流动黏度，mPa·s
1	5	30	5.21
2	4	40	3.98
3	3	50	3.11
4	2	60	2.88

5.4.3.2 吸水膨胀率实验测试

图 5.4.8 为丙烯酸与丙烯酰胺不同配比下的共聚物吸水膨胀率（L）测试图。从图中可见共聚物在蒸馏水中的吸水膨胀率均低于其在自来水中的吸水率，这是因为：自来水中含有 Na^+和 Cl^-等电解质离子，Na^+和 Cl^-等离子增大了聚合物的反应能力，使疏水缔合作用增大，从而使自来水中吸水性大于蒸馏水吸水性。共聚物吸水率不仅受到亲水性官能团影响较大，也受到聚合物物理及化学交联度影响。当共聚物交联度较大时，聚合物交联点密度较大，分子链溶胀所形成的空间变小，所容纳水的体积也变小，当吸水量超过分子链容纳限度时，共聚物的吸水膨胀率趋于稳定趋势。

5.4.3.3 溶胀动力学实验测试

在不同温度下，对新型暂堵剂的吸水溶胀过程进行了测试，结果如图 5.4.9 所示。暂堵剂聚合物颗粒在不同时刻吸水率的变化可衡量聚合物的吸水溶胀过程，β 为某时刻聚合物的吸水率占溶胀平衡时吸水率的比值。随温度升高，共聚物的 β 值呈现增大趋

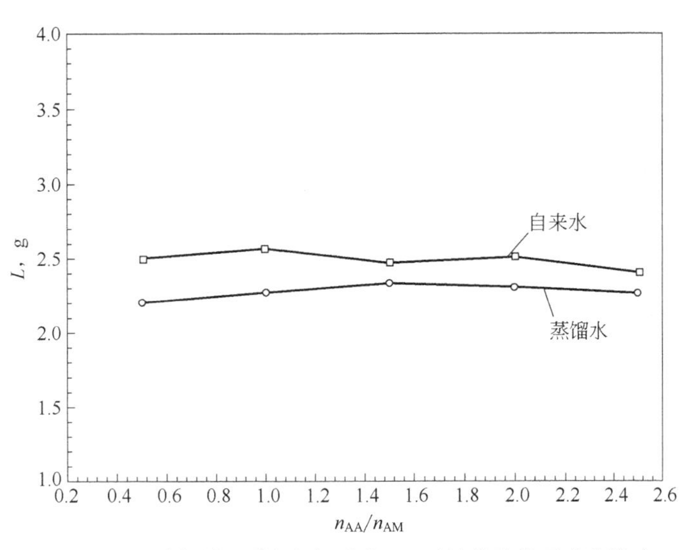

图 5.4.8 丙烯酸与丙烯酰胺不同配比下的共聚物吸水膨胀率

势。当时间在 0~40min 之间变化时，共聚物的 β 值急剧增大，当时间在 40~240min 变化时，共聚物的 β 值变化趋势较为稳定。同时，该图也说明了新型聚合物能在短时间内达到溶胀平衡的状态。

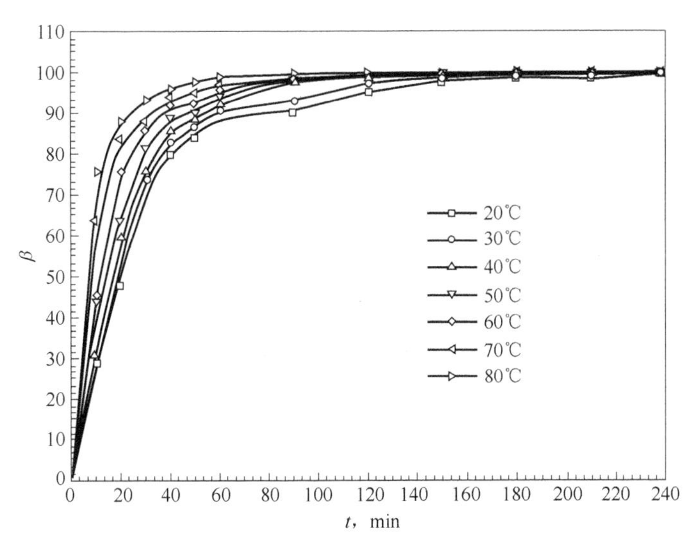

图 5.4.9 不同温度下新型暂堵剂的吸水溶胀过程

5.4.3.4 不同铺置厚度下暂堵剂承压强度实验测试

图 5.4.10 为不同暂堵剂铺设厚度（3cm、7cm）时暂堵剂的承压强度测试结果。从图中可见，随注入流体时间延长，暂堵剂突破压力呈现先增大后减小的趋势。当暂堵剂铺置厚度为 3cm 时，暂堵剂最大突破暂堵段塞需要的压力为 60.12MPa；当暂堵剂铺置厚度为 7cm 时，暂堵剂最大突破暂堵段塞需要的压力为 73.85MPa。通过不同铺置厚度

下暂堵剂承压强度测试结果可知，该新型暂堵剂可满足目标区块暂堵剂承压能力的需要（目标区块要求的承压能力为 52MPa）。

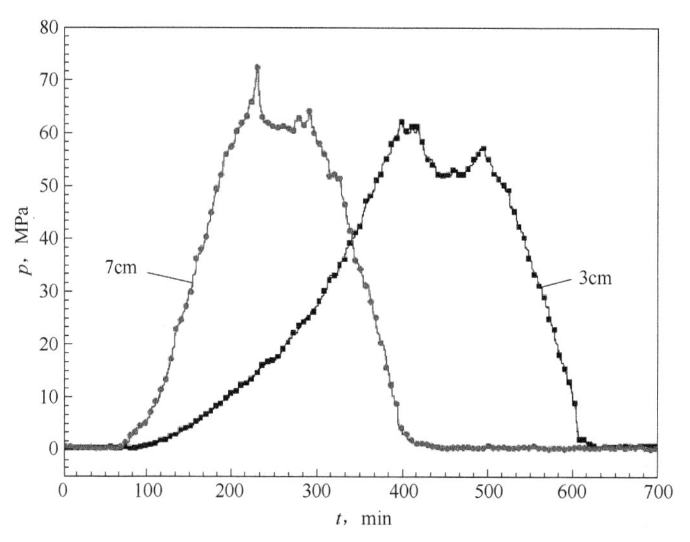

图 5.4.10　不同铺置厚度下暂堵剂的承压强度

第6章

暂堵升压设计

6.1 簇间复合暂堵思路设计

图6.1.1为段内暂堵剂缝口暂堵物理示意图。考虑暂堵剂运行速度、缝宽等条件，结合丹尼阻力速度公式，根据暂堵两端壁面剪切应力=缝口附近的暂堵剂两端产生的暂堵压力差，建立了暂堵剂缝口堆积升压数学模型。通过暂堵壁面剪切力公式得到升压值，通过暂堵剂堆积长宽计算暂堵剂加量。

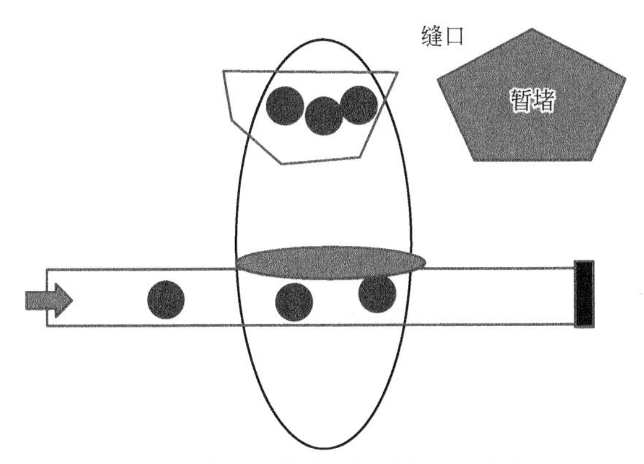

图6.1.1 段内暂堵剂缝口暂堵物理示意图

暂堵平衡状态时，暂堵两端壁面上的剪切应力为：

$$\tau_{ep}=\frac{\Delta pw}{2\Delta L} \tag{6.1.1}$$

式中 Δp——暂堵附加压差；

w——平均缝宽；

ΔL——暂堵距离。

根据汤姆斯阻力速度定义，剪切应力计算公式为：

$$\tau_{ep}=v_{wep}^2\rho_{sc} \tag{6.1.2}$$

式中 v_{weq}——阻力速度；

ρ_{sc}——混合物密度。

平衡状态下，可求得暂堵距离：

$$\Delta L=\frac{\Delta pw}{2v_{wep}^2\rho_{sc}} \tag{6.1.3}$$

根据汤姆斯关于非牛顿流体阻力速度与自由沉降速度关系式计算：

$$\frac{v_b}{v_{wep}}=0.041\left(\frac{v_b D_b \rho_L}{\mu_a}\sqrt{\frac{4R_h}{D_b}}\right)^{0.71} \tag{6.1.4}$$

式中 v_b——暂堵剂运移速度；

ρ_L——压裂液密度；

μ_a——压裂液黏度；

R_h——影响暂堵剂的水力半径。

求出阻力速度 v_{weq} 后，在已知平均缝宽 w 和混合物密度 ρ_{sc} 的条件下，根据储层条件设定一定暂堵附加压差 Δp，便可求取暂堵距离 ΔL，在不同流态下，根据阻力速度 v_{weq} 与平衡流速 v_p 的关系式，可求取 v_p，进而求取平衡裂缝高度 H_{eq}：

$$H_{eq}=H-\frac{0.01667Q}{2wv_{eq}} \tag{6.1.5}$$

暂堵裂缝体积（双翼）用量计算公式为：

$$V=2H_{eq}\Delta Lw \tag{6.1.6}$$

根据暂堵剂在携砂液中的等效砂质量浓度 ρ_z，便可求取暂堵剂质量 m：

$$m=\rho_z V \tag{6.1.7}$$

图 6.1.2 为段内暂堵剂缝口暂堵流程图。

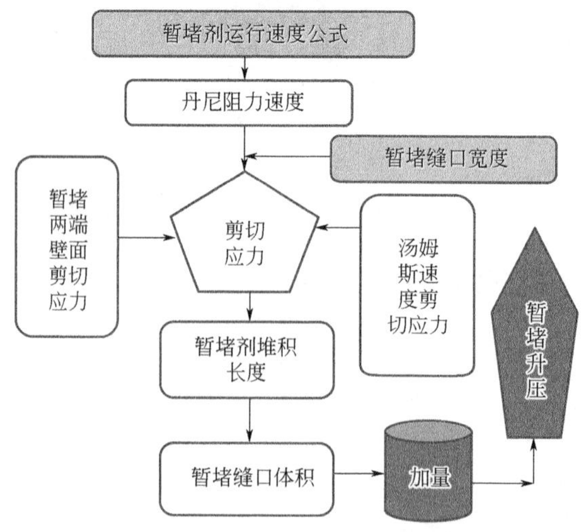

图 6.1.2 段内暂堵剂缝口暂堵流程图

考虑暂堵剂运行速度、丹尼阻力速度、暂堵缝口宽度，通过暂堵两端壁面剪切应力=缝口附近的暂堵剂两端产生的暂堵压力差，可以求出暂堵剂堆积长度，得到暂堵剂加量，得到暂堵加量与暂堵升压的关系。

图6.1.3为段内复合暂堵计算流程图。复合暂堵材料为暂堵剂与暂堵球复合使用，暂堵剂封堵缝口（暂堵升压），暂堵球封堵炮眼（限流升压）。结合限流升压原理，依次开启不同簇，达到逐簇起裂。

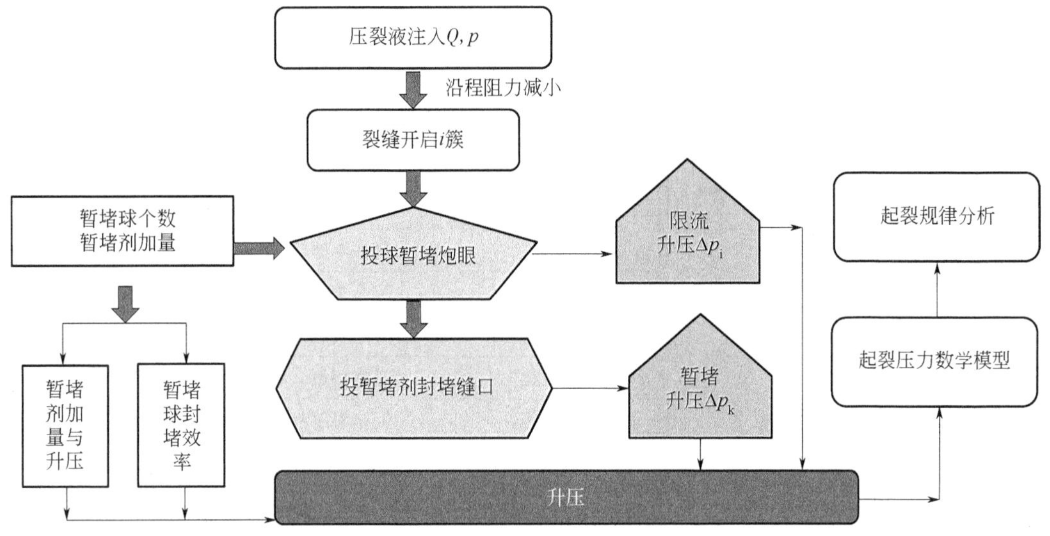

图6.1.3 段内复合暂堵计算流程图

6.2 暂堵升压优化设计

6.2.1 暂堵实验前暂堵剂溶解过程

图6.2.1为暂堵剂溶解后实验形态对比结果，随着时间增加，溶解效果变好。同时，暂堵剂在滑溜水及温度作用下易软化、聚集，60℃容易聚集，90℃容易结板，两种粒径（0.4~0.8mm颗粒及1~2mm颗粒）复合溶解板状现象更明显。

表6.2.1为60℃、90℃、120℃温度条件暂堵剂溶解情况描述表，实验材料分别选用0.4~0.8mm颗粒及1~2mm颗粒两种尺寸暂堵剂（成分相同），对于每一种暂堵剂取3组样品，将配置好的暂堵剂溶液倒入烧杯中，加入滑溜水搅拌浸泡完全后，将其放入水浴锅内，升温至60℃、90℃、120℃，实验显示：0.4~0.8mm颗粒及1~2mm颗粒溶解时间不低于1.5h（60℃、90℃、120℃）；0.4~0.8mm颗粒在溶解时间不低于1h（90℃、120℃），随着暂堵剂粒径的减小及溶解时间增大，暂堵剂溶解性更好。

(a) 配置样品

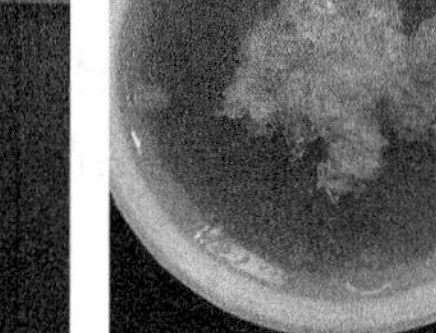
(b) 0.5h溶解情况

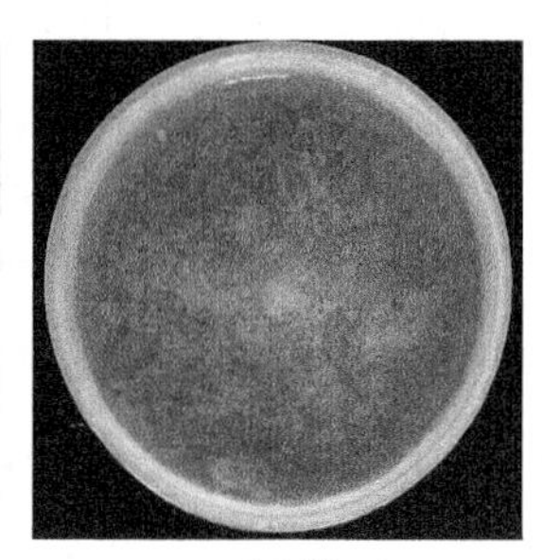
(c) 1h溶解情况

图 6.2.1 暂堵剂溶解实验形态对比结果

表 6.2.1 60℃、90℃、120℃温度条件暂堵剂溶解情况描述表

温度,℃	暂堵剂粒径，mm	溶解情况		
		0.5h	1h	1.5h
60	0.4~0.8	部分溶解	基本溶解	完全溶解
90		基本溶解	完全溶解	完全溶解
120		完全溶解	完全溶解	完全溶解
60	1~2	部分溶解	基本溶解	完全溶解
90		基本溶解	完全溶解	完全溶解
120		完全溶解	完全溶解	完全溶解

6.2.2 暂堵实验后暂堵剂溶解过程

图 6.2.2、图 6.2.3、图 6.2.4 为暂堵剂粒径为 1~2mm+0.4~0.8mm、排量为 150mL/min、暂堵剂在缝宽为 4mm 条件下，暂堵剂暂堵后溶解的图片对比。实验温度越低，结块情况越明显，封堵效果也越差，温度越高，暂堵剂呈现胶质状态，溶解越完

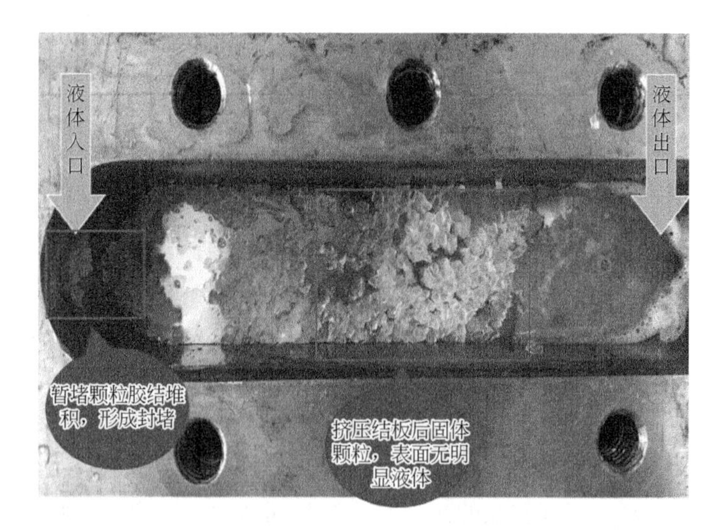

图 6.2.2 60℃复合颗粒暂堵

全，封堵效果也好。可知压裂作业在120℃温度条件下，1～2mm和0.4～0.8mm复合配比1∶2条件下，暂堵剂溶解情况较好，能够起到良好的堵缝效果。

图6.2.3 90℃复合颗粒暂堵

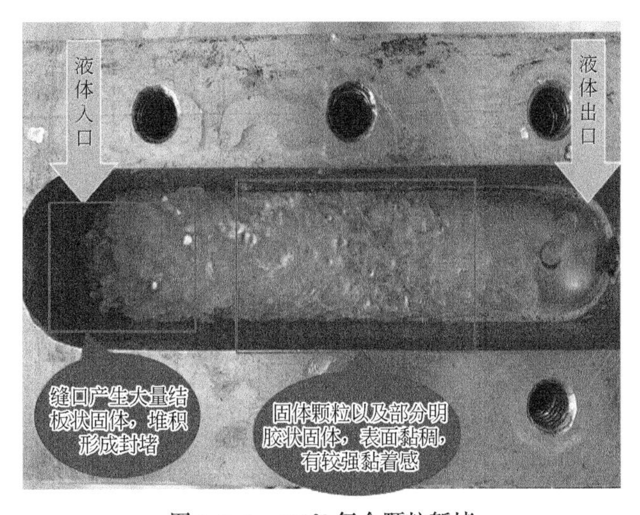

图6.2.4 120℃复合颗粒暂堵

6.2.3 暂堵剂粒径对封堵升压的影响分析

图6.2.5至图6.2.7为粒径0.4～0.8mm、1～2mm及1～2mm+0.4～0.8mm暂堵剂起压及升压曲线。实验参数设计为：暂堵缝宽4mm、温度90℃、暂堵剂浓度120g/L、排量为150mL/min。在相同的裂缝宽度下，单一粒径暂堵剂越大，暂堵剂不易进入裂缝中形成桥塞；单一粒径暂堵剂越小，越不易停留在裂缝孔隙内形成桥塞，单一粒径暂堵剂封堵条件较为苛刻。相同暂堵工况下，复合暂堵剂容易形成桥塞，不同粒径复合暂堵剂的起压时间和升压时间明显缩短，封堵效果明显。

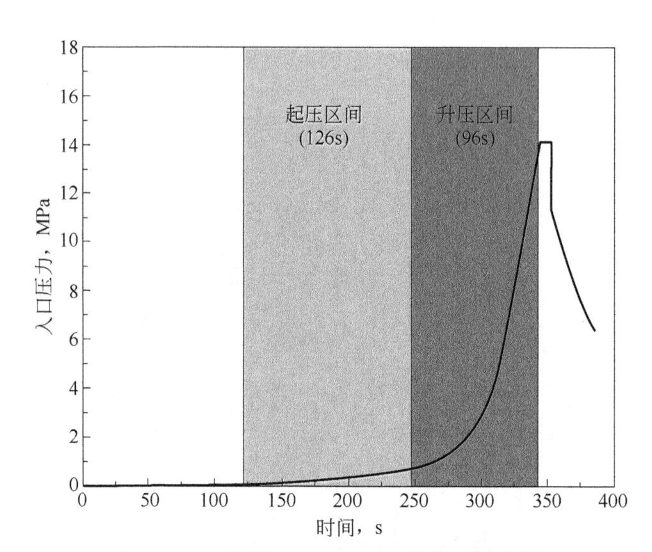

图 6.2.5 粒径 0.4~0.8mm 暂堵升压曲线

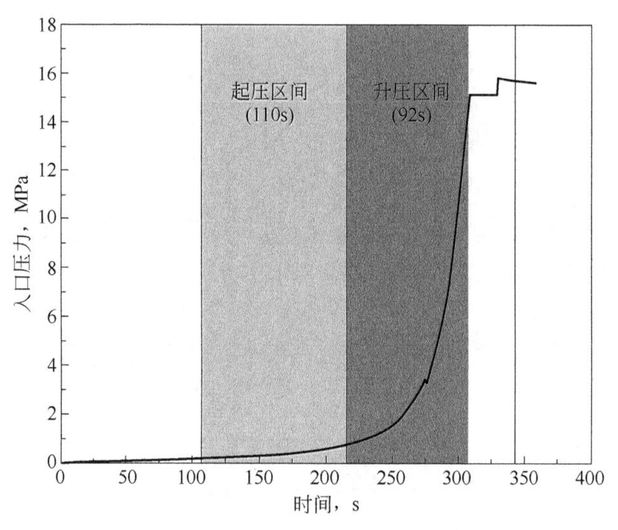

图 6.2.6 粒径 1~2mm 暂堵升压曲线

表 6.2.2 为暂堵剂粒径对暂堵性能升压时间与升压峰值测试数据，将暂堵性能划分为 2 个区间：起压区间及升压区间。起压区间越短表示封堵越快，暂堵能力越强，暂堵效率越大。该实验将起压区间的判定依据设定为曲线斜率 k（即入口压力与时间的比值），当入口压力与暂堵时间的斜率 k 开始稳步上升时，可以视为流入裂缝的暂堵剂发挥封堵作用，当 k 在 0.2~0.5 之间时，这一阶段为起压区间；当 k 在 0.5~1 时，这一阶段为升压区间。将单一暂堵剂 1~2mm 同复合暂堵 1~2mm+0.4~0.8mm（1∶2）配比对比，复合配比起压时间为 43s，升压峰值为 16.8MPa，复合配比相较于单一配比，起压时间减少了 65.88%，升压时间减小了 29.17%，升压峰值增大了 16.07%。

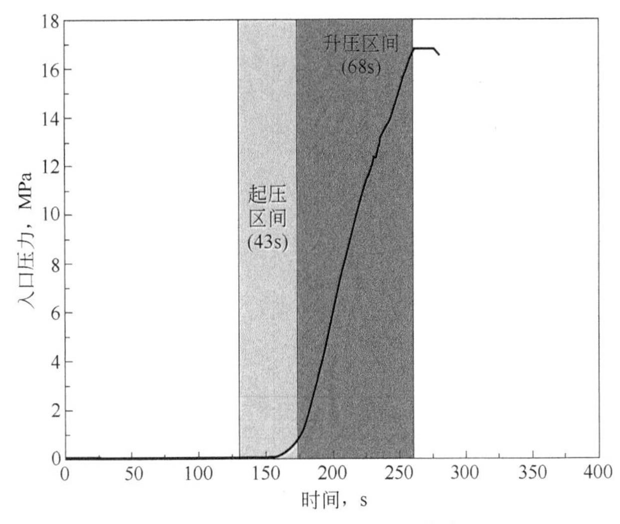

图 6.2.7 复合暂堵升压曲线

表 6.2.2 不同粒径暂堵剂封堵升压时间与升压峰值测试数据

组数	暂堵剂粒径，mm	起压时间，s	升压时间，s	升压峰值，MPa
第 1 组	1~2	126	96	14.1
第 2 组	0.4~0.8	110	92	15.8
第 3 组	1~2+0.4~0.8（1：2）	43	68	16.8

6.2.4 暂堵剂浓度对暂堵剂升压的影响分析

图 6.2.8 为暂堵剂粒径 0.4~0.8mm、1~2mm、复合粒径 1~2mm+0.4~0.8mm（1：2）工况下，暂堵剂浓度 120g/L、150g/L、180g/L 随时间变化的起压及升压曲线。实验参数设计为：暂堵剂排量为 150mL/min，缝宽分别为 4mm，温度为 90℃，暂堵剂粒径分别为 0.4~0.8mm、1~2mm 及复合暂堵剂（1~2mm+0.4~0.8mm），暂堵剂浓度为 120g/L、150g/L、180g/L。升压实验主要考虑不同暂堵材料能否实现对不同实验条件下的快速暂堵，同一暂堵剂粒径条件下，暂堵剂浓度越高，升压能力表现越好；不同粒径暂堵材料对比，升压能力随着浓度升高表现越好，复合颗粒组合升压效果最佳。

表 6.2.3 为暂堵剂浓度对暂堵剂封堵性能升压时间及升压峰值数据表，在裂缝宽度 4mm 工况下，复合暂堵剂起压区间和升压区间均有效缩短，证明复合暂堵剂发挥作用更明显。复合暂堵起升压时间为 31s，升压峰值为 17.5MPa，比单一暂堵剂封堵起压时间缩短 65s，升压峰值增大 3.4MPa，升压比例增大 24.11%，升压速度增大 67.71%。

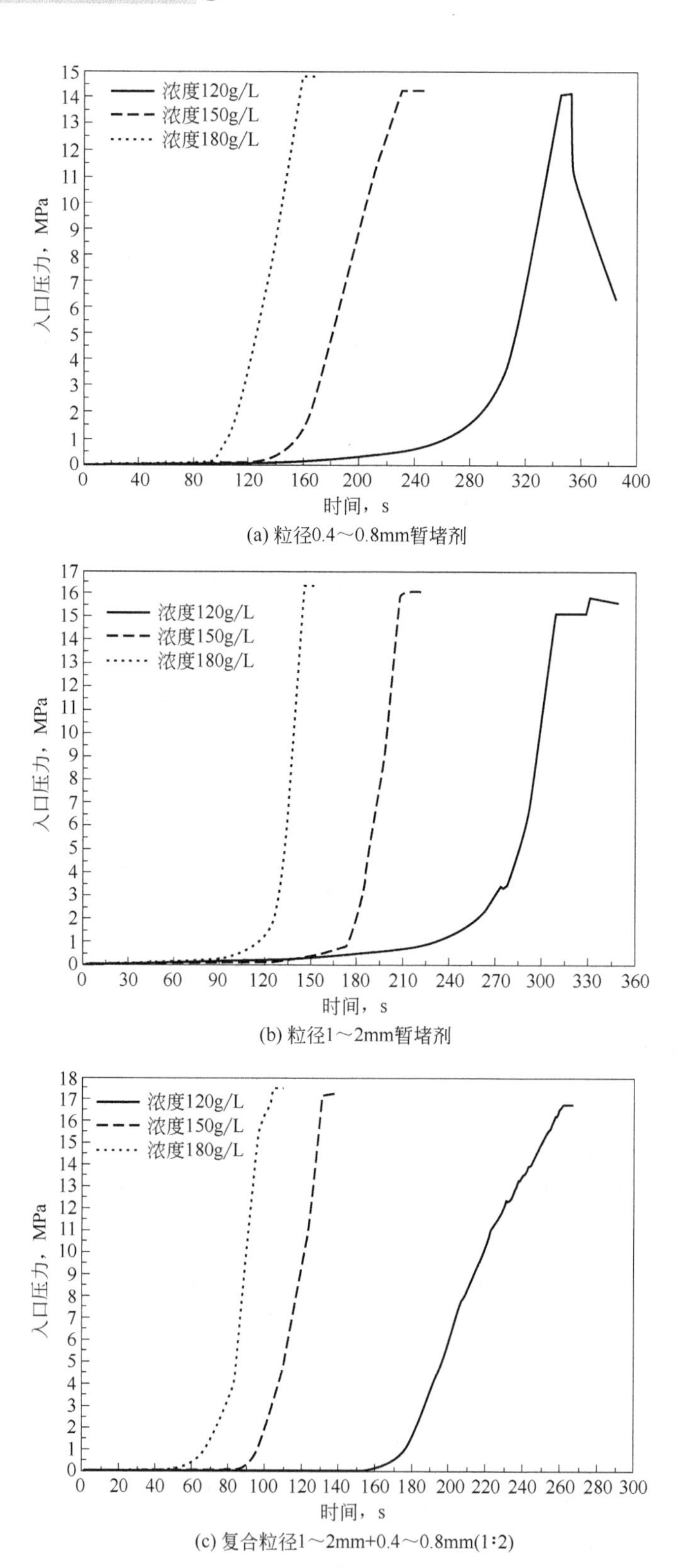

(a) 粒径0.4～0.8mm暂堵剂

(b) 粒径1～2mm暂堵剂

(c) 复合粒径1～2mm+0.4～0.8mm(1∶2)

图 6.2.8 浓度对不同粒径暂堵剂暂堵升压影响的变化曲线

表 6.2.3 不同浓度暂堵剂封堵升压时间及升压峰值测试数据

组数	暂堵剂浓度，g/L	暂堵剂粒径，mm	起压时间，s	升压时间，s	升压峰值，MPa
第 1 组	120	0.4～0.8	126	96	14.1
	150		113	91	14.3
	180		101	84	14.8
第 2 组	120	1～2	110	92	15.8
	150		98	86	16.1
	180		85	80	16.4
第 3 组	120	1～2+0.4～0.8	43	68	16.8
	150		38	36	17.2
	180		27	31	17.5

6.2.5 裂缝宽度对暂堵剂封堵升压的影响分析

图 6.2.9 为缝宽对不同粒径暂堵剂暂堵升压影响的变化曲线，实验参数设计为：暂堵剂排量为 150mL/min，暂堵剂浓度为 120g/L，温度为 90℃，缝宽分别为 2mm、4mm、6mm，暂堵剂粒径分别为 0.4～0.8mm、1～2mm 及复合暂堵剂（1～2mm+0.4～0.8mm），同一暂堵剂粒径条件下，裂缝宽度越小，升压能力表现越好，暂堵剂封堵裂缝效率越高；不同粒径暂堵材料对比，升压能力随着浓度升高表现越好，复合颗粒组合升压效果最佳。

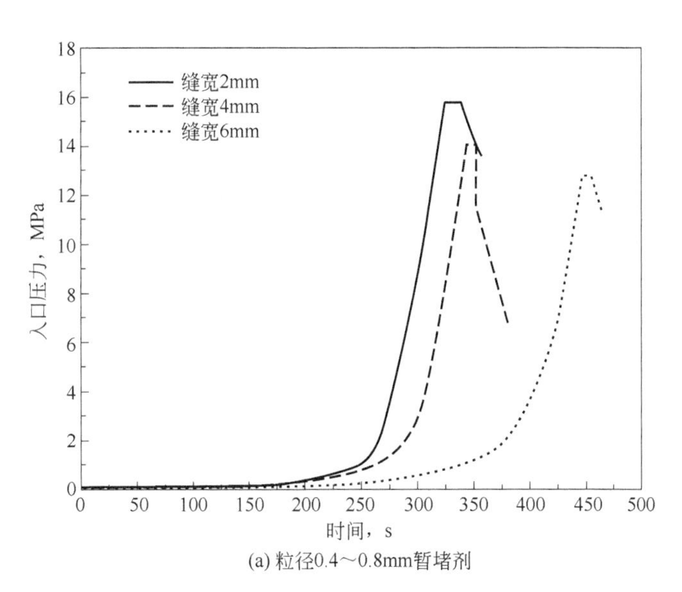

(a) 粒径0.4～0.8mm暂堵剂

图 6.2.9 缝宽对不同粒径暂堵剂暂堵升压影响的变化曲线

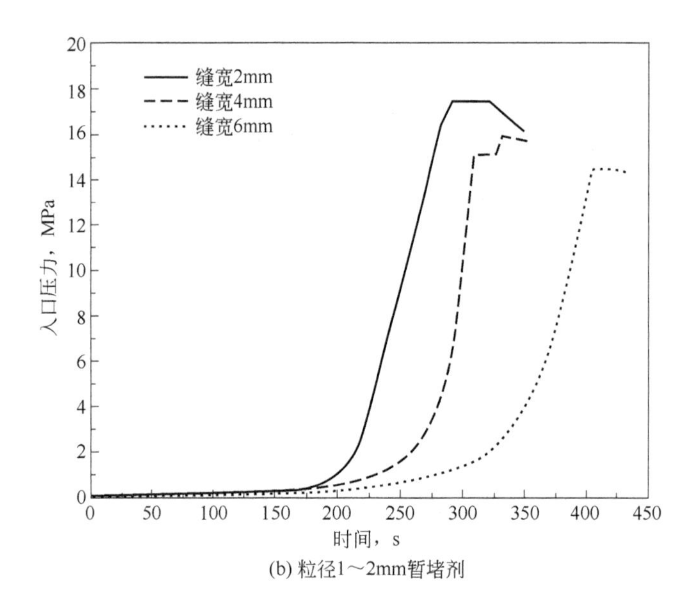

(b) 粒径1～2mm暂堵剂

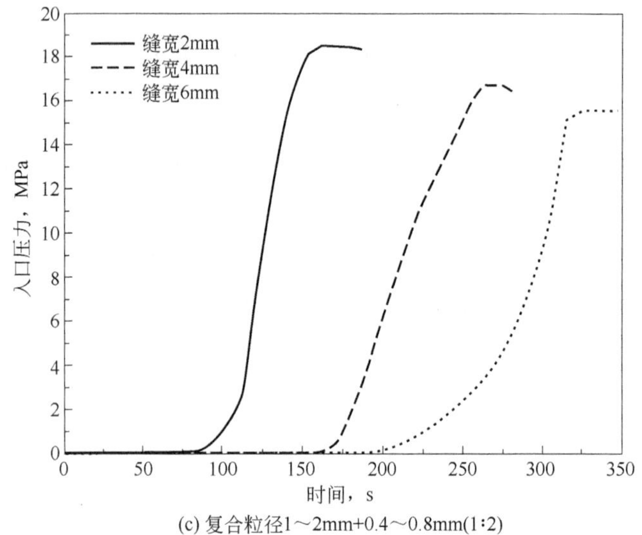

(c) 复合粒径1～2mm+0.4～0.8mm(1∶2)

图 6.2.9 缝宽对不同粒径暂堵剂暂堵升压影响的变化曲线（续）

表 6.2.4 为裂缝宽度对暂堵剂封堵性能升压峰值测试数据对比表。当复合暂堵 1~2mm+0.4~0.8mm（1∶2）配比时，封堵 6mm 裂缝起压时间为 56s，升压区间为 93s，升压峰值为 15.6MPa，同封堵 4mm 裂缝对比，起压时间延长 50%，升压时间延长 38.71%，升压峰值降低 14.75%。随着缝宽的增大，复合暂堵时应增大粒径暂堵剂的配比。

表 6.2.4 不同裂缝宽度下暂堵剂封堵升压峰值测试数据

组数	缝宽，mm	暂堵剂粒径，mm	起压时间，s	升压时间，s	升压峰值，MPa
第 1 组	2	0.4~0.8	93	81	14.1
	4		126	96	13.6
	6		151	129	11.1

续表

组数	缝宽，mm	暂堵剂粒径，mm	起压时间，s	升压时间，s	升压峰值，MPa
第 2 组	2	1~2	83	76	16.2
	4		110	92	15.8
	6		132	117	14.2
第 3 组	2	1~2+0.4~0.8（1∶2）	28	57	18.3
	4		43	68	16.8
	6		56	93	15.6

图 6.2.10 为模拟工况下不同粒径混合暂堵剂的暂堵升压性能曲线，室内实验选择 1~2mm、0.4~0.8mm 两种粒径的暂堵剂按不同比例混合，对 4mm 宽度的裂缝进行封堵。

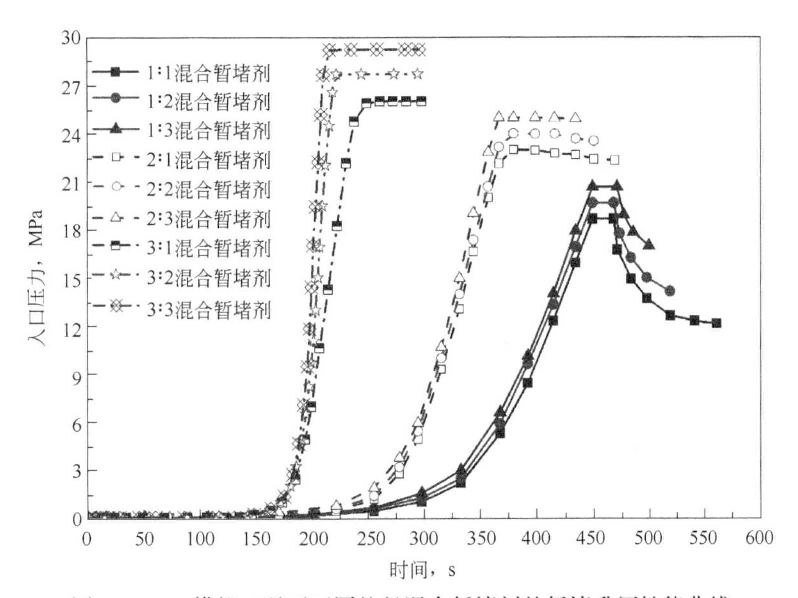

图 6.2.10 模拟工况下不同粒径混合暂堵剂的暂堵升压性能曲线

图 6.2.10 中可以明显看出混合暂堵剂中 1~2mm 粒径占比越大，封堵效率越高。在相对密度为 1 时，暂堵剂起初实现憋压，但难以形成致密暂堵段，导致封堵失败；而在相对密度为 3 时，起压时间与升压时间最小，能够满足现场施工需求。1~2mm、0.4~0.8mm 两种粒径按照 2∶3 混合的暂堵剂已经能够成功封堵裂缝，但升压缓慢，不能及时形成有效暂堵段，影响封堵效率。因此，建议将 1~2mm、0.4~0.8mm 两种粒径的暂堵剂按照 3∶1 混合，即可满足暂堵施工条件。

表 6.2.5 为不同比例混合暂堵剂暂堵数据表，经现场验证，大粒径比例越高，暂堵剂封堵性能表现最好，实现暂堵时间（起压时间与升压时间之和）最短，满足现场施工要求。推荐选择暂堵剂粒径 1~2mm 与 0.4~0.8mm 复合，比例为 3∶1，暂堵时间为 127s，升压为 26.1MPa，满足良好的封堵性能。

表 6.2.5 不同比例混合暂堵剂暂堵数据表

裂缝宽度 mm	混合暂堵剂比例 (1~2mm：0.4~0.8mm)	实现暂堵时间 s	升压峰值 MPa	暂堵是 否成功
4	1∶1	303	18.7	否
4	1∶2	296	19.7	否
4	1∶3	292	20.6	否
4	2∶1	231	22.9	否
4	2∶2	226	24.1	否
4	2∶3	219	25.9	是
4	3∶1	127	26.1	是
4	3∶2	97	27.7	是
4	3∶3	79	29.2	是

第7章

动态多级暂堵压裂方案及应用

7.1 动态多级暂堵压裂方案优化

通过广泛调研，结合前期纤维暂堵剂和颗粒暂堵剂室内暂堵能力等性能评价实验结果及现场施工经验，考虑储层地质特征及储层物性特点，对动态多级暂堵压裂时暂堵剂的粒径组合、用量、添加方式、添加速度等工艺参数进行优化，形成书面指导意见，每口井设计暂堵级数为2~3级。

7.1.1 动态多级暂堵压裂工艺参数优化

综合考虑施工目的、施工安全、暂堵剂用量、室内暂堵效果等因素动态多级暂堵压裂选用水溶性暂堵剂。

7.1.1.1 暂堵剂组合类型优化

利用颗粒/纤维型暂堵剂动态注入暂堵能力评价实验装置，通过室内实验对暂堵剂组合类型进行了优化，实验装置如图7.1.1、图7.1.2所示。

图7.1.1 颗粒/纤维型暂堵剂动态注入暂堵能力评价实验装置整体照片

图 7.1.2 颗粒/纤维型暂堵剂动态注入暂堵能力评价实验装置局部照片

1. 装置设计目的

（1）针对单管或并联双管岩心或填砂模型流动模拟和岩心劈开造缝填充模拟过程中裂缝暂堵剂，尤其是颗粒型、纤维型暂堵剂无法动态注入问题，通过合理设计入口管线、入口孔眼尺寸及初始裂缝开启程度，实现老裂缝暂堵剂的动态注入及封堵，真实模拟现场实际。

（2）针对单管或并联双管岩心或填砂模型流动模拟装置无法模拟裂缝条件、岩心劈开造缝填充方法中裂缝尺寸及形态无法动态改变等问题，通过环压、橡胶筒、块体、岩板、转轴系统控制裂缝延伸压力，模拟裂缝扩展及暂堵剂在裂缝中运移及动态封堵过程。

（3）基于以上两点，通过装置出液口和注入端设置的回压系统和测压装置，准确计量裂缝暂堵剂封堵压力，获取裂缝暂堵剂暂堵能力评价指标。

（4）基于设计的裂缝颗粒暂堵剂暂堵能力评价装置，建立集配液、试压、注入、测压等流程于一体的与实验装置相匹配的裂缝暂堵剂暂堵能力评价方法。

2. 创新点

（1）通过储液罐、泵、管线、夹持器、橡胶筒、块体、岩板、转轴、回压系统和测压装置组成一套评价颗粒暂堵剂在裂缝中动态封堵能力的实验装置。

（2）通过合理设计入口管线、入口孔眼尺寸及初始裂缝开启程度，实现老裂缝暂堵剂的动态注入及封堵，真实模拟现场实际。

（3）通过环压、橡胶筒、块体、岩板、转轴系统控制裂缝延伸压力，模拟裂缝扩展及暂堵剂在裂缝中运移及动态封堵过程。

（4）通过装置出液口和注入端设置的回压系统和测压装置，准确计量裂缝暂堵剂封堵压力，获取裂缝暂堵剂暂堵能力评价指标。

（5）基于设计的裂缝颗粒暂堵剂暂堵能力评价装置，建立集配液、试压、注入、测压等流程于一体的与实验装置相匹配的裂缝暂堵剂暂堵能力评价方法。

（6）可真实模拟裂缝暂堵剂暂堵过程，操作安全、简单、自动化程度及结果可信度高。

3. 原理图和流程图

结构如图 7.1.3 所示，流程如图 7.1.4 所示。

138mm
132mm

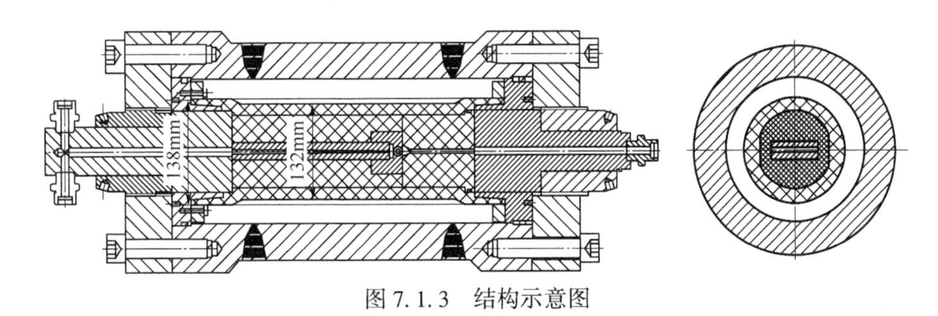

图 7.1.3　结构示意图

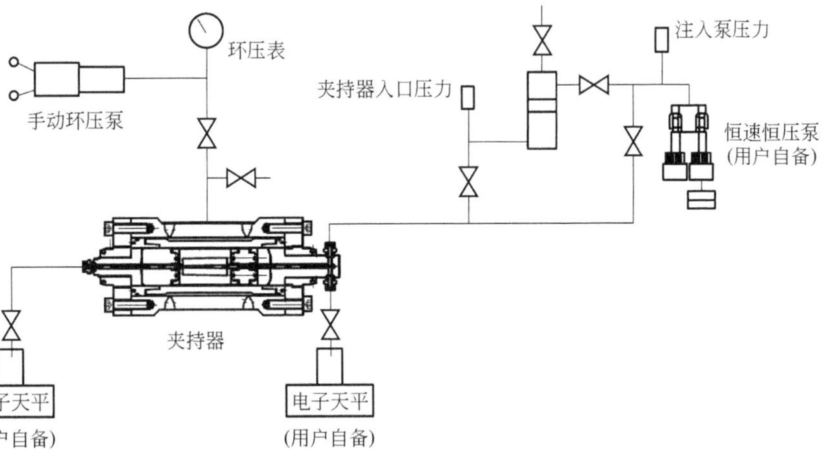

环压表
手动环压泵
夹持器入口压力
注入泵压力
恒速恒压泵
(用户自备)
夹持器
电子天平
(用户自备)
电子天平
(用户自备)

图 7.1.4　流程图

4. 装置技术参数

表 7.1.1 为装置技术参数。

表 7.1.1　装置技术参数

产品名称	裂缝颗粒转向剂暂堵能力评价装置
规格型号	LZD-I 型
裂缝模型外观规格	直径 100mm×长度 300mm（裂缝长度）
环压	50MPa

续表

注入流体	压裂液和颗粒型暂堵剂混合物
工作压力	50MPa
压力损失	0.01~0.03MPa
工作温度	室温-150℃
电源电压及防护等级	380V/50Hz；IP54
管线	70MPa
搅拌容器	50MPa
测压装置	压力传感器量程 50MPa，精度 0.1%FS

5. 实验步骤

(1) 将暂堵剂按设计的组合类型和质量分数与瓜尔胶基液混合，放入能上下转动的中间容器中备用；

(2) 以 5MPa 为升压梯度，以排量 1mL/min 逐级轮换水驱升高围压和注入压力（防止橡胶密封部件损坏），直至围压达到 30MPa（工区闭合压力），此时出口端出液口关闭；

(3) 出液口关闭，围压升到 30MPa 后，继续水驱（排量 1mL/min）至驱替压力高于围压 2~3MPa 以开启裂缝，然后开始注入暂堵剂；

(4) 待暂堵剂进入裂缝后开启出液口，继续注入暂堵剂（1mL/min），观察注入端压力变化。

6. 实验结果

图 7.1.5 为实验过程照片。实验结果见表 7.1.2。

图 7.1.5 实验过程照片

表 7.1.2 动态多级暂堵暂堵剂组合类型优化结果

暂堵剂组合	用量，g/L	最高暂堵压力，MPa
水溶性颗粒	50	9.84
水溶性颗粒+纤维	25+25	21.1
水溶性颗粒+纤维+支撑剂	20+20+10	19.8

实验过程中出液口打开时，出液量较大，随着暂堵剂继续注入，出液量逐渐减小，直至不出液，暂堵剂封堵效果较好；实验完毕，泄压过程中暂堵剂大量流出。

由表7.1.2可知，单独水溶性颗粒、水溶性颗粒+纤维、水溶性颗粒+纤维+支撑剂三种组合方式中，暂堵剂用量一定的情况下，水溶性颗粒+纤维暂堵效果最好，最高暂堵压裂达到21.1MPa。

根据实验结果，结合施工经验设计暂堵剂段塞为：前置纤维隔离液+水溶性颗粒和纤维的混合暂堵液+后置纤维隔离液。

7.1.1.2 暂堵剂用量设计

薄互层油藏压裂施工中层间暂堵剂用量是决定选择性压裂和多裂缝压裂工艺成败的技术关键，同时也直接影响压裂井改造效果。针对现场中应用的计算方法存在的问题等提出了新的计算方法，解决了原计算方法求出的暂堵剂用量普遍偏大的问题。新的计算方法达到既能堵住预暂堵层、压开新缝，又不浪费暂堵剂、节约成本，对指导压裂施工具有重要意义。

暂堵剂用量计算经过人为估算、试投，根据预堵层地质条件，运用数学公式计算，并在施工中逐步将公式进行修订、完善，使其更切油层实际，达到既能堵住预暂堵层、压开新缝，又不浪费暂堵剂、节约生产成本的目的。

按照动态多级暂堵压裂设计理念，将暂堵剂用量分成炮眼和近井带两部分计算。

将同一个射孔炮眼的体积充满所用暂堵剂用量为：

$$Q_1=\pi r^2 l_1 \rho \tag{7.1.1}$$

式中 Q_1——暂堵剂用量，kg；

r——射孔孔眼半径，cm；

l_1——射孔枪穿透深度，cm；

ρ——暂堵剂密度，g/cm^3。

水溶性暂堵剂密度为1.05～1.2g/cm^3，取平均值1.125g/cm^3。取射孔弹型对应砂岩靶入口孔径0.85cm；穿透深度28cm。则将同一个射孔炮眼的体积充满所用暂堵剂用量为：$Q_1=\pi r^2 l\rho=3.14\times(0.85/2)^2\times28\times1.125=0.018(\mathrm{kg})$。

近井带双翼裂缝填满暂堵剂需要的暂堵剂用量可用下式计算：

$$Q_2=2l_2hd\rho \tag{7.1.2}$$

式中 l_2——单翼裂缝封堵长度；

h——裂缝高度；

d——裂缝宽度。

由暂堵剂组合类型优化实验可知，暂堵剂动态注入暂堵能力评价实验装置的模拟裂缝长度为30cm，结合暂堵剂耐压强度评价结果，设计颗粒暂堵剂需要封堵的近井带裂缝长度为30cm。

L9 井每级暂堵的暂堵剂用量为：

$$Q = Q_{炮眼} + Q_2 = Q_1 LD\eta A + 2l_2 hd\rho \tag{7.1.3}$$

式中 L——射孔段长度，m；

D——孔密，孔/m；

η——有效炮眼系数；

A——暂堵剂用量富余系数。

L9 井射孔段长 9m、孔密 16 孔/m、有效炮眼系数 0.6、暂堵剂用量富余系数 1；取炮眼对应的裂缝宽度为 5mm、裂缝高度 20m。则暂堵剂用量为：$Q=0.018\times(9\times1/3)\times16\times0.6\times1+2\times0.005\times0.3\times20\times1125=68.02$(kg)。

X5 井射孔段长 2m、孔密 16 孔/m、有效炮眼系数 0.6、暂堵剂用量富余系数 1；取炮眼对应的裂缝宽度为 5mm、裂缝高度 20m。则暂堵剂用量为：$Q=0.018\times2\times16\times0.6\times1+2\times0.005\times0.3\times20\times1125=67.85$(kg)。

实际施工过程根据现场施工压力，实时调整施工参数，如暂堵剂顶替到位后压力无明显升高，增加暂堵剂用量再次进行封堵。

7.1.1.3 暂堵剂添加方式

隔离液和暂堵剂段塞设计从高压管线加入，即第一段正常压裂结束后，停泵，使用暂堵剂专用加入装置将混合好的暂堵材料从高压管线挤注入井筒。

7.1.1.4 暂堵剂添加速度

结合施工经验，暂堵作业工程中为了防止暂堵剂段塞在井筒运移过程中被冲散，起不到封堵效果，设计暂堵剂段塞加入采用小排量 0.5~0.8m^3/min。

7.1.2 动态多级暂堵压裂泵注设计

为了保证暂堵剂能有效封堵炮眼和近井地带，设计每一级正常压裂、顶替结束后，停泵 30~60min（现场根据压降曲线确定），以使裂缝闭合、前置液滤失、净压力降低，保证暂堵剂段塞不随支撑剂往裂缝内运移，从而形成缝口暂堵。

动态多级暂堵压裂泵注设计思路为：第一级压裂→停泵→暂堵隔离液→暂堵剂→暂堵隔离液→小排量顶替→第二级压裂前置液→停泵→暂堵隔离液→暂堵剂→暂堵隔离液→小排量顶替……

若现场施工过程中暂堵压力升高不明显，可增加暂堵剂量再次进行暂堵作业。

7.1.2.1 L9 井泵注设计

表 7.1.3 为压裂施工泵注程序表。对储层 2120.0~2121.0m、2129.0~2130.0m、

2146.0～2148.0m、2164.0～2166.0m、2184.0～2186.0m、2193.0～2194.0m 压裂施工，施工程序如下：

第一级：总砂量 35.0m^3（40/70 目石英砂 9.0m^3，20/40 目石英砂 26.0m^3），排量 6.0m^3/min（油管 1.8m^3/min、套管 4.2m^3/min），砂比 11.0%，入地液 531.91m^3。

第二级：总砂量 35.0m^3（40/70 目石英砂 9.0m^3，20/40 目石英砂 26.0m^3），排量 6.0m^3/min（油管 1.8m^3/min、套管 4.2m^3/min），砂比 11.0%，入地液 511.91m^3。

第三级：总砂量 20.0m^3（40/70 目石英砂 6.0m^3，20/40 目石英砂 14.0m^3），排量 6.0m^3/min（油管 1.8m^3/min、套管 4.2m^3/min），砂比 13.1%，入地液 315.3m^3。

表 7.1.3 压裂施工泵注程序表

施工阶段		液体类型	油管排量 m^3/min	油管液量 m^3	套管排量 m^3/min	套管液量 m^3	砂浓度 kg/m^3	砂比 %	支撑剂量		纤维加量	阶段	备注
									m^3	t		时间	
第一级压裂	前置液	滑溜水	1	10.00	2	20.00						10.00	
		滑溜水	1	10.00	3	30.00						10.00	
		滑溜水	1	10.00	4	40.00						10.00	
		滑溜水	1.8	21.43	4.2	50.00						11.90	
	携砂液	滑溜水	1.8	12.86	4.2	30.00	165	10	3	5		7.14	40/70 目石英砂
		滑溜水	1.8	4.29	4.2	10.00						2.38	
		滑溜水	1.8	17.14	4.2	40.00	248	15	6	10		9.52	40/70 目石英砂
		滑溜水	1.8	6.43	4.2	15.00						3.57	
		交联瓜尔胶	1.8	22.45	4.2	52.38	340	21	11	18		12.47	20/40 目石英砂
		交联瓜尔胶	1.8	7.71	4.2	18.00						4.29	
		交联瓜尔胶	1.8	23.81	4.2	55.56	437	27	15	24		13.23	20/40 目石英砂
转向暂堵	顶替液	滑溜水	1.8	7.46	4.2	17.40						4.14	
	暂堵剂	根据压降曲线确定停泵时间											
		隔离液	0.5	1.5							45	3.00	纤维
		交联瓜尔胶	0.5	1.5								3.00	暂堵剂 60kg
		隔离液	0.5	1.5							45	3.00	纤维
	暂堵顶替液	滑溜水	1	6.63								6.63	

续表

施工阶段		液体类型	油管排量 m^3/min	油管液量 m^3	套管排量 m^3/min	套管液量 m^3	砂浓度 kg/m^3	砂比 %	支撑剂量		纤维加量	阶段	备注
									m^3	t		时间	
第二级压裂	前置液	滑溜水	1.8	51.43	4.2	120.00						28.57	
	携砂液	滑溜水	1.8	12.86	4.2	30.00	165	10	3	5		7.14	40/70 目石英砂
		滑溜水	1.8	4.29	4.2	10.00						2.38	
		滑溜水	1.8	17.14	4.2	40.00	248	15	6	10		9.52	40/70 目石英砂
		滑溜水	1.8	6.43	4.2	15.00						3.57	
		交联瓜尔胶	1.8	22.45	4.2	52.38	340	21	11	18		12.47	20/40 目石英砂
		交联瓜尔胶	1.8	7.71	4.2	18.00						4.29	
		交联瓜尔胶	1.8	23.81	4.2	55.56	437	27	15	24		13.23	20/40 目石英砂
转向暂堵	顶替液	滑溜水	1.8	7.46	4.2	17.40						4.14	
	暂堵剂	根据压降曲线确定停泵时间											
		隔离液	0.5	1.5							45	3.00	纤维
		交联瓜尔胶	0.5	1.5								3.00	暂堵剂 100kg
		隔离液	0.5	1.5							45	3.00	纤维
	暂堵顶替液	滑溜水	1	6.63								6.63	
第三级压裂	前置液	滑溜水	1.8	25.71	4.2	60.00						14.29	
	携砂液	滑溜水	1.8	8.57	4.2	20.00	165	10	2	3		4.76	40/70 目石英砂
		滑溜水	1.8	4.29	4.2	10.00						2.38	
		滑溜水	1.8	11.43	4.2	26.67	248	15	4	7		6.35	40/70 目石英砂
		滑溜水	1.8	6.43	4.2	15.00						3.57	
		交联瓜尔胶	1.8	11.18	4.2	26.09	373	23	6	10		6.21	20/40 目石英砂
		交联瓜尔胶	1.8	7.71	4.2	18.00						4.29	
		交联瓜尔胶	1.8	11.82	4.2	27.59	470	29	8	13		6.57	20/40 目石英砂

续表

施工阶段	液体类型	油管排量 m^3/min	油管液量 m^3	套管排量 m^3/min	套管液量 m^3	砂浓度 kg/m^3	砂比 %	支撑剂量		纤维加量	阶段时间	备注
								m^3	t			
顶替液	滑溜水	1.8	7.46	4.2	17.40						4.14	
全程加入 APS 破胶剂 435kg，其中：油管注入滑溜水阶段均匀加入 360kg；油管注入瓜尔胶阶段，按 0.01%—0.03%—0.05%在混砂车人工楔形锥中加入 APS75kg												
关井 30min，采用 6~8mm 油嘴控制放喷，放压完毕后，以 0.6~0.8m^3/min 的排量用活性水 30m^3 反循环洗井（根据反冲压力及出口出砂情况可以适当增加排量和冲砂液量）												

注：（1）20/40 目石英砂计算按体积密度 1.62g/cm^3，视密度 2.64g/cm^3；40/70 目石英砂计算按体积密度 1.65g/cm^3，视密度 2.94g/cm^3；

（2）施工井口套管限压 30MPa；

（3）施工过程中根据现场施工压力，实时调整施工参数，如暂堵剂顶替到位后压力无明显升高，增加暂堵剂用量再次进行封堵。

7.1.2.2 X5 井泵注设计

表 7.1.4 为压裂施工泵注程序表。施工程序如下：

第一级：总砂量 26.0m^3（40/70 目石英砂 8.0m^3，20/40 目石英砂 18.0m^3），排量 6.0m^3/min（油管 1.8m^3/min、套管 4.2m^3/min），砂比 13.0%，入地液 342.91m^3。

第二级：总砂量 17.0m^3（40/70 目石英砂 5.0m^3，20/40 目石英砂 12.0m^3），排量 6.0m^3/min（油管 1.8m^3/min、套管 4.2m^3/min），砂比 12.0%，入地液 238.03m^3。

第三级：总砂量 17.0m^3（40/70 目石英砂 5.0m^3，20/40 目石英砂 12.0m^3），排量 6.0m^3/min（油管 1.0m^3/min、套管 4.0m^3/min），砂比 10.0%，入地液 312.6m^3。

表 7.1.4 压裂施工泵注程序表

施工阶段		液体类型	油管排量 m^3/min	油管液量 m^3	套管排量 m^3/min	套管液量 m^3	砂浓度 kg/m^3	砂比 %	支撑剂量		纤维加量 kg	阶段时间	备注
									m^3	t			
第一级压裂	前置液	滑溜水	1	10.00	2	20.00						10.00	
		滑溜水	1	10.00	3	30.00						10.00	
		滑溜水	1	10.00	4	40.00						10.00	
	携砂液	滑溜水	1.8	11.69	4.2	27.27	182	11	3	5		6.49	40/70 目石英砂
		滑溜水	1.8	2.14	4.2	5.00						1.19	
		瓜尔胶基液	1.8	10.71	4.2	25.00	330	20	5	8		5.95	40/70 目石英砂

续表

施工阶段		液体类型	油管排量 m^3/min	油管液量 m^3	套管排量 m^3/min	套管液量 m^3	砂浓度 kg/m^3	砂比 %	支撑剂量		纤维加量 kg	阶段时间	备注
									m^3	t			
第一级压裂	携砂液	瓜尔胶基液	1.8	4.29	4.2	10.00						2.38	
		交联瓜尔胶	1.8	12.70	4.2	29.63	437	27	8	13		7.05	20/40 目石英砂
		交联瓜尔胶	1.8	4.29	4.2	10.00						2.38	
		交联瓜尔胶	1.8	14.29	4.2	33.33	486	30	10	16		7.94	20/40 目石英砂
转向暂堵	顶替液	滑溜水	1.8	6.77	4.2	15.80						3.76	
	暂堵剂	(1) 注入滑溜水阶段均匀加入 APS 65kg；注入瓜尔胶阶段，按 0.01%—0.03%—0.05%在混砂车人工楔形锥中加入 APS 15kg。(2) 停泵，根据压降曲线确定停泵时间											
		隔离液	0.5	1.5							45	3.00	纤维
		交联瓜尔胶	0.5	1.5								3.00	暂堵剂 60kg
		隔离液	0.5	1.5							45	3.00	纤维
	暂堵顶替液	滑溜水	1	6.01								6.01	
第二级压裂	前置液	滑溜水	1.8	21.43	4.2	50.00						11.90	
	携砂液	滑溜水	1.8	7.79	4.2	18.18	182	11	2	3		4.33	40/70 目石英砂
		滑溜水	1.8	2.14	4.2	5.00						1.19	
		瓜尔胶基液	1.8	6.77	4.2	15.79	314	19	3	5		3.76	40/70 目石英砂
		瓜尔胶基液	1.8	4.29	4.2	10.00						2.38	
		交联瓜尔胶	1.8	7.94	4.2	18.52	437	27	5	8		4.41	20/40 目石英砂
		交联瓜尔胶	1.8	4.29	4.2	10.00						2.38	
		交联瓜尔胶	1.8	10.00	4.2	23.33	486	30	7	11		5.56	20/40 目石英砂
转向暂堵	顶替液	滑溜水	1.8	6.77	4.2	15.80						3.76	
	暂堵剂	(1) 注入滑溜水阶段均匀加入 APS 40kg；注入瓜尔胶阶段，按 0.01%—0.03%—0.05%在混砂车人工楔形锥中加入 APS 10kg。(2) 停泵，根据压降曲线确定停泵时间											
		隔离液	0.5	1.5							45	3.00	纤维
		交联瓜尔胶	0.5	1.5								3.00	暂堵剂 100kg
		隔离液	0.5	1.5							45	3.00	纤维
	暂堵顶替液	滑溜水	1	6.01								6.63	

续表

施工阶段		液体类型	油管排量 m^3/min	油管液量 m^3	套管排量 m^3/min	套管液量 m^3	砂浓度 kg/m^3	砂比 %	支撑剂量		纤维加量 kg	阶段时间	备注
									m^3	t			
第三级压裂	前置液	滑溜水	1.8	21.43	4.2	50.00						11.90	
	携砂液	滑溜水	1.8	7.79	4.2	18.18	182	11	2	3		4.33	40/70 目石英砂
		滑溜水	1.8	2.14	4.2	5.00						1.19	
		瓜尔胶基液	1.8	6.77	4.2	15.79	314	19	3	5		3.76	40/70 目石英砂
		瓜尔胶基液	1.8	4.29	4.2	10.00						2.38	
		交联瓜尔胶	1.8	7.94	4.2	18.52	437	27	5	8		4.41	20/40 目石英砂
		交联瓜尔胶	1.8	4.29	4.2	10.00						2.38	
		交联瓜尔胶	1.8	10.00	4.2	23.33	486	30	7	11		5.56	20/40 目石英砂
顶替液		滑溜水	1.8	6.77	4.2	15.80						3.76	
注入滑溜水阶段均匀加入 APS 40kg；注入瓜尔胶阶段，按 0.01%—0.03%—0.05%在混砂车人工楔形锥中加入 APS 10kg													
备注：(1) 根据现场施工压力，实时调整施工参数；(2) 如暂堵剂顶替到位后压力无明显升高，增加暂堵剂用量再次进行封堵													

注：(1) 20/40 目石英砂计算按体积密度 1.62g/cm³，视密度 2.64g/cm³；40/70 石英砂计算按体积密度 1.65g/cm³，视密度 2.94g/cm³；

(2) 施工井口套管限压 30MPa；

(3) 施工过程中根据现场施工压力，实时调整施工参数，如暂堵剂顶替到位后压力无明显升高，增加暂堵剂用量再次进行封堵。

7.2　暂堵剂专用加入设备和压裂现场技术服务

7.2.1　纤维专用加入设备

纤维材料加入使用公司自主研发的纤维分散、精确计量加入装置（图 7.2.1），装置有以下特点：

(1) 可通过微机电缆传输控制；

(2) 可按设计精确控制加入比例及加入量；

(3) 直接在混砂车混砂罐或暂堵剂批混泵注橇中伴注加入，工艺实施简单。

图 7.2.2 为纤维混合器。为防止纤维飘散，对纤维材料现场加入装置进行了改进。根据纤维用量，设计加工了两个喷头，置于混砂罐上，靠压裂液喷淋、携带防止纤维飘散，现场应用效果良好。

图 7.2.1 纤维加入装置

图 7.2.2 纤维混合器

纤维专用加入装置主要技术性能如下：

发动机燃油箱容量 80L，运行时间 17h；

设备尺寸：220cm×156cm×190cm，重量：2000kg；

设备设定连续工作时间 999min（16.65h）；

送料距离：>30m；

送料能力：0~40kg/min；

计量误差：<5%；纤维打散率 90%。

7.2.2 暂堵剂批混泵注橇

为保证颗粒暂堵剂的精确加入，配套了的颗粒暂堵剂专用加入设备——暂堵剂批混泵注橇，确保满足施工需求。

7.2.2.1 基本结构

该设备动力主要由 VOLVO TAD1242VE 系列发动机提供，通过变扭器自动变速箱驱动 TPC600 三缸柱塞泵进行作业。其余辅助动力由 VOLVO TAD620VE 发动机提供，通过分动箱驱动液压系统等装置。

7.2.2.2 功能介绍

1. 搅拌混合

图 7.2.3 为混合系统。混合系统主要由搅拌器总成、混合罐总成、清水泵、酸泵、管汇系统、排出泵等构成。

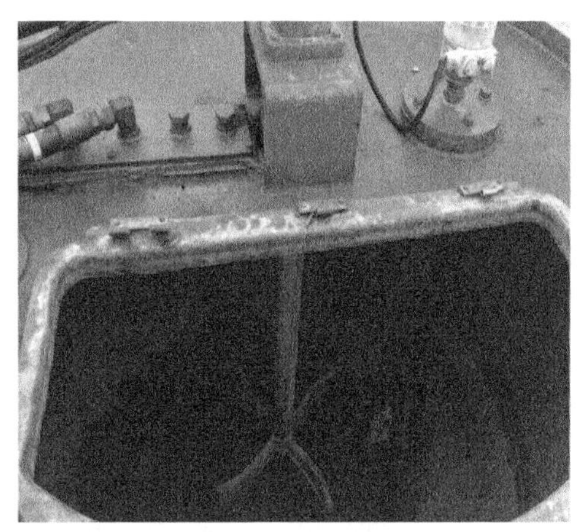

图 7.2.3 混合系统

混合系统的混砂能力为 $2m^3$/min，搅拌叶片由油马达驱动，混合罐中设有自动液面控制系统，通过调节供液量（调节吸入离心泵马达的转速）和吸入口阀门来控制液面。清水泵为 IHF100-65-200 离心泵，设有 2 个 4in 外接水源吸入口。其排出口装有 3in 清水流量计，该流量计具有双 PICK UP 口，一个进入二次仪表显示瞬时排量和累计排量；另一个 PICK UP 信号进入计算机自动控制。酸泵为 IHF80-50-200 离心泵，设有 2 个 4in 外接水源吸入口。其排出口装有 3in 清水流量计，该流量计具有双 PICK UP 口，一个进入二次仪表显示瞬时排量和累计排量；另一个 PICK UP 信号进入计算机自动控制。排出泵为 IHF100-65-250 离心泵，最大排量 $2m^3$/min，最大工作压力 100psi（0.7MPa），其排出管汇上装有 3in 流量计，双 PICK UP 信号分别用于手动控制和自动控制系统，排出管汇有 2 个 4in 连接口，并可连接到大泵吸入。

2. 液体添加系统

图 7.2.4 为液体添加系统。本系统由三台胶联泵、油马达、联轴器、速度传感器、单向阀、快速接头、马达支座以及管汇件等组成。

图 7.2.4　液体添加系统

本系统工作可靠、计量准确，能方便地向混合罐中输送各种液体添加剂；同时也能直接向排出管汇输送添加剂而不经混合罐混合，从而方便油田现场作业。

3. 高压泵注系统

图 7.2.5 为高压泵注系统，表 7.2.1 为高压泵性能参数。

图 7.2.5　高压泵注系统

表 7.2.1　高压泵性能参数

主动轴转速，r/min	主轴转速，r/min	液力端排出压力，MPa	液力端排量，L/min
236	51	56	189
513	111	43.8	411
942	205	23.7	760
1259	274	17.7	1015
1800	391	12.4	1449

7.2.3 现场试验

7.2.3.1 施工概况

1. L9井施工概况

L9井长7_1、长7_2层开展暂堵定点多级压裂试验，图7.2.6为现场施工照片。油层厚度76m，射孔6段9m共141孔（避节箍少射3孔），暂堵2次压裂3次。

图7.2.6 现场施工照片

现场施工组织有序，过程把控严密，无纤维飘散、颗粒散落等现象。

（1）第一次压裂。破压：油压26MPa，套压22MPa；工压：油压21MPa，套压26.5MPa；停压：油压16.4MPa，套压15.9MPa；施工排量$6m^3/min$（油管$1.8m^3/min$+套管$4.2m^3/min$），加砂$35m^3$，砂比11%，入地液$540m^3$。

（2）第一次暂堵。第一次压裂结束后停泵30min待裂缝闭合后，由油管先加入40kg纤维隔离液$1.5m^3$，再加入暂堵剂60kg、纤维30kg混合的交联液$1.5m^3$，最后加入30kg纤维隔离液$1.5m^3$，以$0.5\sim0.8m^3/min$排量泵送，待暂堵剂进入射孔段附近时，套压迅速直线上升至32MPa，立刻停泵后再次以$0\sim0.5m^3/min$排量泵送，套压逐渐下降至25MPa，提排量至$1.8m^3/min$，套压继续下降至18MPa。

（3）第二次压裂。破压：油压31MPa，套压25.8MPa；工压：油压24MPa，套压27MPa；停压：油压17.7MPa，套压17.7MPa；施工排量$6m^3/min$（油管$1.8m^3/min$+套管$4.2m^3/min$），加砂$35m^3$，砂比11%，入地液$563m^3$。

（4）第二次暂堵。第二次压裂结束后停泵30min待裂缝闭合，由油管先加入35kg纤维隔离液$1.5m^3$，再加入暂堵剂60kg、纤维20kg混合的交联液$1.5m^3$，最后加入10kg纤维隔离液$1.5m^3$，以$0.8m^3/min$排量泵送，待暂堵剂进入射孔段时，套压保持15MPa不变，期间套压下降1MPa；分析认为地层可能未完全闭合，考虑两次压后入地液量较大、地层能量充足，决定将暂堵剂完全顶替后，停泵 1h 待裂缝闭合后继续暂堵，同时加大暂堵剂用量，采用小排量泵送。再次由油管先加入 50kg 纤维隔离液 1.5m^3，再加入暂堵剂 100kg、纤维 30kg 混合的交联液 1.5m^3，最后加入 40kg 纤维隔离液 1.5m^3，先以 0.5m^3/min 排量泵送（由于暂堵剂黏度较高，实际排量 0.1~0.3m^3/min），后以 0.8m^3/min 排量泵送，油压、套压均为 15MPa，待暂堵剂进入射孔位置时，套压由 15MPa 上升至 25MPa，提排量至 1.8m^3/min，套压逐步下降至 20MPa。

（5）第三次压裂。破压：油压 30MPa，套压 25.3MPa；工压：油压 24MPa，套压 28MPa；停压：油压 16.2MPa，套压 15.5MPa；施工排量 6m^3/min（油管 1.8m^3/min+套管 4.2m^3/min），加砂 20m^3，砂比 13%，入地液 345m^3。

2. X5 井施工概况

X5 井长 6_3 层开展暂堵定点多级压裂试验，油层厚度 22m，射孔 4 段 5m 共 80 孔，暂堵 2 次压裂 3 次。

（1）第一次压裂。破压：油压 38MPa，套压 29MPa；工压：油压 24MPa，套压 21MPa；停压：油压 14MPa，套压 13MPa；施工排量 6m^3/min（油管 1.8m^3/min+套管 4.2m^3/min），加砂 26m^3，砂比 13%，入地液 348m^3。

（2）第一次暂堵。第一次压裂结束后停泵 30min 待裂缝闭合后，由油管先加入 45kg 纤维隔离液 1.5m^3，再加入暂堵剂 80kg、纤维 30kg 混合的交联液 1.5m^3，最后加入 45kg 纤维隔离液 1.5m^3，以 0.5~0.8m^3/min 排量泵送（实际排量 0.1~0.3m^3/min），待暂堵剂进入射孔段附近时，套压由 13MPa 迅速上升至 25MPa，后逐渐将至 15MPa。

（3）第二次压裂。破压：油压 23MPa，套压 25MPa；工压：油压 22MPa，套压 23MPa；停压：油压 14MPa，套压 14MPa；施工排量 6m^3/min（油管 1.8m^3/min+套管 4.2m^3/min），加砂 17m^3，砂比 12%，入地液 225m^3。

（4）第二次暂堵。第二次压裂结束后停泵 60min 待裂缝闭合，由油管先加入 45kg 纤维隔离液 1.5m^3，再加入暂堵剂 80kg、纤维 30kg 混合的交联液 1.5m^3，最后加入 30kg 纤维隔离液 1.5m^3，以 0.5~0.8m^3/min 排量泵送，待暂堵剂进入射孔段时，套压由 13MPa 升至 22MPa，后逐步下降至 16MPa。

（5）第三次压裂。破压：油压 24MPa，套压 22MPa；工压：油压 26MPa，套压 27MPa；停压：油压 15MPa，套压 15MPa；施工排量 6m^3/min（油管 1.8m^3/min+套管 4.2m^3/min），加砂 17m^3，砂比 10%，入地液 232m^3。

7.2.3.2 试油情况

里 389 长 7 层采用分求钻具求产完试，累计抽汲 14 个班，试油日产纯油 41.31t，返排率 41%，测完压后偶极声波后已完井。

X25长6层采用分求钻具求产，累计抽汲12个班，试油日产纯油41.06t，返排率56%，目前待测压后偶极声波后完井。

7.2.4　压后试验效果分析评价

对压裂过程中暂堵前后地面及井下施工压力变化进行分析；对多级暂堵压裂措施试油效果及经济效益进行对比分析，评价动态多级暂堵压裂技术与经济可行性。

7.2.4.1　施工压力变化分析

井底压力由于排除了井筒摩阻的影响，能较真实地反映裂缝内净压力的变化情况。4次暂堵压裂过程中，暂堵剂段塞到达射孔位置后，施工压力（包括油压、套压和井底压力）均迅速提升，并快速下降，具有明显的破裂压力显示，且后续各级压裂施工压力均明显上升，停泵压力也有所上升，具有新裂缝压裂的迹象。

其中，井底压力变化趋势与地面油压、套压变化趋势基本一致，即当暂堵剂到达储层位置后，井底压力迅速上升，4次暂堵过程中井底压力上升幅度均大于7MPa，这证实了暂堵剂有效封堵了射孔炮眼和近井带裂缝，迫使后续压裂液转向高应力、前期未有效动用的储层，这也是后续施工压力和停泵压力均较高的原因。

暂堵施工压力选择见附录2。

7.2.4.2　邻井试油情况对比

为了评价L9井动态多级暂堵压裂试油效果，收集了L9井邻井的四性关系和试油情况等资料，通过油层厚度、物性、压裂改造工艺及规模等比对，筛选出里285、里155井作重点对比，见表7.2.2。

由表7.2.2可知，L9井、里285井、里155井压裂改造规模相似，加砂量分别为$90m^3$、$80m^3$、$75m^3$，里285井采取$12m^3/min$大排量体积压裂工艺，里155井采取双封选压小排量精细压裂。

里155 L9井砂体厚度分别约为42m、48.6m，L9井油层厚度较厚，约为24m（据L9井长7层压裂施工设计），里155井油层厚度16.1m。结合试油结果，里285井、里155井试油产量分别达到24.23t/d、22.10t/d，而L9井试油产量高达41.31t/d，试油效果较理想。结果可得，L9井试油效果较好，为区域产量最高井。

为了评价X5井动态多级暂堵压裂试油效果，统计了X5井长6_3层试油与邻井对比情况，见表7.2.3，对比井压裂工艺涉及动态多级暂堵压裂、水力喷射、双封选压、多级加砂等。

表 7.2.2　L9 井长 7 层试油与邻井对比情况

井号	层位	射孔井段 m	储层厚度		电性参数						压裂施工综合参数						试油结果	
			油层 m	差油层 m	孔隙度 %	渗透率 mD	含油饱和度 %	电阻率 Ω·m	声波时差 μs/m	密度 g/cm^3	压裂方式	砂量 m^3	砂比 %	排量 m^3/min	支撑剂类型	液体类型	产油量 t/d	产水量 m^3/d
L9	长 7_2	2193.0~2194.0 2184.0~2186.0 2164.0~2166.0	24.0	12.8	12.30	0.32	—	31.39	231.75	2.49	纤维暂堵	35 35 20	10.9 10.9 9.6	油管 1.8 套管 4.2	石英砂	混合水	41.31	0
	长 7_1	2146.0~2148.0 2129.0~2130.0 2120.0~2121.0																
里 285	长 7_2	2171.0~2174.0	16.1	9	7.6	0.08	32.57	54.27	224.72	2.49	光套管体积压裂	80	15	12	石英砂	混合水	24.23	0
	长 7_1	2137.0~2139.0																
里 155	长 7_2	1984.0~1987.0 1996.0~1998.0	7	7.2	10	0.17	48.56	85.24	233.32	2.47	双封选压	45	35.3	2.2	石英砂	瓜尔胶	22.10	0
	长 7_1	1937.0~1940.0	4	7.7	9.6	0.13	42.82	39.42	228.8	2.47		30	34.7	1.6				

表 7.2.3 X5 井长 6 层试油与邻井对比情况

井号	层位	射孔井段 m	储层厚度		电性参数						压裂施工综合参数						试油结果	
			油层 m	差油层 m	孔隙度 %	渗透率 mD	含油饱和度 %	电阻率 Ω·m	声波时差 μs/m	密度 g/cm^3	压裂方式	砂量 m^3	砂比 %	排量 m^3/min	支撑剂类型	液体类型	产油量 t/d	产水量 m^3/d
X5	长 6_3	1973.0~1974.0 1975.5~1976.5 1979.5~1980.5 1990.0~1992.0	18.6	—	11.20	0.13	32.44	72.25	233.18	2.48	纤维暂堵	26 17 17	13.6 12.5 12.7	油管 1.8 套管 4.2; 油管 1.8 套管 4.2; 油管 1.8 套管 4.2	石英砂	混合水	41.06	0
悦 26	长 6_3	1868.0~1872.0 1877.0~1880.0	8.9	3.0	9.8	0.26	—	74.36	225.29	2.53	水力喷射	35	8.8	油 3.4 套 0.6	石英砂		11.65	0
X09	长 6_3	1658.0~1662.0 1676.0~1679.0	15.2	2.0	12.1	0.32	—	39.62	229.62	2.46	双封选压	35	32	1.4~1.6	石英砂		14.11	0
城 95	长 6_3	1936.0~1940.0	10.6	6.8	7.9	0.04	32.2	32.61	222.29	2.5	多级加砂	25+ 30	30.2+ 29.7	1.8+ 2.0	石英砂		8.59	0

X5 井、X09 井油层厚度分别为 18. 6m、15. 2m，X09 井储层孔、渗物性较好。由试油结果可知，X09 井平均试油产量为 14. 11t/d，而 X5 井试油产量高达 41. 06t/d，试油效果较理想。由结果可得，X5 井试油效果较好，为区域产量最高井。

7. 2. 4. 3 L9 压裂效果测井评价

施工井概况见表 7. 2. 4。

表 7. 2. 4 L9 井长 7 测井施工井概况

<table>
<tr><td>井名：L9</td><td>井别：评价井</td><td>井型：直井</td></tr>
<tr><td>人工井底：2317. 50m</td><td colspan="2">井内介质：活性水</td></tr>
<tr><td colspan="2">套管程序：13. 97cm×2332. 00m</td><td>套管壁厚：7. 72mm</td></tr>
<tr><td colspan="3">射孔井段：2120. 00～2121. 00m，2129. 00～2130. 00m，2146. 00～2148. 00m，2164. 00～2166. 00m
2184. 00～2186. 00m，2193. 00～2194. 00m</td></tr>
</table>

测井工作由 EILog 成像测井系统完成，所测内容详见表 7. 2. 5。

表 7. 2. 5 L9 井测井采集概况

<table>
<tr><td colspan="3">测井目的：主要针对长 7 目的层进行压裂效果检测</td></tr>
<tr><td rowspan="2">地面仪器：EILog</td><td rowspan="2">测井模式：偶极模式</td><td>压前测井日期：2016 年 11 月 08 日</td></tr>
<tr><td>压后测井日期：2016 年 11 月 25 日</td></tr>
<tr><td>测量井段</td><td>测井项目</td><td>井下仪器</td></tr>
<tr><td>压前：2000. 00～2290. 00m</td><td rowspan="2">阵列声波压裂诊断</td><td rowspan="2">MPAL</td></tr>
<tr><td>压后：2000. 00～2222. 00m</td></tr>
<tr><td colspan="3">测井项目完成情况：在施工中严格按照操作规程，仪器刻度、测速、重复性等各项技术指标均符合要求，曲线均合格</td></tr>
</table>

1. 资料预处理

MPAL 成像资料主要在 LEAD_MPAL 处理界面上进行处理解释工作并根据地层岩性特点，选取合理的处理参数。阵列声波测井主要用声波全波列资料进行各向异性计算。

2. 处理方法

阵列声波测井与其他成像技术相比，可以进行套管井测井，这个优势为压裂裂缝检测提供了可能。当一束横波信号入射到各向异性地层（如裂缝性地层）时，入射横波可分裂成质点平行和质点垂直于裂缝走向的振动，并以不同的速度向上传播。质点平行于裂缝走向振动方向沿井轴向上传播的横波，比质点垂直于裂缝走向振动方向沿井轴向上传播的横波速度要快，前者称快横波，后者为慢横波。

横波的这种分裂现象是地层产生横波方位各向异性的基础，而横波分裂现象往往是由地层裂缝（尤其垂直缝或高角度缝）引起的，利用反演技术，通过对各接收器波形数据进行联立求解，确定地层快慢横波速度及正交接收阵列有关的波的能量比，从而进行地层的各向异性分析。

各向异性是用快、慢横波速度之差来度量的，可以用以下公式来定义：

$$各向异性=\frac{2\Delta s}{s_1+s_2}\times 100\% \tag{7.2.1}$$

其中

$$\Delta s=s_1-s_2$$

式中 s_1——快横波速度，m/s；

s_2——慢横波速度，m/s。

由于压裂后所形成的裂缝多为垂直缝或高角度缝，因此，可以通过对比压前、压后储层的各向异性来检测压裂裂缝，进而评价压裂效果。

3. 成果图件格式说明

提供压裂诊断的横波各向异性成果图格式如下：横波各向异性成果图格式为第一道地质分层；第二道自然伽马曲线和井径曲线；第三道深度道；第四道各向异性灰度图，颜色由浅到深表示地层各向异性由弱变强；第五道快慢横波能量差；第六道快横波慢度、慢横波慢度和横波各向异性及平均各向异性值；第七道快慢横波处理窗起始时间、快慢横波处理窗结束时间及快横波波形、慢横波波形；第八道岩性剖面；第九道解释结论。

4. 解释与评价

本次测井针对长 7 目的层进行压裂效果检测，压前测量段为 2000. 00~2290. 00m，压后测量段为 2000. 00~2222. 00m，所测地层为延长组的长 6、长 7 和长 8 地层，岩性剖面为砂泥岩剖面。

在长 7 地层 2119. 60 ~ 2121. 50m、2127. 50 ~ 2130. 80m、2144. 90 ~ 2149. 40m、2156. 30~2157. 50m、2164. 80~2166. 10m、2180. 30~2189. 10m 和 2192. 10~2195. 10m 综合解释为油层，地层 2122. 90~2126. 00m、2141. 50~2144. 90m、2161. 60~2164. 80m、2167. 30~ 2168. 60m 和 2178. 50 ~ 2180. 30m 解释为差油层，射孔段为 2120. 00 ~ 2121. 00m、2129. 00~2130. 00m、2146. 00~2148. 00m、2164. 00~2166. 00m、2184. 00~2186. 00m 和 2193. 00~2194. 00m。压裂改造方式为井下动态多级暂堵压裂，压裂液为混合水，加砂量为石英砂 90. 00m^3，砂比为 21. 20%，排量为 6. 00m^3/min，油管破裂压力为 26. 40MPa，套管破裂压力为 21. 30MPa。试油结果为：产油量 41. 31t/d，产水量 0. 00m^3/d。

长 7 地层射孔段及其上下部地层的水泥胶结评价结果显示：第一界面和第二界面以胶结良好为主，因此阵列声波记录的主要为地层信息，各向异性计算结果基本为地层信息真实的反映，如图 7. 2. 7 所示。

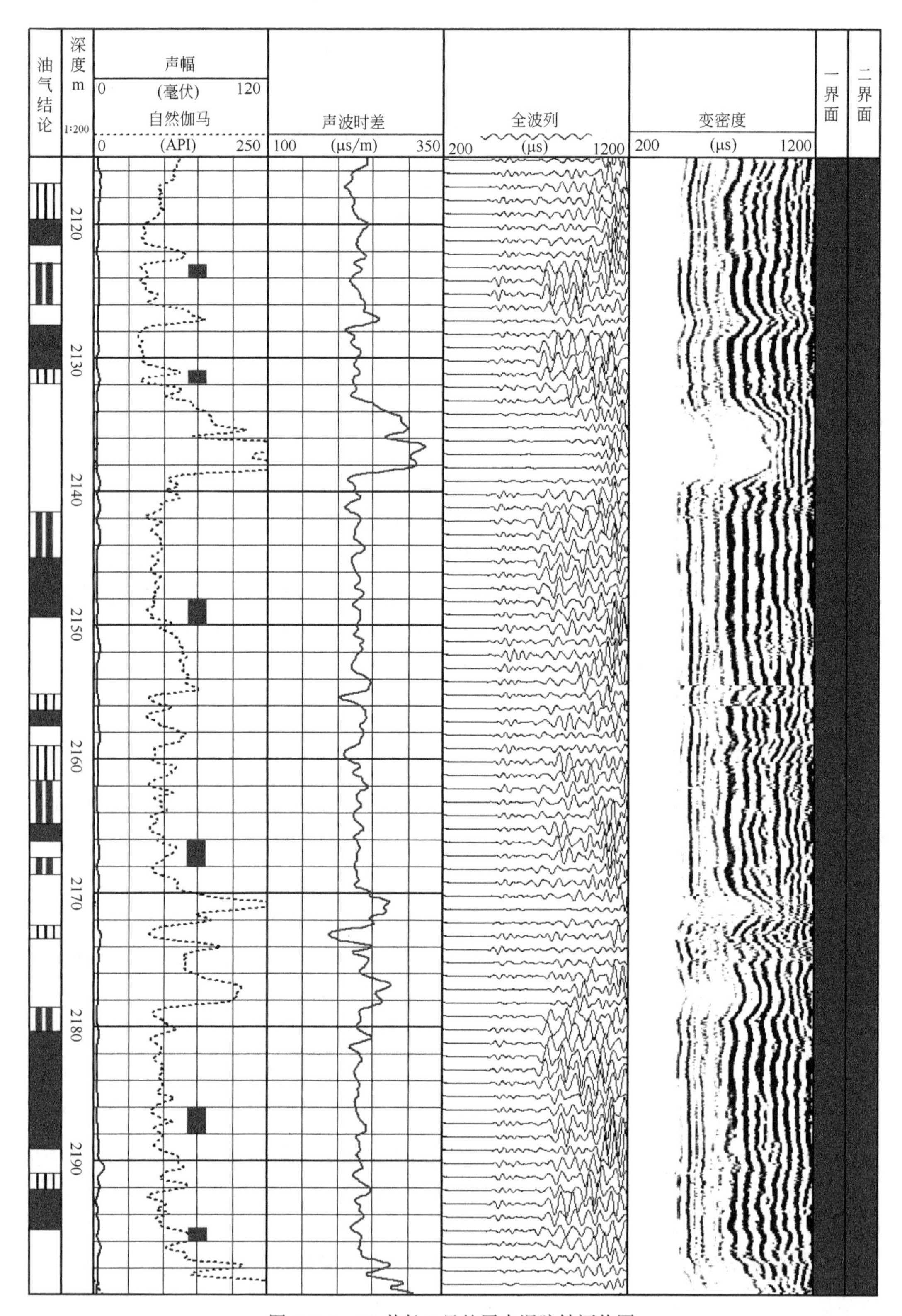

图 7.2.7 L9 井长 7 目的层水泥胶结评价图

在长7目的层有较弱的各向异性显示和能量差。分析认为，较弱的各向异性显示可能是由地层存在天然裂缝引起的。

对比长7目的层压前、压后各向异性成果图显示：在2159.00~2170.00m各向异性及能量差显示较强，在2121.00~2159.00m和2170.00~2197.00m地层各向异性及能量差显示较弱，分析认为可能是由于压裂缝和地层天然裂缝共同作用形成的网状缝，造成能量抵消的结果，射孔段为2120.00~2121.00m、2129.00~2130.00m、2146.00~2148.00m、2164.00~2166.00m、2184.00~2186.00m和2193.00~2194.00m。由于是改造层位，分析认为各向异性是由压裂改造后形成的压裂缝引起的。结合图像分析得出，压裂缝向上延伸至2121.00m，向下可能延伸至2197.00m，延伸高度为76.00m。

综合分析认为：本井长7目的层经压裂改造后，形成了裂缝系统，压裂缝主要在储层的内部发育。

7.3 W81井长6_2层压裂关键参数施工设计

7.3.1 W81井长6_2层压裂基础资料

表7.3.1 W81井长6_2层压裂关键参数施工设计

<table>
<tr><td>施工日期</td><td colspan="5">2020.8.26</td><td colspan="2">压裂层位</td><td colspan="2">长$4+5_2^2$层</td></tr>
<tr><td>油层深度，m</td><td colspan="5">1597.9~1606.6</td><td colspan="2">厚度，m</td><td colspan="2">8.7</td></tr>
<tr><td>射孔深度，m</td><td colspan="5">1598.4~1604.5</td><td colspan="2">厚度，m</td><td colspan="2">6.1</td></tr>
<tr><td>射孔枪型/弹型</td><td colspan="2">102/127</td><td colspan="2">孔密，孔/m</td><td>16</td><td colspan="2">射孔孔数</td><td colspan="2">—</td></tr>
<tr><td>压裂液名称</td><td>XYZC-6
XYTJ-3</td><td>浓度,%</td><td>1.2
1.5</td><td>黏度</td><td>—</td><td>交联剂名称</td><td>—</td><td>交联比</td><td>—</td></tr>
<tr><td>压裂方式</td><td colspan="3">不动管柱</td><td colspan="2">压裂前预处理措施</td><td>—</td><td colspan="2">配液方式</td><td>—</td></tr>
<tr><td>套管尺寸，mm</td><td>139.7</td><td colspan="3">油管尺寸，mm</td><td>73.0</td><td colspan="2">油管容积，m^3</td><td colspan="2">4.8</td></tr>
<tr><td>施工步骤</td><td colspan="9">送球—打滑套—前置液—加砂—前置液—加砂—顶替—停泵</td></tr>
<tr><td rowspan="2">项目</td><td colspan="3">前置液</td><td colspan="3">混砂液</td><td colspan="3">替置液</td></tr>
<tr><td>最大</td><td>最小</td><td>平均</td><td>最大</td><td>最小</td><td>平均</td><td>最大</td><td>最小</td><td>平均</td></tr>
<tr><td>排量，L/min</td><td>3040</td><td>1300</td><td>2770</td><td>3050</td><td>3000</td><td>3020</td><td>3040</td><td>3020</td><td>3030</td></tr>
<tr><td>压力，MPa</td><td>33.2</td><td>15.4</td><td>30.6</td><td>32.9</td><td>14.9</td><td>22.4</td><td>28.7</td><td>23.1</td><td>25.8</td></tr>
<tr><td>吸收指数</td><td></td><td></td><td></td><td></td><td></td><td>134.8</td><td></td><td></td><td></td></tr>
<tr><td>含砂比,%</td><td></td><td></td><td></td><td></td><td></td><td>21.0</td><td></td><td></td><td></td></tr>
<tr><td>含砂浓度，kg/m^3</td><td></td><td></td><td></td><td></td><td></td><td>327.6</td><td></td><td></td><td></td></tr>
<tr><td>压入液量，m^3</td><td colspan="3">低黏液：89.7</td><td colspan="3">高黏液：190.4</td><td colspan="3">低黏液：4.8</td></tr>
</table>

续表

<table>
<tr><td colspan="2">其他液量，m³</td><td colspan="3">送球用低黏液：4.1</td><td colspan="2">入地总液量，m³</td><td colspan="4">284.9</td></tr>
<tr><td rowspan="3">支撑剂</td><td>名称</td><td>规格，mm</td><td>生产厂家</td><td colspan="2">密度
（真/视），g/cm³</td><td colspan="3">加砂总量</td><td colspan="2">入地砂量</td></tr>
<tr><td>石英砂</td><td>0.425~0.85</td><td>—</td><td colspan="2">2.63/1.56</td><td>62400kg</td><td colspan="2">40.0m³</td><td>62400kg</td><td>40.0m³</td></tr>
<tr><td>—</td><td>—</td><td>—</td><td colspan="2">—</td><td>—</td><td colspan="2">—</td><td>—</td><td>—</td></tr>
<tr><td colspan="2">破裂压力，MPa</td><td>33.3</td><td>停泵
压力，MPa</td><td colspan="4">7.4</td><td colspan="2">质量评定</td><td>合格</td></tr>
<tr><td colspan="8">施工简况</td><td colspan="3">钻具井深，m</td></tr>
<tr><td colspan="2">排量，L/min</td><td>砂量，kg</td><td colspan="2">含砂浓度，kg/m³</td><td colspan="3">交联比/破胶性能</td><td colspan="3" rowspan="4">水力锚：1584.73
上封隔器：1585.40
滑套：1604.71
下封隔器：1605.45
落座接头：1606.08
直嘴子：1679.49</td></tr>
<tr><td colspan="2">设计 3000</td><td>62400</td><td colspan="2">327.4</td><td colspan="3">—</td></tr>
<tr><td colspan="2">实际 3020</td><td>62400</td><td colspan="2">327.6</td><td colspan="3">良好</td></tr>
<tr><td colspan="8">施工时间 106min；入地支撑剂实际体积 23.73m³；
暂堵转向加入 CJD-2　150kg，压力由 16.9MPa 涨至 25.3MPa</td></tr>
</table>

7.3.2　W81 井长 6_2层起裂压力计算（缝内）

图 7.3.1 为 W81 井长 6_2 层现场压裂起裂压力设计曲线图，软件计算起裂压力范围从 31.7MPa 至 32MPa，实际现场用暂堵转向加入 CJD-2 125kg，压力由 21.2MPa 涨至 35.00MPa，达到了转向压裂的目的。

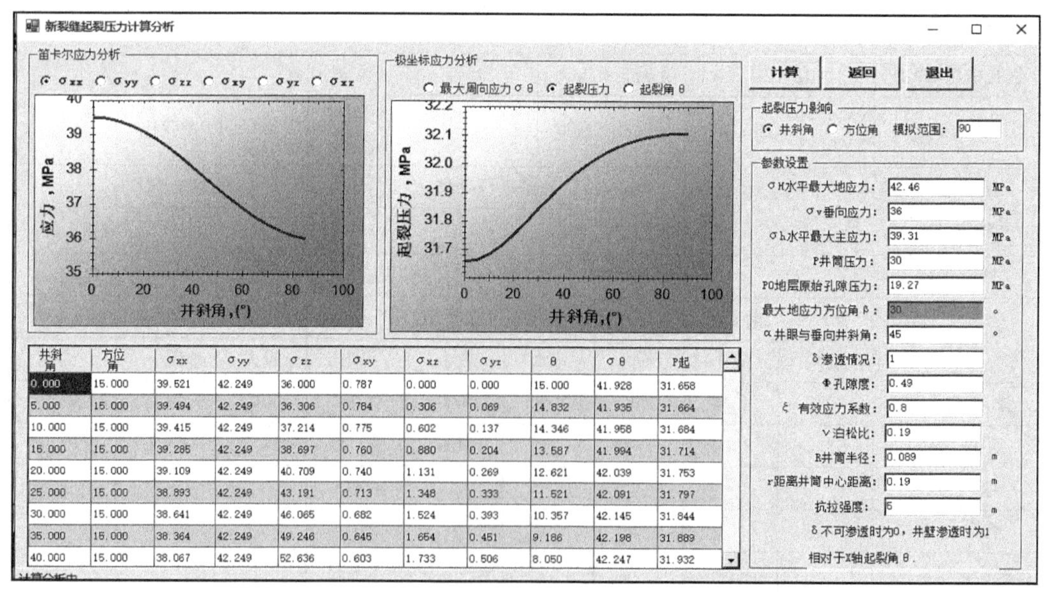

图 7.3.1　W81 井长 6_2 层现场压裂起裂压力设计曲线图

7.3.3　暂堵剂用量设计（缝内）

图 7.3.2 为 W81 井长 6_2 层现场暂堵剂用量软件设计结果，软件设计压裂升压峰值为 32MPa，暂堵剂用量为 123.429kg，现场用暂堵转向加入 CJD－2 125kg，压力由 21.2MPa 涨至 32.5MPa。

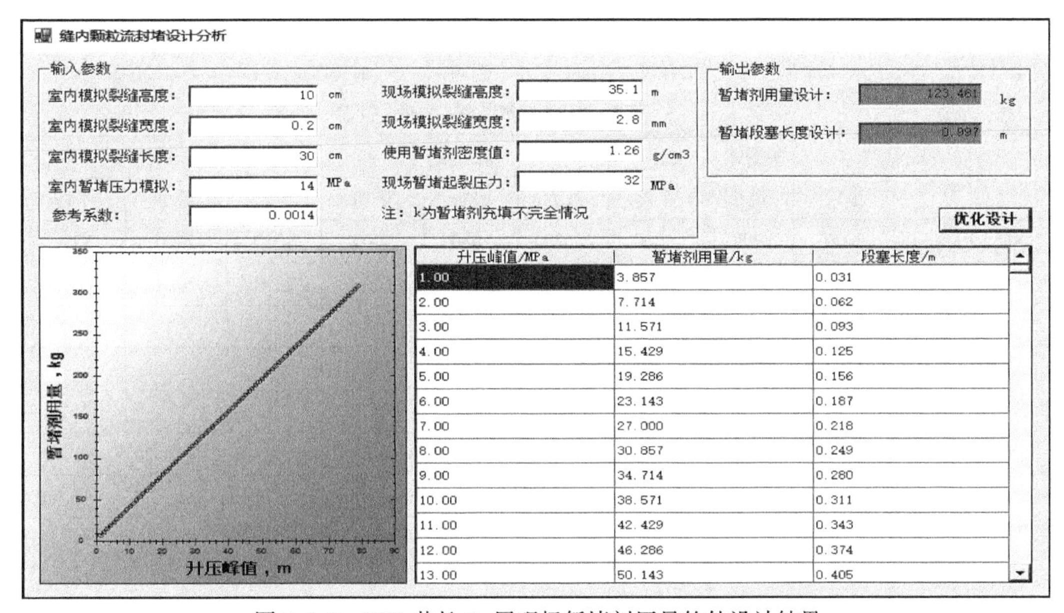

图 7.3.2　W81 井长 6_2 层现场暂堵剂用量软件设计结果

7.4　H25 井长 6 层第二段压裂关键参数施工设计

7.4.1　H25 井长 6 层第二段压裂基础资料

表 7.4.1 为 H25 井长 6 层第二段压裂关键参数施工设计。

表 7.4.1　H25 井长 6 层第二段压裂关键参数施工设计

施工日期	2020.09.05	压裂层位	长 6 层第 2 段
油层深度，m	1256.1～1261.9　1262.5～1267.8　1268.1～1271.3 1271.6～1272.9　1274.0～1281.9　1282.3～1286.0	厚度，m	5.8　5.3　3.2　1.3 7.9　3.7
射孔深度，m	1256.5～1257.5　1258.0～1260.5　1263.0～1267.0 1268.4～1271.0　1271.8～1272.8　1274.8～1275.8 1277.0～1278.0　1279.0～1281.5　1282.5～1285.5	厚度，m	1.0　2.0　4.0　2.6 1.0　1.0　1.0　2.5　3.0

续表

<table>
<tr><td>射孔枪型/弹型</td><td colspan="2">TY102/127</td><td>孔密，孔/m</td><td colspan="2">16</td><td colspan="2">射孔孔数</td><td colspan="2">16 32 64 42
16 16 16 40 48</td></tr>
<tr><td>压裂液名称</td><td>XYZC-6</td><td>浓度
%</td><td>0.3~0.5</td><td>黏度</td><td>—</td><td>交联剂
名称</td><td>—</td><td>交联比</td><td>—</td></tr>
<tr><td>压裂液名称</td><td>XYZC-6</td><td>浓度
%</td><td>0.8~1.2</td><td>黏度</td><td>—</td><td>交联剂
名称</td><td>—</td><td>交联比</td><td>—</td></tr>
<tr><td>压裂方式</td><td colspan="3">不动管柱</td><td colspan="2">压裂前预处理措施</td><td colspan="2">—</td><td>配液方式</td><td>700 型</td></tr>
<tr><td>套管尺寸，mm</td><td colspan="2">139.7</td><td colspan="2">油管尺寸，mm</td><td>73.0</td><td colspan="2">油管容积，m^3</td><td colspan="2">3.8</td></tr>
<tr><td>施工步骤</td><td colspan="9">低替—座封—前置液—加砂—顶替—停泵</td></tr>
<tr><td rowspan="2">项目</td><td colspan="3">前置液</td><td colspan="3">混砂液</td><td colspan="3">替置液</td></tr>
<tr><td>最大</td><td>最小</td><td>平均</td><td>最大</td><td>最小</td><td>平均</td><td>最大</td><td>最小</td><td>平均</td></tr>
<tr><td>排量，L—min</td><td>3020</td><td>2980</td><td>3000</td><td>3020</td><td>2980</td><td>3000</td><td>3010</td><td>2990</td><td>3000</td></tr>
<tr><td>压力，MPa</td><td>32.5</td><td>20.7</td><td>26.6</td><td>31.5</td><td>20.8</td><td>26.1</td><td>28.3</td><td>20.9</td><td>24.6</td></tr>
<tr><td>吸收指数</td><td></td><td></td><td></td><td></td><td></td><td>114.9</td><td></td><td></td><td></td></tr>
<tr><td>含砂比,%</td><td></td><td></td><td></td><td></td><td></td><td>22.2</td><td></td><td></td><td></td></tr>
<tr><td>含砂浓度，kg/m^3</td><td></td><td></td><td></td><td></td><td></td><td>346.8</td><td></td><td></td><td></td></tr>
<tr><td>压入液量，m^3</td><td colspan="3">低黏滑溜水：105.5</td><td colspan="3">高黏滑溜水：224.9</td><td colspan="3">低黏滑溜水：7.8</td></tr>
<tr><td>其他液量，m^3</td><td colspan="3"></td><td colspan="2">入地总液量，m^3</td><td colspan="4">338.2</td></tr>
<tr><td rowspan="2">支撑剂</td><td>名称</td><td>规格，mm</td><td>生产厂家</td><td colspan="2">密度
(真/视)，g/cm^3</td><td colspan="2">加砂总量</td><td colspan="2">入地砂量</td></tr>
<tr><td>石英砂</td><td>0.425~0.85</td><td></td><td colspan="2">2.63/1.56</td><td>78000kg</td><td>50.0m^3</td><td>78000kg</td><td>50.0m^3</td></tr>
<tr><td>破裂压力，MPa</td><td colspan="2">32.5</td><td>停泵压力，MPa</td><td colspan="2">11.8</td><td colspan="2">质量评定</td><td colspan="2"></td></tr>
<tr><td colspan="6">施工简况</td><td colspan="4">钻具井深，m</td></tr>
<tr><td>排量，L/min</td><td>砂量，kg</td><td colspan="2">含砂浓度，kg/m^3</td><td colspan="2">交联比/破胶性能</td><td colspan="4" rowspan="4">水力锚：1246.23
上封隔器：1247.10
滑套导压阀：1285.03
下封隔器：1285.90
座落接头：1287.10
直嘴子：1288.30</td></tr>
<tr><td>设计 3000</td><td>78000</td><td colspan="2">347.7</td><td colspan="2">—</td></tr>
<tr><td>实际 3000</td><td>78000</td><td colspan="2">346.8</td><td colspan="2">—</td></tr>
<tr><td colspan="6">投球时压力最大为 22.0MPa，液量 2.0m^3，转向暂堵：纤维 120kg，暂堵剂 60kg，液量 4.5m^3，暂堵前压力 10.1MPa，暂堵后压力 16.5MPa，暂堵剂顶替液 4.2m^3，总液量 10.7m^3；施工时间 139min；入地支撑剂实际体积 29.7m^3</td></tr>
</table>

7.4.2 H25 井长 6 层第二段起裂压力计算（缝口）

图 7.4.1 为 H25 井长 6 层第二段现场压裂起裂压力设计曲线图，软件计算起裂压力范围从 35.88MPa 至 35.98MPa，根据 H25 长 6 层第二段压裂监测曲线可以看出起裂压力峰值为 34MPa，达到了转向压裂的目的。

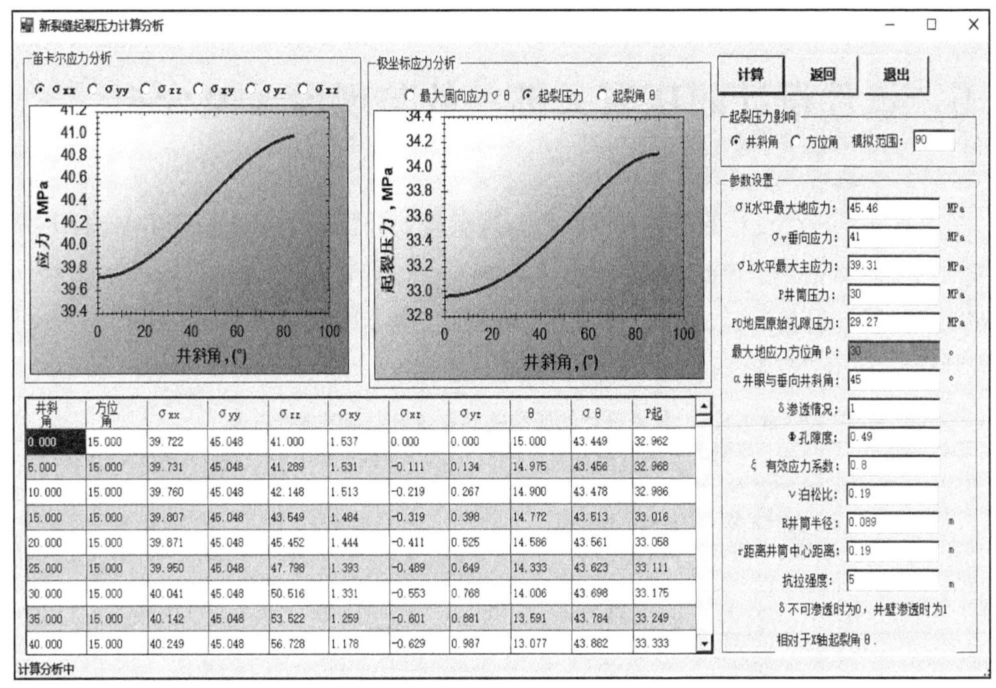

图 7.4.1 H25 井长 6 层第二段现场压裂起裂压力设计曲线图

7.4.3 H25 井长 6 层第二段暂堵剂用量设计（缝口）

图 7.4.2 为 H25 井长 6 层第二段现场暂堵剂用量软件设计结果，软件设计压裂升压值为 6.4MPa，暂堵剂用量为 61.136kg，现场用暂堵转向加入 CJD－260kg，压力由 10.1MPa 涨至 16.5MPa。

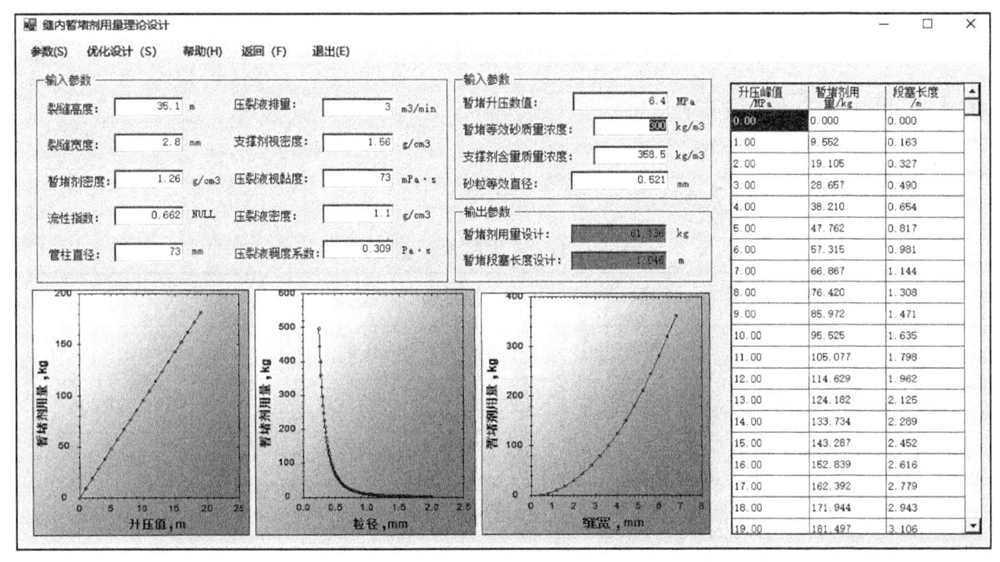

图 7.4.2 H25 井长 6 层第二段现场暂堵剂用量软件设计结果

7.5 软件设计的压裂关键参数与现场误差分析

表 7.5.1 为软件设计的压裂关键参数与现场误差分析表，设计验证了 W81 井长 6_2 层及 H25 井长 6 层第 2 段两口井压裂关键参数。W81 井长 6_2 层起裂压力误差 8.571%，暂堵剂用量设计误差为 1.259%；H25 井长 6 层第 2 段起裂压力误差 5.523%，暂堵剂用量设计误差为-0.227%。

表 7.5.1 软件设计的压裂关键参数与现场误差分析表

层位	起裂压力			暂堵剂用量		
	实际起裂压力，MPa	软件模拟起裂压力，MPa	误差，%	实际暂堵剂用量，kg	软件设计暂堵剂用量，kg	误差，%
W81 井长 6_2 层	35	32	8.571	125	123.4	1.259
H25 井长 6 层第 2 段	34	35.88	5.523	60	60.14	-0.227

7.6 气井转向压裂现场应用及压后评估

在室内研究基础上，优选苏里格气田 S44 井砂岩地层开展暂堵压裂暂堵试验。S44 井为采气厂产建开发井，属于二级风险井，设计利用暂堵液完成山$_1^3$ 砂岩层转向压裂作业。

7.6.1 气井基础资料

S44 井基础资料见表 7.6.1。

表 7.6.1 气井基本数据表

井型	定向井	开钻日期	2017.3.22	完钻日期	2017.4.3
完井日期	2017.4.13	完钻层位	马家沟组	完钻井深（垂深），m	3210/3209.30
地面海拔，m	1328.14	补心海拔，m	1333.74	完井试压，MPa	30.00
人工井底，m	3185.08	套补距，m	5.6	完井方法	套管完井
最大井斜，(°)	2.5	位于井深，m	2357.00	井底位移，m	38.37

续表

套管名称	外径，mm	壁厚，mm	钢级	下入深度，m	抗内压强度，MPa	水泥返高，m
表层套管	244.5	8.94	J55	6.2~506.97	—	地面
气层套管	139.7	9.17	N80	5.6~3209.48	63.3	0
固井质量描述	合格	短套管位置，m	3040.79~3043.60			
分级箍位置，m	—	气层附件接箍位置，m	3070.75、3080.58			
预测地层压力，MPa	26.51	H_2S 含量	1.4~4.3（区块平均值）			
		CO_2 含量	0.0788~4.6683（区块平均值）			

注：预测地层压力、H_2S 含量、CO_2 含量数据来自本井试气地质设计；要求施工过程中加强对 H_2S、CO、CO_2 气体的检测与防范。

收集 S44 井前期钻井过程钻井液类型及基础性能参数，见表 7.6.2。

表 7.6.2 气层段钻井液使用情况表

钻井液类型	密度 g/cm^3	漏斗黏度 s	漏失量 m^3	失水量 mL	钻井液浸泡时间 h	混油及特殊添加剂情况
聚磺	1.15	67	—	4	159	含砂 0.2%

收集 S44 井气层基本数据，见表 7.6.3。

表 7.6.3 研究院测井站解释结果表

层位	解释单位	有效厚度				测井解释气层参数							综合解释结果
		井段 m		厚度 m	砂厚 m	电阻率 Ω·m	声波时差 μs/m	密度 g/cm^3	泥质含量 %	孔隙度 %	基质渗透率 mD	含气饱和度 %	
		顶深	底深										
山$_1^3$	研究院	3072.3	3079.0	6.7	10.6	81.30	235.40	2.50	11.70	9.14	0.627	59.33	气层
	测井站	3072.3	3079.0	6.7		81.30	235.44	2.50	11.69	9.05	0.620	59.23	气层

收集邻井 SD29-50、SD28-49 井试气情况，见表 7.6.4 和表 7.6.5。

表 7.6.4 S44 井邻井试气目标地层情况表

井号	层位	厚度，m	孔隙度,%	渗透率，mD	含气饱和度,%	解释结果
SD29-50	盒$_3$	5.9	13.37	0.65	57.5	气层
	盒$_8$	2.1	9.09	0.51	53.0	含气层
	山$_1$	3.5	10.23	0.74	56.5	气层
SD28-49	山$_1^3$	4.8	6.97	0.15	59.3	含气层
	山$_2^2$	7.5	6.12	0.23	50.7	含气层

表 7.6.5 S44 井邻井试气参数分布表

井号	层位	压裂工艺	砂量 m^3	排量 m^3/min	破裂压力 MPa	工作压力 MPa	停泵压力 MPa	无阻流量 $\times 10^4 m^3/d$
SD29-50	盒$_3$	EM50 压裂液，先盒$_8$、山$_1$，后盒$_3$	30.6	3.5	不明显	52.5~67.2	29.8	2.3754
	盒$_8$		14.5	3.2	不明显	42~64	20.0	
	山$_1$		14.5	3.2	不明显	50~66	—	
SD28-49	山$_1^3$	机械封隔器分压	25.0	2.2	54.0	59.0~52.0	28.0	0.9094
	山$_2^2$		20.0	2.3	50.5	51.0~45.7	20.0	

7.6.2 射孔试气管柱和井口

S44 井射孔方式：电缆传输射孔。射孔液配方：2.0%KCl+0.3%TGF-1+清水，射孔液密度 1.01g/cm^3，射孔液 40.0m^3，液面至井口。具体射孔参数见表 7.6.6。

表 7.6.6 S44 井射孔参数表

层位	气层井段 m		厚度 m	射孔井段 m	厚度 m	射孔枪	孔密 孔/m	射孔相位角 (°)	弹型	穿深 mm
	顶深	底深								
山$_1^3$	3072.3	3079.0	6.7	3076.0~3079.0	3.0	⊄102	16	60	127 弹	860

S44 井采用外径 139.7mm、N80 套管完井，抗内压强度 63.4MPa，在井口施工限压 50MPa 的条件下，安全系数 1.268。能满足压裂施工抗内压强度的要求。具体油套与套管性能，见表 7.6.7 与表 7.6.8。

表 7.6.7 S44 井套管性能数据表

套管数据	钢级	外径 mm	壁厚 mm	内径 mm	扣型	单位长度内容积 L/m	抗内压强度 MPa	抗内压安全系数
气层套管	N80	139.7	9.17	121.4	BGT2	11.549	63.4	1.268

表 7.6.8 油管性能数据表

规格	钢级	外径 mm	壁厚 mm	内径 mm	抗拉强度 kN	抗外压强度 MPa	抗拉安全系数
ϕ60.3mm 外加厚（3066）	N80	60.3	4.83	50.7	47.33	81.2	2.3

压后排液采用 ϕ60.3mm 外加厚 N80 油管，现场按照作业井深的 105%准备。S44 井根据压裂管柱、油管强度校核，要求采用 KQ70/65 型 9 阀压裂试气井口。

7.6.3 改造措施及参数优化

1. 改造工艺

S44井采用生物酶压裂液配合暂堵剂实施转向压裂作业。

2. 改造方式

S44井采用 ϕ60.3mm 光油管环空注入，对山$_{1}^{3}$进行暂堵转向压裂改造，试气求产。

3. 管柱结构

S44井压裂管柱采用光油管下带喇叭口进行环空加砂压裂。

4. 液体配方及数量

S44井设计使用生物酶压裂液，具体配方见表7.6.9。

表7.6.9 生物清洁可回收压裂液体系

名称	添加剂	浓度,%	总量
活性水配方	XYCQ-1	1.5	30.0m^3
	XYTJ-1	0.04	
低黏液（XYCQ-1）	XYCQ-1	1.6~2.0	114.6m^3
	XYTJ-1	0.04	
高黏液（XYCQ-1）	XYCQ-1	2.2~2.6	191.4m^3
	XYTJ-1	0.04	
生物酶破胶剂（XYPJ-2）	XYPJ-2	—	20kg

以上设计数量未考虑富余量；现场施工用水配制生物胶压裂液，根据现场小样确定稠化剂、水质调节剂加量；生物清洁可回收压裂液体系（稠化剂、水质调节剂、破胶剂）由井下研发中心提供。

1）具体配制方法

（1）备水前清洗储液罐，其中KCl压井液罐需彻底清洗，并做压裂液小样测试，所有配液及施工用水水质pH值在6.5~7.5之间。压裂液中调节剂（XYTJ-1）加量为0.04%。

（2）储液罐全部备足清水。

（3）无须提前配液，混砂车上根据设计的排量按比例严格控制加量。

（4）生物酶破胶剂（XYPJ-2）的加量按一口井20kg准备。

（5）施工前做小样检测，检测黏度和稠化时间，应与室内试验数据相符。

现场配制压裂液过程中配液水性能要求见表7.6.10。

表 7.6.10　配液水水质要求

	项目	指标
水质要求	pH 值	6.5~7.5
	矿化度，mg/L	<2000
	钙+镁离子，mg/L	<200

现场配制压裂液性能要求见表 7.6.11。

表 7.6.11　压裂液性能指标

液体类型	配方	增稠时间，s	黏度，mPa·s
低黏液	1.6%~2.0%稠化剂+0.04%调节剂	≤120	≥45
携砂液	2.2%~2.6%稠化剂+0.04%调节剂	≤120	≥60

S44 井现场使用暂堵液，处理剂配比见表 7.6.12。

表 7.6.12　暂堵液处理剂推荐值

序号	处理剂名称	加量范围,%	处理剂作用
1	囊层剂	1.80~2.50	形成致密层结构
2	绒毛剂	0.80~1.50	形成外部毛结构
3	囊核剂	0.20~0.50	发泡，形成囊泡结构
4	囊膜剂	0.60~1.20	形成外部膜结构
5	氢氧化钠	0.01~0.10	调节体系 pH 值

设计暂堵液基础性能见表 7.6.13。

表 7.6.13　暂堵液基础性能表

体系	表观黏度，mPa·s	塑性黏度，mPa·s	动塑比，Pa/（mPa·s）	pH 值	密度，g/cm^3
暂堵流体	30~75	20~55	1.0~1.5	9~11	0.75~0.95

现场配制过程中，需根据实际配制流体效果调整性能。此外，由于现场配液水可能含有较多杂质，配制后暂堵液密度范围不确定。此时，需根据表观黏度、塑性黏度等参数评价暂堵液性能是否达标。

2）暂堵液现场配制过程

（1）假设现场配浆罐容积 30m^3，现需配制密度为 0.90g/cm^3 的暂堵液。

（2）先期放入清水体积约 22m^3，保证配制过程暂堵液膨胀后体积小于 30m^3。

（3）如果配浆罐有搅拌设备，直接开启搅拌功能。同时，利用流体泵循环罐内清水，使用加料漏斗依次加入囊层剂、绒毛剂、囊核剂、囊膜剂。

（4）根据暂堵液配制效果，决定是否加入氢氧化钠调节流体 pH 值。

（5）继续循环 1~2h，保证配浆罐中暂堵液处理剂充分溶解。

（6）现场配制过程需注意四种处理剂加量顺序。

（7）一般条件下，每罐（30~40m^3）暂堵液配制周期需 3~4h，考虑现场天气寒冷，为保证压裂暂堵连续祖业效果，建议提前 1~2 天完成暂堵液配制。

测量配制后暂堵液性能，若未达设计要求，在加量范围内补充处理剂或者清水调整性能。

3）暂堵液性能调整方式

（1）提高密度：若黏度偏低，需加入囊层剂，增强囊层强度，压缩气泡体积，提高密度；若黏度偏高，需补充清水，降低囊泡含量，提高密度。

（2）降低密度：若黏度偏低，加囊核剂提高囊泡含量；若黏度偏高，先加入清水稀释，再加入少量囊核剂、囊膜剂。

（3）提高黏度：若密度偏高，应加入囊核剂，再补充少量囊层剂与囊膜剂；若密度偏低，补充清水、绒毛剂，提高黏度。

（4）降低黏度：若密度偏高，应补充清水，再补充少量囊核剂与囊膜剂；若密度偏低，应加入清水，降低囊泡含量。

4）暂堵液施工注意事项

（1）暂堵液性能测量。现场施工人员应配备基本测试设备，以利于及时检测暂堵液性能和现场维护处理试验的开展。测试仪器施工前必须进行标定，所使用仪器要定期校准，以保证测量数据的准确性。具体性能测量设备见表7.6.14。

表7.6.14 暂堵液现场性能测试设备

序号	名称	数量	规格
1	密度秤	1只	范围0.50~1.00g/cm^3
2	六速旋转黏度计	1套	F0.2扭力弹簧
3	pH试纸	1本	测量范围6~14

要求暂堵液配制后达到设计性能才能实施泵注。

（2）暂堵液保存。考虑暂堵液配制后需要根据性能条件，补充或者调整处理剂加量。为此，建议提前1~2天完成暂堵液配制及性能调整，以便现场压裂作业时直接使用。期间，暂堵液在2~3天内性能稳定。

（3）暂堵液的破胶。携砂液阶段泵入暂堵液后，在第一个高黏度压裂液追加胶囊破胶剂20kg，实现对暂堵液的破胶。

5. 支撑剂类型及规格

设计S44井压裂施工支撑剂整体规格，见表7.6.15。

表7.6.15 支撑剂性能参数及用量表

支撑剂名称	粒径，mm	破碎率，%	数量，m^3
中密度陶粒	0.425~0.850 （20/40目）	≤5（52MPa）	31.2

6. 压裂施工参数

设计S44井压裂施工整体参数，见表7.6.16。

表 7.6.16 施工参数表

层位	射孔井段，m	支撑剂量，m^3	平均砂比，%	施工排量，m^3/min	液氮用量，m^3	改造次序
山$_1^3$	3076.0-3079.0	30+1.2	18.6	4.0	6.1	1

7. 压裂施工泵注程序

S44 井设计现场山$_1^3$ 压裂施工参数如下：陶粒 31.2m^3，平均砂比 18.6%，排量 4.0m^3/min，前置液 117.6m^3，携砂液 161.3m^3，前置液比例 42.2%。具体泵注程序，见表 7.6.17。

表 7.6.17 山$_1^3$ 压裂施工泵注程序

阶段		液体类型	液量 m^3	排量 m^3/min	砂比 %	支撑剂量 m^3	分段时间 min	累积时间 min	液氮排量 m^3/min	备注
环空低替		低黏液	27.0	0.5~4.0						
前置液	1	低黏液	35.0	4.0			8.8	8.8	0.25	
	2	低黏液	17.6	4.0	6.8	1.2	4.6	13.3	0.25	20/40 目
泵暂堵液	3	暂堵液	10.0	4.0			2.5	15.8	0.25	
前置液	4	低黏液	35.0	4.0			8.8	24.6	0.25	
携砂液	5	高黏液	25.1	4.0	9.9	2.5	6.6	31.2		20/40 目
	6	高黏液	31.4	4.0	15.9	5.0	8.5	39.7		20/40 目
	7	高黏液	31.8	4.0	20.5	6.5	8.8	48.5		20/40 目
泵暂堵液	8	暂堵液	40.0	4.0			10.0	58.5		
泵前置液	9	高黏液	30.0	4.0			7.5	66.0		
泵携砂液	10	高黏液	34.2	4.0	20.5	7.0	9.5	75.5		20/40 目
	11	高黏液	26.4	4.0	22.7	6.0	7.4	82.9		20/40 目
	12	高黏液	12.3	4.0	24.4	3.0	3.5	86.4		20/40 目
顶替液	13	活性水	28.0	4.0			7.0	93.4		
合计或平均		总液量 333.9m^3 暂堵液 50.0m^3		4.0	18.6	段塞：1.2 陶粒：30.0	—		液氮 6.1	

注：(1) 前置液阶段泵入暂堵液后，可根据封堵效果调整携砂液阶段的暂堵液浓度；
(2) 泵入暂堵液连续监测泵压变化，当泵压升高后瞬间下降，作为判断是否转向依据。

7.6.4 施工步骤及要求

施工步骤如下：

(1) 通井。设计通井规外径 115mm，长度 1500mm，通至人工井底。

(2) 洗井。洗井液为清水，用量 60m^3，洗井排量 650L/min，返出洗井液机械杂质含量不大于 0.2%，并再次实探人工井底。

(3) 试压。清水试压，按照 25.0MPa、50.0MPa 稳步升压，其中 25.0MPa 试压稳定 10.0min，压降小于 0.5MPa 为合格，50MPa 试压稳定 20.0min，压降小于 0.7MPa 为合格。

（4）射孔。按“射孔设计通知单”进行射孔作业，发射率在 95%以上，射孔段误差小于 20cm。射孔时严密注意井口，防止井喷。射孔时避开套管接箍。

（5）放喷和排液。按照图 7.6.1 安装地面流程。燃烧池要在井场盛行季节风的下风处，距井口不小于 30m。

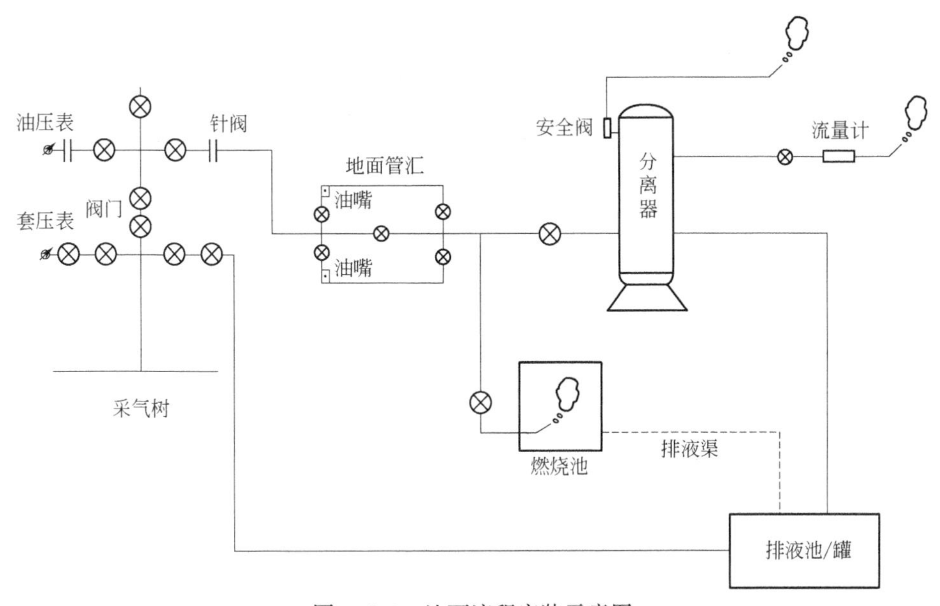

图 7.6.1 地面流程安装示意图

① 改造措施结束后，20~40min 开井，放喷初期采用 3~8mm 油嘴控制放喷，排量 100~200~300L/min，根据压力变化情况用节流管汇控制放喷。放喷排液时套管闸门关闭。准确记录油管压力和套管压力，计量排出液量。

② 压裂液返排开始的 0.5h、1h、2h、4h 分别取样检测返排液的 pH 值、黏度及 Cl^- 含量。

③ 若不能自喷，或排液过程中出现停喷，则采用油管或连续油管气举等其他助排方式及时诱喷排液。对于高含 H_2S 等有毒有害气体的井，不宜在夜间进行诱喷作业。

④ 油套压力基本平衡，油管压力在 24 小时内上升值小于 0.05MPa 时，转入求产。

⑤ 气水同出井排液量达到压入地层压裂液量 80%以上，且 Cl^- 含量在 3 天内波动值小于 5%后转求产。

（6）测试求产。

① 上三相分离器进行测试求产。

② 各道工序按操作规程及施工设计要求进行，保证施工质量。

③ 严格按气井试气地质要求及资料录取标准等要求取全取准各项资料。

7.6.5 施工管柱结构图

图 7.6.2 为 S44 井施工管柱结构图。

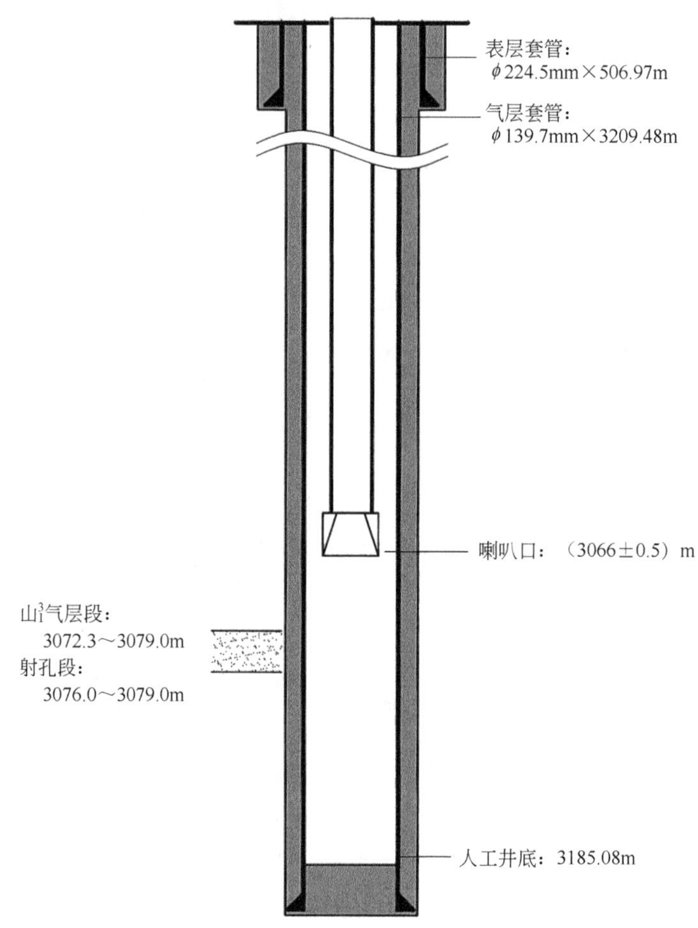

图 7.6.2　S44 井施工管柱结构图

7.6.6 转向施工效果分析

2017 年 11 月 07 日至 11 月 09 日，完成 S44 井转向暂堵压裂应用。从堵剂配制效果、提高承压效果等两方面分析 S44 井应用成果。

1. 堵剂配制效果分析

现场配制暂堵液共计 50m^3，处理剂加量见表 7.6.18。

表 7.6.18 暂堵液处理剂加量效果

序号	处理剂名称	实际加量，t	加量比	设计加量比	加量效果
1	囊层剂	1.25	2.50%	1.80%~2.50%	符合设计要求
2	绒毛剂	0.60	1.20%	0.80%~1.50%	符合设计要求
3	囊核剂	0.25	0.50%	0.20%~0.50%	符合设计要求
4	囊膜剂	0.15	0.33%	0.60%~1.20%	低于设计
5	氢氧化钠	0.00	2.50%	0.01%~0.10%	低于设计

表中，囊层剂、囊核剂及绒毛剂加量均在设计范围内，而囊膜剂与氢氧化钠加量比均低于设计值，分析原因有以下两点：

(1) 现场配制暂堵液用清水水质较好，无须氢氧化钠调整水体硬度，为此，临时设计取消氢氧化钠加量。

(2) 现场施工温度接近0℃，使用囊膜剂出现结块现象，无法顺利加入配浆罐中，为此，在现有条件下，降低囊膜剂加量比。

分析现场配制暂堵流体性能，见表7.6.19。

表 7.6.19 暂堵液基础性能效果

体系	表观黏度，mPa·s	塑性黏度，mPa·s	动塑比，Pa/(mPa·s)	pH值	密度，g/cm^3
设计值	30~75	20~55	1.0~1.5	9~11	0.75~0.95
实际值	65	32	1.03	11	0.89

2. 提高承压效果分析

现场S44井压裂暂堵共分为两个阶段。第一阶段，泵入$10m^3$暂堵剂评估体系暂堵能力。第二阶段，泵入$40m^3$暂堵剂提高裂缝承压能力。针对两个阶段排量、泵压变化，分别评价堵剂提高地层承压能力。

1) 泵入$10m^3$暂堵剂评估体系暂堵能力

根据S44井井身结构数据，计算环空体积$26.90m^3$。第一阶段注入$10m^3$暂堵流体评估体系提高地层裂缝承压效果。A、B、C、D四个点对应井筒内流体分布，如图7.6.3所示。

A点：开始以$4m^3/min$排量泵入，由于套压增高，降低排量至$3.2m^3/min$。

B点：注完$10m^3$后，恢复至$4m^3/min$排量继续注低黏液（不携砂）。

C点：井底开始进入地层，此时井筒环空为暂堵液与低黏液混合液柱。

D点：约$5.84m^3$进入地层，环空中为$4.16m^3$与$22.64m^3$低黏液混合液柱。

考虑暂堵剂密度（$0.90g/cm^3$）小于初始压裂液（$1.00g/cm^3$）和携砂压裂液（$1.12g/cm^3$），管柱中顶替压裂液后，每1000m井口压力提高2.2MPa。

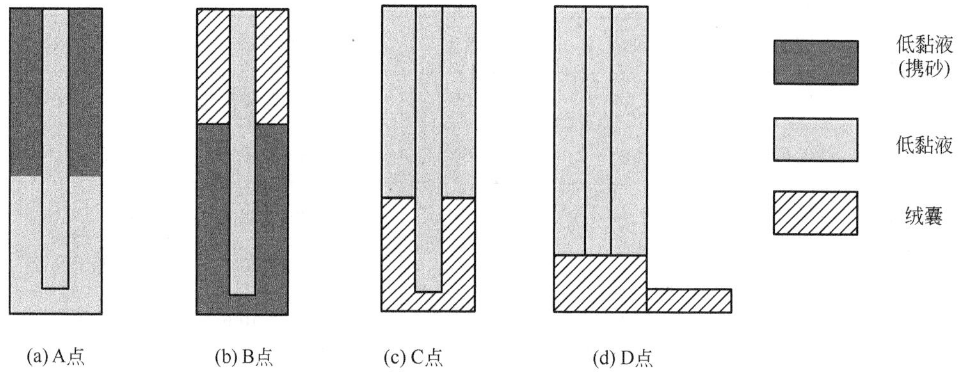

低黏液(携砂)

低黏液

绒囊

(a) A点　(b) B点　(c) C点　(d) D点

图 7.6.3　第一阶段四个关键时间点井筒内流体状态

根据图 7.6.3，结合现场施工排量与压力曲线，分析 A、B、C、D 四个点暂堵剂提高地层承压能力效果。

（1）A 点时，降低排量至 3.2m^3/min 开始注入堵剂，此时环空内全为低黏液（砂比 6.9%），摩阻为低黏液（1.12g/cm^3）自身摩阻。

（2）B 点时，10m^3 注入环空，液柱高 1146.80m，密度下降 0.10g/cm^3 致套压升高 1.15MPa。实际压力升高 2.16MPa。计算摩阻高于低黏液 1.01MPa。

（3）C 点时，井底开始进入地层，井筒环空液柱为高度 1146.8m+1932m 低黏液，井口套压基本稳定。

（4）D 点时，约 5.84m^3 被低黏液（高 669.7m）顶替进入地层，液柱密度增加 0.10g/cm^3 致套压降 0.67MPa，摩阻变小致套压降 0.06MPa。实际套压升高 2.06MPa，计算 5.84m^3 进入地层后提高承压能力 2.79MPa。

2）泵入 40m^3 暂堵剂提高裂缝承压能力

E、F、G、H 四个点对应井筒内流体分布，如图 7.6.4 所示。

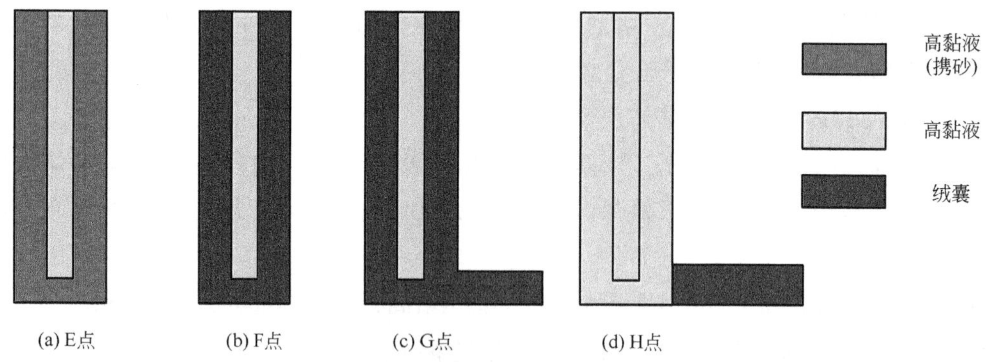

(a) E点　(b) F点　(c) G点　(d) H点

图 7.6.4　第二阶段四个关键时间点井筒内流体状态

E 点：井口开始泵入暂堵液。

F 点：开始进入地层。

G 点：井口注完 40m^3。

H 点：40m³ 全部进入地层。

根据图 7.6.6，结合现场施工排量与压力曲线，分析 E、F、G、H 四个点暂堵剂提高地层承压能力效果。

(1) E 点时，降低排量至 3.1m³/min 注入暂堵剂，此时井筒内全部为携砂高黏液（1.36g/cm³），摩阻为高黏液自身摩阻。

(2) F 点时，井筒底部开始进入地层，排量 2.02m³/min 继续注，此时环空内完全为暂堵液。

(3) G 点时，井口 40m³ 完全注入，约 13m³ 进入地层，套压比 F 点升高 5.14MPa。由于 F、G 点井筒内均充满，密度与摩阻相同，表明 13m³ 暂堵剂进入地层后提高承压能力约 5.14MPa。

(4) H 点时，约 27m³ 高黏液注入后，井筒内全部为高黏液，此时，新裂缝已生成，处于裂缝延伸状态。

7.6.7 施工效果小结

总结 S44 井转向压裂暂堵效果，形成整体分析结论共 3 条。

(1) 暂堵剂用于气井转向压裂暂堵效果可行。S44 井现场试验表明，约 14m³ 暂堵剂进入压裂形成新裂缝后，提高裂缝承压能力达到 5.14MPa，效果可行。

(2) 暂堵液相比常规压裂液具有低摩阻特征。S44 井压裂过程中，计算暂堵流体相对常规低黏度压裂液摩阻高 0.088MPa/km，具有一定的低摩阻优势。

(3) 暂堵液提高承压能力效果与封堵用量相关。S44 井压裂过程中，S44 井进入地层 5.84m³、13.10m³ 后，提高承压 2.79MPa、5.14MPa，表明流体提高裂缝承压能力与进入裂缝体积成正比。

7.7 气井“纤维+”转向压裂现场应用及压后评估

在完成 S44 井暂堵剂压裂暂堵现场试验的基础上，在 S44C1 井开展“纤维+”混合堵剂压裂暂堵试验，对比两种体系效果，评估纤维体系对体系强化效果。

S44C1 井为采气厂产建开发井，属于二级风险井，设计配合暂堵液与生物清洁可回收压裂液体系，完成山$_1^3$ 砂岩层转向压裂作业。

7.7.1 气井基础资料

S44C1 井基础资料见表 7.7.1。

表 7.7.1 气井基本数据表

井型	定向井	开钻日期	2017.2.23	完钻日期	2017.3.10	
完井日期	2017.3.18	完钻层位	马家沟组	完钻井深（垂深），m	3374/3229.22	
地面海拔，m	1328.02	补心海拔，m	1333.02	完井试压，MPa	30.0	
人工井底，m	3353.13	套补距，m	5.6	完井方法	套管完井	
最大井斜，(°)	23.79	位于井深，m	2635	井底位移，m	857.36	
套管名称	外径，mm	壁厚，mm	钢级	下入深度，m	抗内压强度，MPa	水泥返高，m
表层套管	244.5	8.94	J55	6.2~554.76	—	地面
技术套管	139.7	9.17	80S	5.6~2010.48	63.4	45
	139.7	9.17	N80	3355.64		
	139.7	9.17	N80	3373.7		
固井质量描述	合格	短套管位置，m	3099.09~3101.79，3271.41~3274.17			
分级箍位置，m	—	气层附近接箍位置，m	3142.1，3152.2，3315.65，3325.76，3335.94			
预测地层压力，MPa	28.61	H_2S 含量	27.7mg/m^3			
		CO_2 含量	0.0788~4.6683（区块平均值）			

注：预测地层压力、H_2S 含量、CO_2 含量数据来自本井试气地质设计；要求施工过程中加强对 H_2S、CO、CO_2 气体的检测与防范。

收集 S44C1 井前期钻井液类型及基础性能参数，见表 7.7.2。

表 7.7.2 气层段钻井液使用情况表

钻井液类型	密度 g/cm^3	漏斗黏度 s	漏失量 m^3	失水量 mL	钻井液浸泡时间 h	混油及特殊添加剂情况
聚磺	1.15	44	—	4	150	含砂 0.2%

收集 S44C1 井气层基本数据，见表 7.7.3。

表 7.7.3 研究院测井站解释结果表

层位	解释单位	有效厚度				测井解释气层参数							综合解释结果
		井段 m		厚度 m	砂厚 m	电阻率 Ω·m	声波时差 μs/m	密度 g/cm^3	泥质含量 %	孔隙度 %	基质渗透率 mD	含气饱和度 %	
		顶深	底深										
盒$_{8下}^{1}$	研究院	3144.5	3148.5	4.0	5.0	29.30	233.50	2.53	17.60	8.84	0.361	48.30	气层
	测井站	3144.5	3148.5	4.0		29.27	233.03	2.53	23.62	8.73	0.320	47.36	气层
马五$_5$	研究院	3322.8	3323.8	1.0	1.0	118.00	171.70	2.64	1.90	7.85	3.857	55.62	含气层
	测井站	3322.8	3323.8	1.0		118.00	171.75	2.64	1.89	7.85	4.080	55.62	气层

收集邻井 SD29-50、SD28-49 井试气情况，见表 7.7.4 和表 7.7.5。

表 7.7.4 S44C1 井邻井试气目标地层情况表

井号	层位	厚度 m	孔隙度 %	渗透率 mD	气饱 %	解释 结果
SD29-50	盒$_3$	5.9	13.37	0.65	57.5	气层
	盒$_8$	2.1	9.09	0.51	53.0	含气层
	山$_1$	3.5	10.23	0.74	56.5	气层
SD28-49	山$_1^3$	4.8	6.97	0.15	59.3	含气层
	山$_2^2$	7.5	6.12	0.23	50.7	含气层

表 7.7.5 S44C1 井邻井试气参数分布表

井号	层位	压裂 工艺	砂量 m^3	排量 m^3/min	破裂 压力 MPa	工作 压力 MPa	停泵 压力 MPa	无阻流量 $\times10^4m^3/d$
SD29-50	盒$_3$	EM50 压裂液， 先盒$_8$、山$_1$， 后盒$_3$	30.6	3.5	不明显	52.5-67.2	29.8	2.3754
	盒$_8$		14.5	3.2	不明显	42-64	20.0	
	山$_1$		14.5	3.2	不明显	50-66	—	
SD28-49	山$_1^3$	机械封隔器分压	25.0	2.2	54.0	59.0-52.0	28.0	0.9094
	山$_2^2$		20.0	2.3	50.5	51.0-45.7	20.0	

7.7.2 射孔试气管柱和井口

射孔方式：电缆传输射孔。射孔液配方：2.0%KCl+0.3%TGF-1+清水，射孔液密度 1.01g/cm^3，射孔液 40.0m^3，液面至井口。具体参数见表 7.7.6。

表 7.7.6 S44 井射孔参数表

层位	气层井段 m		厚度 m	射孔井段 m	厚度 m	射孔枪	孔密 孔/m	射孔相位角 (°)	弹型	穿深 mm
	顶深	底深								
盒$_{8下}^{1}$	3144.5	3148.5	4.0	3145.0 ~3148.0	3.0	⊄102	16	60	127 弹	860
马五$_5$	3322.8	3323.8	1.0	3322.8 ~3323.8	1.0	⊄102	16	90	127 弹	860

S44C1 井采用 ϕ73.0mm 外加厚 80S 油管能满足压裂施工抗拉强度的要求，现场按照作业井深的 105%准备。具体油套性能表见表 7.7.7。

表 7.7.7 油管性能数据表

规格	钢级	壁厚 mm	内径 mm	外径 mm	抗拉强度 kN	抗内压强度 MPa	抗外挤强度 MPa	抗拉安 全系数
ϕ73.0mm 外加厚 (3302m)	80S	5.51	62.0	73.0	645	72.9	77.0	2.04

S44C1 井根据压裂管柱、油管强度校核，要求采用 KQ70/65 型 9 阀压裂试气井口。

7.7.3 改造措施及参数优化

（1）改造工艺。S44C1 井盒$_{8_{下}^{1}}$进行转向压裂改造。

（2）改造方式。S44C1 井采用 ϕ60.3mm 光油管环空注入，对盒$_{8_{下}^{1}}$进行“纤维+”混合堵剂暂堵转向压裂改造，试气求产。

（3）管柱结构。用 K344 机械封隔器双封压裂管柱，管柱结构设计应遵守以下原则：

① 工具串基本结构：安全接头+1 根油管+水力锚+K344 封隔器+1 个压裂单元+油管+节流嘴，其中每个压裂单元由油管+节流滑套+K344 封隔器+滑套座组成；水力锚的位置和数量应根据工具串结构进行优化。

② 所有工具外径不大于 115mm，K344 封隔器和水力锚内径不小于 58mm，满足在 ϕ139.7mm 套管内承压 70MPa，耐温 150℃，抗内压及抗拉强度均与 ϕ73mm 外加厚 N80 油管等强度，封隔器可重复坐封 10 次以上。

（4）液体配方及数量。S44C1 井设计使用生物酶压裂液，具体配方见表 7.7.8。

表 7.7.8 生物清洁可回收压裂液体系

名称	添加剂	浓度,%	总量
活性水配方	XYCQ-1	1.5	30.0m^3
	XYTJ-1	0.04	
低黏液	XYCQ-1	1.6~2.0	61.7m^3
	XYTJ-1	0.04	
高黏液	XYCQ-1	2.2~2.6	151.9m^3
	XYTJ-1	0.04	
生物酶破胶剂	XYPJ-2	—	20kg

配液说明：以上设计数量未考虑富余量；现场施工用水配制生物胶压裂液，根据现场小样确定稠化剂、水质调节剂加量；生物清洁可回收压裂液体系（稠化剂、水质调节剂、破胶剂）由井下研发中心提供。具体配制方法如下。

① 备水前清洗储液罐，其中 KCl 压井液罐需彻底清洗，并做压裂液小样测试，所有配液及施工用水水质 pH 值在 6.5~7.5 之间；压裂液中调节剂（XYTJ-1）加量为 0.04%。

② 储液罐全部备足清水。

③ 无须提前配液，混砂车上根据设计的排量按比例严格控制加量。

④ 生物酶破胶剂（XYPJ-2）的加量按一口井 20kg 准备。

⑤ 施工前做小样检测，检测黏度和稠化时间，应与室内试验数据相符。

现场配制压裂液过程中配浆水性能要求见表 7.7.9。

表 7.7.9 配液水水质要求

	项目	指标
水质要求	pH 值	6.5~7.5
	矿化度，mg/L	<2000
	钙+镁离子，mg/L	<200

现场配制压裂液性能要求见表 7.7.10。

表 7.7.10 压裂液性能指标

液体类型	配方	增稠时间，s	黏度，mPa·s
低黏液	1.6%~2.0%稠化剂+0.04%调节剂	≤120	≥45
携砂液	2.2%~2.6%稠化剂+0.04%调节剂	≤120	≥60

参考文献

[1] 杨文博，黄贵花．低渗透油田中复合暂堵转向压裂工艺的应用分析［J］．云南化工，2021，48（8）：153-154.

[2] 高学生．水溶性冲砂暂堵球的应用研究［J］．精细石油化工进展，2006（4）：31-33，36.

[3] 王华．现今地应力分析下的特低渗地层投球分压技术研究［Z］．大庆：大庆石油学院，2008：2-11.

[4] 蒋廷学，胥云，李治平，等．新型前置投球选择性分压方法及其应用［J］．天然气工业，2009，29（9）：88-90.

[5] 倪小明，贾炳，王延斌．合层水力压裂煤层投球数的确定［J］．天然气工业，2012，32（7）：40-44.

[6] 才博，蒋廷学，丁云宏，等．提高油气藏纵向动用效果的投球分压技术［J］．辽宁工程技术大学学报，2013（4）：535-538.

[7] 郑志兵．暂堵球封堵效果影响因素分析及其在 Z 油田的应用［J］．石化技术，2017，24（2）：55-56.

[8] 吕瑞华，刘奔，安琳．水平井转向压裂用暂堵球运移封堵规律研究［J］．石油机械，2020，48（7）：117-122.

[9] 郑臣，汪道兵，秦浩，等．粗糙裂缝压裂暂堵剂运移规律数值模拟［J］．东北石油大学学报，2022，46（1）：88-103，10-11.

[10] 秦浩，汪道兵，杨凯，张绍良，孙东亮，宇波．CFD-DEM 耦合的干热岩人工裂隙内暂堵剂运移规律研究［J］．石油科学通报，2022，7（1）：81-92.

[11] GEORGE FANCHER J R，Brown K E. Prediction of Pressure Gradients for Multiphase Flow in Tubing［J］．Society of Petroleum Engineers Journal，1963，3（1）：59-69.

[12] Brown R W，Neill G H，Loper R G. Factors Influencing Optimum Ball Sealer Performance［J］．Journal of Petroleum Technology，1963，15（4）：450-454.

[13] Webster K R，Goins Jr W C，Berry S C. A Continuous Multistage Tracing Technique［J］．Journal of Petroleum Technology，1965，17（6）：619-625.

[14] Bale G E. Matrix Acidizing in Saudi Arabia Using Buoyant Ball Sealers［J］．Journal of petroleum technology，1984，36（10）：1-748.

[15] Baylocq P，Fery J J，Parra L，et al. Ball sealer diversion when fracturing long and multiple Triassic sand intervals on Alwyn Field，North Sea，1999［C］．1999：2-15.

[16] Chhabra R P，Agarwal S，Chaudhary K. A note on wall effect on the terminal falling velocity of a sphere in quiescent Newtonian media in cylindrical tubes［J］．Powder technology，2003，129（1）：53-58.

[17] Li X，Chen Z，Chaudhary S A，et al. An Integrated Transport Model for Ball-Sealer Diversion in Vertical and Horizontal Wells，2005［C］．Society of Petroleum Engineers，2005：30-35.

[18] Nozaki M，Zhu D，Hill A. Experimental and Field Data Analyses of Ball Sealer Diversion［J］．Spe Production & Operations，2013，28（3）：286-295.

[19] Cortez-Montalvo J, Vo L, Inyang U. Early Steps Towards Laboratory Evaluation of Diversion in Hydraulic Fractures [C]. the International Petroleum Technology Conference, 2015.

[20] Gomaa A M, Nino-Penaloza A, Castillo D, et al. Experimental investigation of particulate diverter used to enhance fracture complexity [C]. SPE International Conference and Exhibition on Formation Damage Control. Society of Petroleum Engineers, 2016.

[21] Pan L, Zhang Y, Cheng L, et al. Migration and distribution of complex fracture proppant in shale reservoir volume fracturing [J]. Natural Gas Industry, 2018, 5 (6): 606-615.

[22] Yang C, Zhou F J, Feng W, et al. Plugging mechanism of fibers and particulates in hydraulic fracture [J]. Journal of Petroleum Science and Engineering, 2019, 176: 396 - 402.

[23] Gong Y W, Mehana M, EI-Monier I, et al. Proppant Placement in Complex Fracture Geometries: A Computational Fluid Dynamics Study [J]. Journal of Natural Gas Science and Engineering, 2020, 79: 103295.

[24] Reid R C . Chemical engineers' handbook, R. H. Perry and C. H. Chilton (eds.), McGraw-Hill, New York (1973) . $ 35.00 [J]. Aiche Journal, 1974, 20 (1): 205-205.

[25] Kresse O, Cohen C, Weng X, et al. Numerical Modeling of Hydraulic Fracturing In Naturally Fractured Formations [J]. u. s. rock mechanics, 2011.

[26] 郭亚兵．致密砂岩气藏暂堵转向压裂技术研究［D］．成都：西南石油大学，2016.

[27] 蒋卫东，刘合，晏军，等．新型纤维暂堵转向酸压实验研究与应用［J］．天然气工业，2015，35（11）：54-59.

[28] Lufeng Zhang, Fujian Zhou, Wei Feng, Maysam Pournik, Zhun Li, Xiuhui Li. Experimental study on plugging behavior of degradable fibers and particulates within acid-etched fracture [J]. Journal of Petroleum Science and Engineering, 2020, 185 (C) .

[29] 吴宝成，周福建，王明星，等．绳结式暂堵剂运移及封堵规律实验研究［J］．钻采工艺，2022，45（4）：61-66.

[30] 王荣，袁立山，罗垚，等．暂堵剂高温封堵机理及实验评价［J］．石油化工高等学校学报，2022，35（2）：62-67.

[31] 李延生，刘汉斌．一种油藏深度酸化超分子暂堵剂实验研究［J］．化学与粘合，2021，43（3）：190-192，223.

[32] 赵子轩．老井连续油管压裂暂堵剂的室内优选评价［J］．化学工程与装备，2021（1）：43-46.

[33] 张雄，李沁，方裕燕，等．高温稠化联结暂堵剂室内实验研究［J］．钻采工艺，2020，43（6）：94-96，11-12.

[34] 侯冰，木哈达斯·叶尔甫拉提，付卫能，等．页岩暂堵转向压裂水力裂缝扩展物模试验研究［J］．辽宁石油化工大学学报，2020，40（4）：98-104.

[35] 李春月，房好青，牟建业，等．碳酸盐岩储层缝内暂堵转向压裂实验研究［J］．石油钻探技术，2020，48（2）：88-92.

[36] 何仲，刘金华，方静，等．超高温屏蔽暂堵剂 SMHHP 的室内实验研究［J］．钻井液与完井液，2017，34（6）：18-23.

[37]《钻井手册（甲方）》编写组．钻井手册（甲方）：下册［M］．北京：石油工业出版社，1990.

[38] 孙振纯，夏月泉，徐明辉．井控技术［M］．石油工业出版社，1997.

[39] 孔祥伟．微流量地面自动控制系统关键技术研究［D］．成都：西南石油大学，2014.

[40] 孔祥伟，林元华，邱伊婕．控压钻井重力置换与溢流气侵判断准则分析［J］．应用力学学报，2015（2）：317-322，357.

[41] 陈家琅，陈涛平．石油气液两相管流［M］．北京：石油工业出版社，2010.

[42] 孔祥伟，林元华，邱伊婕，等．酸性气体在钻井液两相流动中的溶解度特性［J］．天然气工业，2014，34（6）：97-101.

[43] 孔祥伟，林元华，邱伊婕，等．气侵钻井过程中井底衡压的节流阀开度控制研究［J］．应用数学和力学，2014，35（5）：572-580.

[44] 孔祥伟，林元华，何龙，等．一种考虑虚拟质量力的两相压力波速经验模型［J］．力学季刊，2015（4）：611-617.

[45] 孔祥伟，林元华，邱伊婕．控压钻井中三相流体压力波速传播特性［J］．力学学报，2014，46（6）：887-895.

[46] 孔祥伟，林元华，邱伊婕，等．虚拟质量力对酸性气体—钻井液两相流波速的影响［J］．计算力学学报，2014（5）：622-627.

[47] 孔祥伟，林元华，邱伊婕，等．钻井中节流阀动作引发的气液两相压力响应时间研究［J］．钻采工艺，2014（5）：39-41+44+9.

[48] 孔祥伟，林元华，邱伊婕．控压钻井中两步关阀阀芯所受瞬变压力研究［J］．应用力学学报，2014（4）：601-605+11.

[49] 孔祥伟，林元华，邱伊婕．微流量控压钻井中节流阀动作对环空压力的影响［J］．石油钻探技术，2014（3）：22-26.

[50] 郝俊芳．平衡钻井与井控［M］．北京：石油工业出版社，1992.

[51] 颜延杰．实用井控技术［M］．北京：石油工业出版社，2010.

[52] 长城钻探井控培训中心，辽河油田井控培训中心．钻井井控技术与设备［M］．北京：石油工业出版社，2012.

[53] 李天太，等．实用钻井水力学计算与应用［M］．北京：石油工业出版社，2002.

[54] 孔祥伟，林元华，邱伊婕．下钻中气液两相激动压力滞后时间研究［J］．应用力学学报，2014（5）：710-714，829.

[55] 孔祥伟，林元华，邱伊婕，等．钻井泥浆泵失控/重载引发的波动压力［J］．石油学报，2015，36（1）：114-119.

[56] 陈平．钻井与完井工程［M］．北京：石油工业出版社，2006.

附录

附录 1　暂堵剂井筒运移数据表

附表 1.1　暂堵剂直径对雷诺数影响数据

井深，m	D_b = 7mm	D_b = 9mm	D_b = 11mm	D_b = 13mm
0	214. 18	275. 38	336. 57	397. 76
2. 689	137. 33	194. 96	253. 33	311. 91
7. 227	90. 43	139. 71	191. 55	244. 70
13. 12	58. 72	99. 17	143. 57	190. 29
20. 064	35. 44	67. 73	104. 80	144. 93
27. 865	17. 06	42. 13	72. 34	106. 07
36. 397	1. 40	20. 27	44. 23	71. 90
45. 588	16. 63	0. 57	19. 00	41. 06
55. 874	37. 29	32. 20	4. 64	12. 41
67. 019	27. 82	57. 84	30. 85	15. 37
77. 719	25. 55	44. 57	58. 69	45. 36
88. 319	24. 90	41. 56	90. 69	77. 84
98. 892	24. 71	40. 77	65. 71	114. 32
109. 458	24. 65	40. 55	60. 64	86. 82
120. 022	24. 63	40. 49	59. 39	81. 28
130. 585	24. 63	40. 47	59. 07	79. 97

附表 1.2 暂堵剂直径对运移速度影响数据

井深，m	D_b = 7mm	D_b = 9mm	D_b = 11mm	D_b = 13mm
0	0	0	0	0
2.689	4.721	3.842	3.254	2.84
7.227	7.602	6.482	5.669	5.063
13.12	9.55	8.419	7.545	6.863
20.064	10.98	9.921	9.06	8.363
27.865	12.109	11.144	10.329	9.648
36.397	13.071	12.189	11.428	10.779
45.588	14.178	13.13	12.414	11.799
55.874	15.447	14.695	13.338	12.746
67.019	14.866	15.92	14.363	13.665
77.719	14.726	15.286	15.451	14.657
88.319	14.686	15.143	16.702	15.732
98.892	14.675	15.105	15.726	16.938
109.458	14.671	15.094	15.527	16.028
120.022	14.67	15.091	15.478	15.845
130.585	14.67	15.09	15.466	15.802
141.148	14.669	15.09	15.463	15.792
151.712	14.669	15.09	15.462	15.789
162.275	14.669	15.09	15.462	15.788
172.838	14.669	15.09	15.462	15.788
183.401	14.669	15.09	15.462	15.788
193.964	14.669	15.09	15.462	15.788
204.527	14.669	15.09	15.462	15.788

附表 1.3 暂堵剂直径对运移时间影响数据

时间，s	D_b = 7mm	D_b = 9mm	D_b = 11mm	D_b = 13mm
0	0	0	0	0
0.7	3.305	2.689	2.278	1.988
1.4	8.626	7.227	6.246	5.532
2.1	15.311	13.12	11.527	10.336
2.8	22.997	20.064	17.869	16.19
3.5	31.473	27.865	25.099	22.944

续表

时间，s	$D_b=7mm$	$D_b=9mm$	$D_b=11mm$	$D_b=13mm$
4.2	40.622	36.397	33.099	30.489
4.9	50.547	45.588	41.789	38.748
5.6	61.36	55.874	51.126	47.671
6.3	71.766	67.019	61.18	57.236
7	82.075	77.719	71.996	67.496
7.7	92.355	88.319	83.687	78.508
8.4	102.627	98.892	94.695	90.365
9.1	112.897	109.458	105.564	101.585
9.8	123.166	120.022	116.399	112.677
10.5	133.435	130.585	127.225	123.738

附表 1.4 暂堵剂直径对运移加速度影响数据

井深，m	$D_b=7mm$	$D_b=9mm$	$D_b=11mm$	$D_b=13mm$
0	6.74448	5.48857	4.64862	4.05689
2.689	4.11505	3.77096	3.44978	3.17607
7.227	2.78294	2.76739	2.67956	2.57084
13.12	2.04287	2.14576	2.16494	2.14344
20.064	1.61276	1.74738	1.81264	1.83633
27.865	1.37481	1.49209	1.5702	1.61461
36.397	1.58186	1.34433	1.40877	1.45722
45.588	1.81306	2.23647	1.32026	1.35346
55.874	-0.83114	1.75047	1.46337	1.31299
67.019	-0.19936	-0.9058	1.55503	1.41688
77.719	-0.0567	-0.20536	1.78691	1.5349
88.319	-0.01693	-0.05421	-1.39484	1.72377
98.892	-0.00513	-0.0149	-0.28354	-1.29954
109.458	-0.00156	-0.00414	-0.06958	-0.26162
120.022	-0.00048	-0.00115	-0.01788	-0.06178
130.585	-0.00015	-0.00032	-0.00465	-0.01515
141.148	-0.00004	-0.00009	-0.00121	-0.00375
151.712	-0.00001	-0.00003	-0.00032	-0.00093

附表 1.5 暂堵剂密度对雷诺数的影响

井深，m	$\rho_B=1.13g/cm^3$	$\rho_B=1.18g/cm^3$	$\rho_B=1.23g/cm^3$	$\rho_B=1.38g/cm^3$
0	275.38	275.38	275.38	275.38
2.689	198.08	196.49	194.96	190.78
7.227	146.33	142.96	139.71	130.68
13.12	109.38	104.20	99.17	84.98
20.064	81.61	74.59	67.73	48.08
27.865	59.82	50.92	42.13	16.42
36.397	42.06	31.17	20.27	12.96
45.588	27.08	14.00	0.57	46.97
55.874	13.99	1.72	32.20	86.73
67.019	2.09	20.15	57.84	63.48
77.719	9.87	39.51	44.57	58.69
88.319	23.41	35.56	41.56	57.51
98.892	38.89	34.51	40.77	57.20
109.458	30.09	34.22	40.55	57.12
120.022	27.94	34.14	40.49	57.10
130.585	27.34	34.11	40.47	57.10
141.148	27.16	34.11	40.47	57.10
151.712	27.11	34.10	40.47	57.10
162.275	27.09	34.10	40.47	57.09
172.838	27.09	34.10	40.47	57.09
183.401	27.09	34.10	40.47	57.09
193.964	27.09	34.10	40.47	57.09
204.527	27.09	34.10	40.47	57.09

附表 1.6 暂堵剂密度对运移速度影响数据

井深，m	$\rho_B=1.13g/cm^3$	$\rho_B=1.18g/cm^3$	$\rho_B=1.23g/cm^3$	$\rho_B=1.38g/cm^3$
0	0	0	0	0
2.689	3.693	3.769	3.842	4.042
7.227	6.165	6.327	6.482	6.913
13.12	7.931	8.179	8.419	9.096
20.064	9.258	9.593	9.921	10.86
27.865	10.299	10.724	11.144	12.372

续表

井深，m	$\rho_B=1.13g/cm^3$	$\rho_B=1.18g/cm^3$	$\rho_B=1.23g/cm^3$	$\rho_B=1.38g/cm^3$
36.397	11.147	11.667	12.189	13.776
45.588	11.863	12.488	13.13	15.401
55.874	12.488	13.239	14.695	17.301
67.019	13.057	14.12	15.92	16.19
77.719	13.628	15.044	15.286	15.961
88.319	14.275	14.856	15.143	15.904
98.892	15.015	14.806	15.105	15.89
109.458	14.594	14.792	15.094	15.886
120.022	14.492	14.788	15.091	15.885
130.585	14.463	14.787	15.09	15.885

附表 1.7 暂堵剂密度对运移速加速度影响数据

井深，m	$\rho_B=1.13g/cm^3$	$\rho_B=1.18g/cm^3$	$\rho_B=1.23g/cm^3$	$\rho_B=1.38g/cm^3$
0	5.2755	5.38453	5.48857	5.77392
2.689	3.53227	3.65348	3.77096	4.1021
7.227	2.52201	2.64574	2.76739	3.11898
13.12	1.89549	2.0206	2.14576	2.51916
20.064	1.48724	1.61573	1.74738	2.16049
27.865	1.2119	1.34765	1.49209	2.0054
36.397	1.0227	1.17237	1.34433	2.32132
45.588	0.89347	1.07283	2.23647	2.71391
55.874	0.81191	1.25808	1.75047	−1.58703
67.019	0.81647	1.32102	−0.9058	−0.32678
77.719	0.92432	−0.26952	−0.20536	−0.08075
88.319	1.05669	−0.07125	−0.05421	−0.02088
98.892	−0.601	−0.02002	−0.0149	−0.00546
109.458	−0.14616	−0.00572	−0.00414	−0.00143
120.022	−0.04126	−0.00164	−0.00115	−0.00038
130.585	−0.01215	−0.00047	−0.00032	−0.0001
141.148	−0.00362	−0.00014	−0.00009	−0.00003
151.712	−0.00109	−0.00004	−0.00003	−0.00001
162.275	−0.00033	−0.00001	−0.00001	0
172.838	−0.0001	0	0	0

附表 1.8 暂堵剂密度对运移时间的影响数据

时间，s	$\rho_B=1.13g/cm^3$	$\rho_B=1.18g/cm^3$	$\rho_B=1.23g/cm^3$	$\rho_B=1.38g/cm^3$
0	0	0	0	0
0.7	2.585	2.638	2.689	2.829
1.4	6.901	7.067	7.227	7.668
2.1	12.452	12.792	13.12	14.036
2.8	18.933	19.507	20.064	21.638
3.5	26.142	27.014	27.865	30.299
4.2	33.945	35.181	36.397	39.942
4.9	42.249	43.923	45.588	50.722
5.6	50.991	53.19	55.874	62.833
6.3	60.131	63.074	67.019	74.166
7	69.67	73.605	77.719	85.338
7.7	79.663	84.004	88.319	96.472
8.4	90.174	94.368	98.892	107.595
9.1	100.39	104.723	109.458	118.715
9.8	110.534	115.074	120.022	129.834
10.5	120.658	125.425	130.585	140.954
11.2	130.776	135.775	141.148	152.073
11.9	140.893	146.126	151.712	163.192
12.6	151.009	156.476	162.275	174.312
13.3	161.124	166.826	172.838	185.431
14	171.24	177.177	183.401	196.55
14.7	181.356	187.527	193.964	207.669
15.4	191.471	197.877	204.527	218.789

附表 1.9 压裂液排量对雷诺数影响数据

井深，m	$Q=8m^3/min$	$Q=10m^3/min$	$Q=12m^3/min$	$Q=14m^3/min$
0	220.30	275.38	330.45	385.53
2.689	157.56	194.96	230.69	264.95
7.227	112.53	139.71	164.75	188.02
13.12	78.27	99.17	117.84	134.75
20.064	50.85	67.73	82.41	95.40
27.865	27.83	42.13	54.23	64.72

续表

井深，m	$Q=8m^3/min$	$Q=10m^3/min$	$Q=12m^3/min$	$Q=14m^3/min$
36. 397	7. 53	20. 27	30. 73	39. 61
45. 588	11. 87	0. 57	10. 15	18. 06
55. 874	34. 34	32. 20	9. 16	1. 50
67. 019	60. 41	57. 84	31. 41	25. 67
77. 719	45. 08	44. 57	56. 91	50. 11
88. 319	41. 69	41. 56	44. 38	42. 90
98. 892	40. 80	40. 77	41. 51	41. 13
109. 458	40. 56	40. 55	40. 75	40. 65
120. 022	40. 49	40. 49	40. 55	40. 52
130. 585	40. 47	40. 47	40. 49	40. 48
141. 148	40. 47	40. 47	40. 47	40. 47
151. 712	40. 47	40. 47	40. 47	40. 47
162. 275	40. 47	40. 47	40. 47	40. 47
172. 838	40. 47	40. 47	40. 47	40. 47
183. 401	40. 47	40. 47	40. 47	40. 47
193. 964	40. 47	40. 47	40. 47	40. 47
204. 527	40. 47	40. 47	40. 47	40. 47

附表 1. 10　压裂液排量对运移速度影响数据

井深，m	$Q=8m^3/min$	$Q=10m^3/min$	$Q=12m^3/min$	$Q=14m^3/min$
0	0	0	0	0
2. 689	2. 998	3. 842	4. 766	5. 761
7. 227	5. 149	6. 482	7. 917	9. 436
13. 12	6. 786	8. 419	10. 158	11. 982
20. 064	8. 096	9. 921	11. 851	13. 862
27. 865	9. 196	11. 144	13. 197	15. 327
36. 397	10. 166	12. 189	14. 32	16. 527
45. 588	11. 093	13. 13	15. 303	17. 557
55. 874	12. 166	14. 695	16. 226	18. 491
67. 019	13. 412	15. 92	17. 289	19. 646
77. 719	12. 679	15. 286	18. 507	20. 813

续表

井深，m	$Q=8m^3/min$	$Q=10m^3/min$	$Q=12m^3/min$	$Q=14m^3/min$
88. 319	12. 517	15. 143	17. 909	20. 469
98. 892	12. 475	15. 105	17. 772	20. 385
109. 458	12. 463	15. 094	17. 735	20. 362
120. 022	12. 46	15. 091	17. 725	20. 355
130. 585	12. 459	15. 09	17. 723	20. 354
141. 148	12. 459	15. 09	17. 722	20. 353
151. 712	12. 459	15. 09	17. 722	20. 353
162. 275	12. 459	15. 09	17. 722	20. 353
172. 838	12. 459	15. 09	17. 722	20. 353
183. 401	12. 459	15. 09	17. 722	20. 353
193. 964	12. 459	15. 09	17. 722	20. 353
204. 527	12. 459	15. 09	17. 722	20. 353

附表 1. 11　压裂液排量对运移加速度影响数据

井深，m	$Q=8m^3/min$	$Q=10m^3/min$	$Q=12m^3/min$	$Q=14m^3/min$
0	4. 28	5. 49	6. 81	8. 23
2. 689	3. 07	3. 77	4. 50	5. 25
7. 227	2. 34	2. 77	3. 20	3. 64
13. 12	1. 87	2. 15	2. 42	2. 69
20. 064	1. 57	1. 75	1. 92	2. 09
27. 865	1. 39	1. 49	1. 60	1. 71
36. 397	1. 32	1. 34	1. 40	1. 47
45. 588	1. 53	2. 24	1. 32	1. 33
55. 874	1. 78	1. 75	1. 52	1. 65
67. 019	-1. 05	-0. 91	1. 74	1. 67
77. 719	-0. 23	-0. 21	-0. 86	-0. 49
88. 319	-0. 06	-0. 05	-0. 20	-0. 12
98. 892	-0. 02	-0. 01	-0. 05	-0. 03
109. 458	0. 00	0. 00	-0. 01	-0. 01
120. 022	0. 00	0. 00	0. 00	0. 00
130. 585	0. 00	0. 00	0. 00	0. 00
141. 148	0. 00	0. 00	0. 00	0. 00

续表

井深，m	$Q=8m^3/min$	$Q=10m^3/min$	$Q=12m^3/min$	$Q=14m^3/min$
151.712	0.00	0.00	0.00	0.00
162.275	0.00	0.00	0.00	0.00
172.838	0.00	0.00	0.00	0.00

附表 1.12　压裂液排量对运移时间影响数据

时间，s	$Q=8m^3/min$	$Q=10m^3/min$	$Q=12m^3/min$	$Q=14m^3/min$
0	0	0	0	0
0.7	2.098	2.689	3.337	4.032
1.4	5.703	7.227	8.878	10.638
2.1	10.453	13.12	15.989	19.025
2.8	16.12	20.064	24.284	28.728
3.5	22.557	27.865	33.522	39.457
4.2	29.673	36.397	43.546	51.026
4.9	37.438	45.588	54.258	63.316
5.6	45.954	55.874	65.617	76.26
6.3	55.342	67.019	77.719	90.012
7	64.218	77.719	90.674	104.581
7.7	72.98	88.319	103.21	118.91
8.4	81.712	98.892	115.65	133.179
9.1	90.437	109.458	128.065	147.432
9.8	99.159	120.022	140.473	161.681
10.5	107.88	130.585	152.878	175.929
11.2	116.601	141.148	165.284	190.176
11.9	125.323	151.712	177.689	204.423
12.6	134.044	162.275	190.094	218.67
13.3	142.765	172.838	202.499	232.917
14	151.486	183.401	214.904	247.164
14.7	160.207	193.964	227.309	261.411
15.4	168.928	204.527	239.714	275.658
16.1	177.65	215.09	252.119	289.905
16.8	186.371	225.654	264.524	304.152
17.5	195.092	236.217	276.929	318.399

附表 1.13 造斜段及水平段暂堵剂运移特性数据

井深 m	球速度 m/s	球加速度 m/s^2	球浮力 N	球阻力 N	球重力 N	球雷诺数	球阻力系数	液速度 m/s	液雷诺数	流动型态	管壁效应	管柱压力 MPa	液压力降 MPa
2536	15.090	−0.022	0.004	0.209	0.005	40.465	1.758	13.157	3885.856	紊流	0.900	86.567	8.311
2626.14	14.957	−0.022	0.004	0.188	0.005	37.669	1.830	13.157	3885.856	紊流	0.900	87.156	8.607
2715.479	14.823	−0.022	0.004	0.169	0.005	34.873	1.913	13.157	3885.856	紊流	0.900	87.739	8.899
2804.016	14.689	−0.022	0.004	0.150	0.005	32.076	2.007	13.157	3885.856	紊流	0.900	88.318	9.190
2891.751	14.556	−0.022	0.004	0.132	0.005	29.280	2.117	13.157	3885.856	紊流	0.900	88.891	9.477
2978.685	14.422	−0.022	0.004	0.114	0.005	26.483	2.248	13.157	3885.856	紊流	0.900	89.459	9.762
3074.979	13.275	−1.638	0.004	0.122	0.005	23.687	2.406	13.157	3885.856	紊流	0.900	90.088	10.078
3096.105	13.157	0.000	0.004	0.001	0.005	23.687	2.406	13.157	3885.856	紊流	0.900	90.226	10.147
3106.668	13.157	0.000	0.004	0.000	0.005	23.687	2.406	13.157	3885.856	紊流	0.900	90.295	10.181
3117.232	13.157	0.000	0.004	0.000	0.005	23.687	2.406	13.157	3885.856	紊流	0.900	90.364	10.216
3127.795	13.157	0.000	0.004	0.000	0.005	23.687	2.406	13.157	3885.856	紊流	0.900	90.433	10.251
3138.358	13.157	0.000	0.004	0.000	0.005	23.687	2.406	13.157	3885.856	紊流	0.900	90.502	10.285
3148.921	13.157	0.000	0.004	0.000	0.005	23.687	2.406	13.157	3885.856	紊流	0.900	90.571	10.320
3159.484	13.157	0.000	0.004	0.000	0.005	23.687	2.406	13.157	3885.856	紊流	0.900	90.640	10.355
3170.047	13.157	0.000	0.004	0.000	0.005	23.687	2.406	13.157	3885.856	紊流	0.900	90.709	10.389
3180.61	13.157	0.000	0.004	0.000	0.005	23.687	2.406	13.157	3885.856	紊流	0.900	90.778	10.424
3191.173	13.157	0.000	0.004	0.000	0.005	23.687	2.406	13.157	3885.856	紊流	0.900	90.847	10.458
3201.737	13.157	0.000	0.004	0.000	0.005	23.687	2.406	13.157	3885.856	紊流	0.900	90.916	10.493

附录 2　暂堵施工压力选择

人工井底 4534.39m，水平段长 1775m

段号	簇数	孔数	分段顶界 m	分段底界 m	段长 m	套变风险	排量 m^3/min	一般压力 MPa	返排液使用量 m^3	液体			石英砂		陶粒		用液强度 m^3/m	加砂强度 t/m	粉砂占比 %	缝端暂堵						第 1 次暂堵						
										胶液 m^3	滑溜水 m^3	总量 m^3	仪表量 t	实际量 t	仪表量 t	实际量 t				暂堵时液量 m^3	暂堵剂规格	用量 kg	暂堵剂规格	用量 kg	压力涨幅 MPa	暂堵时液量 m^3	暂堵球用量 颗	暂堵球明细及每次投放量	暂堵剂用量 kg	暂堵剂规格 mm	到位压力涨幅 MPa	同排量压力涨幅 MPa
1	9	63	4440	4534	94	—		75~82	2247.9	200	2047.9	2247.9	200	196.29	46.5	48	23.91	2.6	80.40	—	—	—	—	—	—	1200	30	用量 1	12	1~2	17	无法恢复同排量
2	9	63	4350	4440	90	—	10.4~12	78~83	2278.8	200	2078.8	2278.8	188.2	199.27	46.6	46.5	25.32	2.73	81.10	—	—	—	—	—	—	1400	30	用量 2	23	1~2	3.7	5.1
3	9	63	4262	4350	88	有	10.5~11	72~82	1951	200	1751	1951	178.5	188.74	41.7	43.5	22.17	2.64	81.30	—	—	—	—	—	—	1100	33	用量 2	23	1~2	3.1	9.2
4	9	63	4172	4262	90	有	11	69~73	1912	160	1752	1912	182.7	193.37	42.8	46.47	21.24	2.66	80.60	—	—	—	—	—	—	1000	33	用量 2	23	1~2	1	3.6
5	9	63	4082	4172	90	有	11	69~76	1946	180	1766	1946	181.7	196.44	44.2	53.95	21.62	2.78	78.50	—	—	—	—	—	—	1100	36	用量 3	69	1~2	1.4	4.7
6	9	63	3993	4082	89	有	9.5~11	67~83	2091	200	1891	2091	188.1	199.42	35.7	43.48	23.49	2.73	82.10	—	—	—	—	—	—	1100	33	用量 3	23	1~2	6	8.2
7	9	63	3911	3993	82	有	11	69~80	1951	200	1751	1951	167.7	173.94	38.4	40.5	23.79	2.62	81.10	—	—	—	—	—	—	1100	33	用量 3	35	1~2	3.7	—

续表

段号	簇数	孔数	分段顶界 m	分段底界 m	段长 m	套变风险	排量 m^3/min	一般压力 MPa	返排液使用量 m^3	液体			石英砂		陶粒		用液强度 m^3/m	加砂强度 t/m	粉砂占比 %	缝端暂堵						第1次暂堵						
										胶液 m^3	滑溜水 m^3	总量 m^3	仪表量 t	实际量 t	仪表量 t	实际量 t				暂堵时液量 m^3	暂堵剂规格	用量 kg	暂堵剂规格	用量 kg	压力涨幅 MPa	暂堵时液量 m^3	暂堵球用量 颗	暂堵球明细及每次投放量	暂堵剂用量 kg	暂堵剂规格 mm	到位压力涨幅 MPa	同排量压力涨幅 MPa
8	9	63	3821	3911	90	—	9.5~12	73~83	2457	240	2217	2457	218	223.39	34.4	38.98	27.3	2.92	85.10	—	—	—	—	—	—	1300	33	用量3	23	1~2	2.1	—
9	9	63	3731	3821	90	—	12	73~80	2277	180	2097	2277	203.1	209.89	50.4	53.98	25.3	2.93	79.50	—	—	—	—	—	—	1300	33	用量3	12	1~2	3.1	—
10	9	63	3642	3731	89	—	12	67~72	2168	160	2008	2168	200.6	208.38	50.4	53.98	24.36	2.95	79.40	—	—	—	—	—	—	1300	33	用量3	23	1~2	2.2	5.4
11	12	72	3541	3642	101	—	11.5~12	69~80	2805	200	2605	2805	228.68	239.92	54.66	55.5	27.77	2.92	81.20	100	200/300目	69	6mm纤维	70	7	1000	24	用量4	23	1~2	1.6	5
单井合计	210	1350			1846				24084.7	2120	21964.7	24084.7	2137.28	2229.05	485.76	524.84	13	1.5	0.8				0				351		289			

注：用量1：8颗17mm高密球+5颗17mm中密球+2颗17mm低密球+8颗15mm高密球+5颗15mm中密球+2颗15mm低密球；
用量2：9颗17mm高密球+5颗17mm中密球+3颗17mm低密球+8颗15mm高密球+5颗15mm中密球+3颗15mm低密球；
用量3：9颗17mm高密球+5颗17mm中密球+4颗17mm低密球+9颗15mm高密球+5颗15mm中密球+4颗15mm低密球；
用量4：6颗17mm高密球+4颗17mm中密球+2颗17mm低密球+6颗15mm高密球+4颗15mm中密球+2颗15mm低密球。